电子信息科学与技术丛书

电磁兼容

原理、干扰、测试及应用

李书芳 编著

U0228524

清華大學出版社

北京

内 容 简 介

本书系统论述电磁环境与电磁兼容的原理、干扰、测试及应用。全书共9章，第1章阐述电磁兼容基本概念与基础；第2章介绍信号频谱时域和频域之间的关系；第3章介绍电磁兼容中的电磁波辐射机理；第4章介绍传输线理论；第5章、第6章分别介绍传导发射和传导抗扰度、辐射发射和辐射抗扰度；第7章介绍电磁兼容测试；第8章介绍电磁干扰的解决措施；第9章以PCB的电磁兼容设计为例介绍电磁兼容设计方法。

本书适合作为高等院校电子通信类专业本科生及研究生相关课程的教材，也适合作为从事电子系统设计的工程技术人员的参考用书。

图书在版编目(CIP)数据

电磁兼容：原理、干扰、测试及应用/李书芳编著. —北京：清华大学出版社，2024.2
（电子信息科学与技术丛书）
ISBN 978-7-302-65540-4

Ⅰ. ①电…　Ⅱ. ①李…　Ⅲ. ①电磁兼容性　Ⅳ. ①TN03

中国国家版本馆 CIP 数据核字(2024)第 042488 号

责任编辑：盛东亮　吴彤云
封面设计：李召霞
责任校对：韩天竹
责任印制：宋　林

出版发行：清华大学出版社
　　　　网　　　址：https://www.tup.com.cn，https://www.wqxuetang.com
　　　　地　　　址：北京清华大学学研大厦 A 座　　邮　　编：100084
　　　　社 总 机：010-83470000　　　　　　　　邮　　购：010-62786544
　　　　投稿与读者服务：010-62776969，c-service@tup.tsinghua.edu.cn
　　　　质量反馈：010-62772015，zhiliang@tup.tsinghua.edu.cn
　　　　课件下载：https://www.tup.com.cn,010-83470236
印 装 者：三河市人民印务有限公司
经　　销：全国新华书店
开　　本：186mm×240mm　　印　　张：16.75　　　　字　　数：380千字
版　　次：2024 年 3 月第 1 版　　　　　　　　　　印　　次：2024 年 3 月第 1 次印刷
印　　数：1～1500
定　　价：69.00 元

产品编号：082008-01

前 言
PREFACE

随着芯片、微设备□□□□□□□□□□□机、服务机器人、可穿戴设备、可植入芯片等应用的普及□□□□□□□□□成为每个电子信息、电气工程专业学生、研究人员必□□□□□□□□信息系统领域，优秀的科学家和工程师往往得益于对□□□□□□□

本书系统阐述电磁□□□□□□□□□方法、电磁干扰测试技术，并结合实际案例进行深入分□□□□□□国重器的创新研制提供理论基础及测试验证方法。希□□□□□□航天、舰船、电子、汽车等多个领域的电磁兼容分析、设计□□□□□□片、通信、航空、航天等高端装备、大国重器的电磁兼容□□□□□□通信产品、军事装备、毫米波核心芯片等尖端产品的创新□□□□□□

本书可作为高校电子□□□□□□□□材。本书注重基本概念、基本原理的阐述，力求结合□□□□□□法、培养兴趣的角度，阐述数学物理机理，以便培养学生□□□□□□程问题的能力。

本书基于本人 20 多年来□□□□□□□□电磁兼容相关课程的教学及科研工作的积累，同时也□□□□□□位资深专家（北京交通大学张林昌教授和沙斐教授、中□□□□□研究院吴钒研究员）的大力指导与帮助，并且借鉴了□□□□□□

本书在长达 5 年的撰写过□□□□□□□□导与帮助，尤其是信息与通信工程学院无线通信与电磁□□□□□□军等，以及多届多位研究生曲美君（博士，现任传媒大□□□□□学讲师）、张晨（博士后）、刘文清、舒竞越、张历金、陈□□□□□编辑、修订及校对工作，在此表示衷心感谢！

本书得到北京市自然科学基□□□□□□□）的资助，在此表示感谢。

李书芳

于北京邮电大学

物理量符号及单位

物理量符号	物理量名称	单位符号	单位名称
S	功率密度	W/m^2	瓦特每平方米
E	电场强度	V/m	伏特每米
μ	磁导率	H/m	亨利每米
ε	介电常数	F/m	法拉每米
P	功率	W	瓦特
V	电压	V	伏特
I	电流	A	安培
H	磁场强度	A/m	安培每米
Z	阻抗	Ω	欧姆
B	磁通密度	T	特斯拉
f	频率	Hz	赫兹
ω	角频率	rad/s	弧度每秒
k	波数	m^{-1}	每米
λ	波长	m	米
R	电阻	Ω	欧姆
L	电感	H	亨利
C	电容	F	法拉
G	电导	S	西门子
Z_c	特征阻抗	Ω	欧姆
v	速度	m/s	米每秒
Z_{in}	输入阻抗	Ω	欧姆
Z_1	负载阻抗	Ω	欧姆
Y	导纳	S	西门子
δ	趋肤深度	m	米
	脉冲强度	$mV \cdot s$	毫伏秒
c	光速	m/s	米每秒

知识结构
CONTENT STRUCTURE

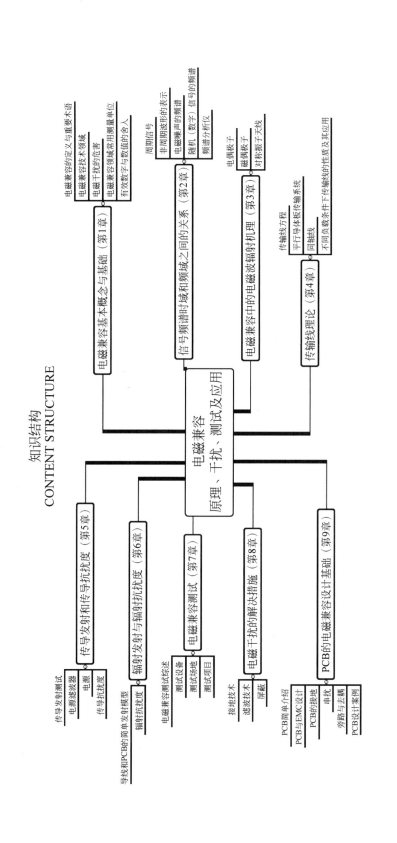

电磁兼容基本概念与基础（第1章）
- 电磁兼容的定义与重要术语
- 电磁兼容技术领域
- 电磁干扰的危害
- 电磁兼容领域常用测量单位
- 有效数字与数值的含入

信号频谱时域和频域之间的关系（第2章）
- 周期信号
- 非周期波形的表示
- 电磁噪声的频谱
- 随机（数字）信号与的频谱
- 频谱分析仪

电磁兼容中的电磁波辐射机理（第3章）
- 电偶极子
- 磁偶极子
- 对称振子天线

传输线理论（第4章）
- 传输线方程
- 平行体板传输系统
- 同轴线
- 不同负载条件下传输线的性质及其应用

电磁兼容
干扰、测试及应用
原理、干扰、测试及应用

传导发射和传导抗扰度（第5章）
- 传导发射测试
- 电源滤波器
- 电源
- 传导抗扰度

辐射发射与辐射抗扰度（第6章）
- 导线和PCB的简单发射模型
- 辐射抗扰度

电磁兼容测试（第7章）
- 电磁兼容测试综述
- 测试设备
- 测试场地
- 测试项目

电磁干扰的解决措施（第8章）
- 接地技术
- 滤波技术
- 屏蔽

PCB的电磁兼容设计基础（第9章）
- PCB简单介绍
- PCB与EMC设计
- PCB的接地
- 串扰
- 旁路与去耦
- PCB设计案例

目 录
CONTENTS

第1章　电磁兼容基本概念与基础

Compatibility 一词，从该术语的英文意义来说，应直译为"兼容性"。根据《电工术语 电磁兼容》(GB/T 4365—2003)，Electromagnetic Compatibility 一词在一门学科、一个领域以及工业和技术的范围内应译为"电磁兼容"(EMC)，从而代表一个领域，而不仅仅是一项技术指标；而对于设备、分系统、系统的性能参数，则应译为"电磁兼容性"。

1.1　电磁兼容的定义与重要术语

1934年，国际无线电干扰特别委员会(International Special Committee on Radio Interference，CISPR)在法国巴黎成立，这标志着无线电干扰领域的诞生。1964年，IEEE Transactions 系列的射频干扰(Radio Frequency Interference，RFI)分册改名为电磁兼容(EMC)分册，此为从射频干扰向电磁兼容过渡的标志。1997年，美国发布了军用标准 *Electromagnetic Environmental Effects*—E^3 (MIL-STD-464：1997)，标志着电磁兼容学科又一个新阶段的开始。由此可见，电磁兼容领域的发展大约每30年上升一个台阶。

与其他重要的新兴学科一样，电磁兼容的定义也有多种，每种定义在相应的国家标准及国家军用标准中都有明确的规定。根据国家标准 GB/T 4365—2003，电磁兼容的定义为"设备或系统在其电磁环境中能正常工作且不对该环境中任何事物构成不能承受的电磁骚扰的能力"。

国家军用标准《电磁干扰与电磁兼容性名词术语》(GJB 72A—2002)对电磁兼容的定义为"设备、分系统、系统在共同的电磁环境中能一起执行各自功能的共存状态"，包括以下两方面。

(1) 设备、分系统、系统在预定的电磁环境中运行时，可按规定的安全裕度实现设计的工作性能且不因电磁干扰而受损或产生不可接受的降级。

(2) 设备、分系统、系统在预定的电磁环境中正常地工作且不会给环境(或其他设备)带来不可接受的电磁干扰。

在本书中，电磁兼容的定义为"研究在有限的空间、时间、频谱资源条件下，各种用电设备(广义的还包括生物体)可以共存，且不会导致降级的一门科学"。

电磁兼容学科包含的内容十分广泛,实用性很强。现代工业,包括电力、通信、交通、航天、军工、计算机、医疗等领域几乎都必须解决电磁兼容问题。电磁兼容学科涉及的理论基础包括数学、电磁场理论、天线与电波传播、电路理论、信号分析、通信理论、材料科学、生物医学等。因此,电磁兼容是一门尖端的综合性学科,同时电磁兼容又紧密地与工业生产、质量控制等方面相联系。可以说,目前人类享受到高科技带来的各种效益,与人类几十年来在电磁兼容方面所进行的努力密不可分。与此同时,由于电能越来越广泛地应用,许多电磁干扰问题仍在困扰、制约着人们的生产与生活。电磁兼容问题将越来越复杂,电磁兼容的重要性也越来越受到人们的重视。工业产品的电磁兼容认证就是优化电磁环境、改善电磁兼容性的必要手段。国内外大量的经验表明,在产品的研制生产过程中,越早注意解决电磁兼容的问题,则越可以节约人力与物力,如图 1-1 所示。

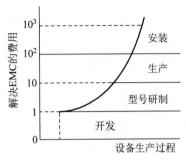

图 1-1 早期解决电磁兼容性的必要性

为了加深对电磁兼容这一概念的理解,介绍一些重要的或易于出现理解错误的术语及其定义是有必要的[①]。

1. 电磁环境

电磁环境(Electromagnetic Environment)是指存在于给定场所的所有电磁现象的总和。"给定场所"指空间,"所有电磁现象"包括了全部时间与全部频谱。因此,电磁环境的3 个要素是空间、时间和频谱。

2. 无线电环境

无线电环境(Radio Environment)是指无线电频率范围内的电磁环境,即在给定场所内所有处于工作状态的无线电发射机产生的电磁场总和。

本名词与电磁环境的区别主要在于频率范围。一般可认为无线电环境的频率大于或等于 10kHz;而电磁环境的频率范围除了包括无线电频率之外,还包括所有低频与直流电磁现象的频率范围。

3. 电磁辐射

电磁辐射是指:

(1) 能量以电磁波形式由源发射到空间的现象;

(2) 能量以电磁波形式在空间传播。

电磁辐射一词的含义有时也可将电磁感应现象包括在内。

实际上,在电磁兼容领域,电磁辐射是指能量通过空间传播的所有现象,不论其传播是

---

① 后文各术语的定义主要引自国家标准《电工术语 电磁兼容》(GB/T 4365—2003)。此外,少量术语引自电气与电子工程师协会的《电气与电子标准词典》(*IEEE Standard Dictionary of Electrical and Electronics Terms*),引自此书的术语名词以星号(＊)标明。各术语的定义与解释,凡引用的原文,均以引号标明,无引号的部分为笔者给予的解释。

以电磁波的形式还是以电磁感应或静电感应的形式。也就是说,电磁辐射是指电磁波频率从 0Hz 开始,能量以电、磁或电磁波的形式传播的所有现象。从这一角度看,电磁兼容领域的电磁辐射概念相对于传统的电磁辐射概念有所扩展。

4. 电磁骚扰

电磁骚扰(Electromagnetic Disturbance)是指任何可能引起装置、设备或系统性能降低或对有生命或无生命物质产生损害作用的电磁现象。

电磁骚扰可能是电磁噪声、无用信号或传播媒介自身的变化。骚扰(Disturbance)一词是进入 20 世纪 90 年代才在电磁兼容领域引入的术语,用来区分物理现象本身与其造成的后果。

5. 电磁干扰

电磁干扰(Electromagnetic Interference)是电磁骚扰引起的设备、传输通道或系统性能的下降。

由以上两个术语可见,电磁骚扰仅仅是指客观存在的一种电磁现象,它可能造成损害,但不一定已经形成后果;而电磁干扰是由电磁骚扰引起的后果。

6. 电磁噪声

电磁噪声(Electromagnetic Noise)是一种明显不传输信息的时变电磁现象,它可能与有用信号叠加或组合。由此可见,噪声与信号的区别主要在于是否传输信息。

在应用电磁骚扰、电磁干扰、电磁噪声术语时,应该注意的是,在电磁兼容领域中,虽然经常出现的电磁骚扰是电磁噪声,但它只是电磁骚扰 3 种类型之一,不要将电磁骚扰与电磁噪声视为等同。还应注意,在电磁骚扰一词未引入之前,习惯上被称为电磁干扰(或无线电干扰)的概念在实际上仅仅指电磁噪声,并不包括无用信号或传播媒介自身的变化。

7. 无用信号

无用信号(Unwanted Signal 或 Undesired Signal)是指可能损害有用信号接收的信号。

无用信号有两种情况。一种情况是该信号对本系统是有用的,而对其他系统是有害的。例如,传呼台的基站信号如果可能损害公众的电视接收,则对于传呼台该信号为有用信号,而对于电视接收机为无用信号。对于此类无用信号,需要靠合理的频率分配、合理的设台位置去解决。另一种情况是该信号对本系统和其他系统都是无用的。例如,某发射机如果其寄生辐射(谐波等)超过相应的国家标准,则有可能损害在其谐波频段工作的其他接收设备。这些寄生辐射不但对于被损害的系统是无用信号,对于该发射机也是无用信号。对于此类无用信号,则应该尽量压低其辐射功率。

8. 干扰信号

干扰信号(Interfering Signal)是损害有用信号接收的信号。

无用信号与干扰信号的差别在于无用信号只是一种客观存在,不一定已经造成了损害;

而干扰信号则是相对有用信号而言已形成损害的信号。

9. （性能）降低

（性能）降低(Degradation (of Performance))[①]是指装置、设备或系统的工作性能与正常性能的非期望偏离。

10. 电磁发射

电磁发射(Electromagnetic Emission)是指从源向外发出电磁能量的现象。

11. （无线电通信中的）发射

（无线电通信中的）发射(Emission (in Radio Communication))是指由无线电发射台产生并向外发出无线电波或信号的现象。

可见，在电磁兼容领域中的电磁发射与无线通信中的发射含义并不完全相同。在电磁兼容中，电磁发射既包括辐射发射，也包括传导发射，一些本来用于其他用途的部件(如电线、电缆等)也可能充当了发射部件。而无线电通信中的发射则专指由发射台及专门设计的发射部件(如天线)发出的以无线电波形式传播的电磁能量。虽然无线通信中的发射也使用Emission，但更多的是使用 Transmission。

12. （时变量的）电平

（时变量的）电平(Level (of a Time Varying Quantity))是用规定方式在规定时间间隔内求得的诸如功率或场参数等时变量的平均值或加权平均值。

电平可用对数表示，如相对于某一参考值的分贝数；Level 一词在电力系统中习惯译为"电平"。

13. （电磁波的）场强

（电磁波的）场强(Field Strength (of Electromagnetic Wave)[*])为通用术语，常用于表示场矢量的幅值，一般用 V/m 表示。场强也可表示磁场矢量的幅值，用 A/m 表示。

对高于 100MHz 或高于 1GHz 的远区场强，有时用功率密度表示。在自由空间，对于线极化波，即为

$$S = \frac{E^2}{\sqrt{\dfrac{\mu}{\varepsilon}}} \tag{1-1}$$

其中，S 为功率密度，单位为 W/m²；E 为电场强度，单位为 V/m；μ 和 ε 分别为自由空间的磁导率和电导率，$(\mu/\varepsilon)^{1/2}=120\pi$。

14. 电场强度

电场强度(Electric Field Strength[*])在不同领域中的定义有所差异。下面仅列举工频电场强度与无线电波的电场强度两个定义。

---

① "降低"一词可代表暂时失效或永久失效。

对源于交流电源线的工频电场强度的定义为对于空间某点,位于该点的正电荷所受的力与该电荷电量的比值(当该电量趋近于零时)的极限。空间某点的电场强度是一个矢量,该矢量由沿着直角坐标轴的 3 个分量确定。对于稳态的正弦场,每个空间分量又都是一个复量(或矢量)。该分量的幅值以其每米的均方根值(Root Mean Square,RMS)电压表示。但该分量的相角就不那么简单。实际上,每个空间分量除了有空间方向(角度)之外,还有时间函数的相角。这就是我们常说的正弦工频电压的相位。当测量工频电场强度时,如果仪器的探头不是全向的,应改变探头方向以寻找空间矢量的方向。而时间函数的相角,则在仪器内部求均方根值的过程中予以考虑(见均方根值检波术语)。

无线电波的电场强度的定义为电场矢量的幅值。

15. 磁场强度

由电流产生的磁场强度(Magnetic Field Strength)反映了电流在空间某点产生的力。其定义为若有一个邻近流有电流电路的某点 P,则该点的磁场强度可以在下列假设下计算:电路的每个非常小长度(长度元)的电流(电流元)都在 P 点产生一个非常小的磁力。这样,在该点的磁力是电路中所有电流元作用的矢量和。在 P 点,由于距该点 r 处长度元 ds 的电流元 di 作用的磁力 dH 具有垂直于 ds(即垂直于电流 i)的方向,其幅值等于

$$dH = \frac{i\,\mathrm{d}\boldsymbol{s}\sin\theta}{r^2}$$

其中,θ 为长度元 ds 与 r 方向向量的夹角。

以矢量表示,如式(1-2)所示。

$$dH = \frac{i\,[\boldsymbol{r} \times \mathrm{d}\boldsymbol{s}]}{r^2} \tag{1-2}$$

对于无线电波传播,磁场强度的定义为磁场矢量的幅值。

16. 功率密度

电磁波的功率密度(Power Density)的定义为垂直于波传播方向的单位截面积的发射功率。

对于无线电波传播,功率密度的定义为坡印亭矢量(Poynting Vector)的时间平均值。

17. 功率谱密度

对于一个波的频谱,功率谱密度(Power Spectrum Density*)的定义为单位频率的均方幅度。均方幅度的意义是幅度平方的平均值。因为功率谱密度反映功率,所以计算时波的幅度应进行平方运算。

给出此术语的目的是希望读者明确区分空间的功率密度与谱的功率密度这两个不同的概念。

18. 基波(分量)

基波(分量)(Fundamental (Component))是一个周期信号傅里叶级数的一次分量。

19. 谐波（分量）

谐波（分量）（Harmonic（Component））是一个周期量信号傅里叶级数中次数高于 1 的分量。

20. 谐波次数

谐波次数（Harmonic Number）是谐波频率与基波频率的整数比，又称为谐波阶数（Harmonic Order）。

21. 第 n 次谐波比

第 n 次谐波比（nth Harmonic Ratio）是第 n 次谐波的均方根与基波均方根之比。

22. 峰值检波器

峰值检波器（Peak Detector）是指输出电压为所施加信号峰值的检波器。

23. 均方根值检波器

均方根值检波器（Root-Mean-Square Detector）是指输出电压为所施加信号均方根值的检波器。

时变电压的均方根值（有效值）的定义为

$$V_{rms} = \frac{1}{T}\left[\int_0^T v^2(t)\mathrm{d}t\right]^{\frac{1}{2}} \tag{1-3}$$

其中，对于周期信号，T 为信号的周期；对于非周期信号，T 为测量时间，即欲求均方根值的时间段。$v(t)$ 为瞬时电压，是时间 t 的函数。

信号的均方根值正比于该信号的功率，因此凡与功率有关的都可以利用均方根进行计算。例如，计算多个不同频率的电磁辐射源在某点产生的总场强时，考虑到其目的是获得总场强反映的总功率密度，则这种合成应该用均方根值场强的方和根法，如式（1-4）所示。

$$E_\Sigma = \left[E_1^2 + E_2^2 + E_3^2 + \cdots\right]^{\frac{1}{2}} \tag{1-4}$$

24. 平均值检波器

平均值检波器（Average Detector）是指输出电压为所加信号包络平均值的检波器。注意，平均值必须在规定的时间间隔内求取。

时变电压的平均值的定义为

$$V_{av} = \frac{1}{T}\int_0^T |v(t)|\,\mathrm{d}t \tag{1-5}$$

如果一个信号关于时间轴是正负对称的（如正弦波），其平均值应为 0。但根据式（1-5），并非如此。由于式（1-5）中取 $v(t)$ 的绝对值，因此是将负半轴也按正值计算。这样符合全波整流后的结果。

25. 准峰值检波器

准峰值检波器（Quasi-Peak Detector）是指具有规定的电气时间常数的检波器。当施加规则的重复等幅脉冲时,其输出电压是脉冲峰值的分数,并且此分数随脉冲重复率增加趋于 1。

26.工科医(经认可的)设备

工科医(ISM)[①]设备是指按工业、科学、医疗、家用或类似用途的要求而设计,以产生并在局部使用无线电频率能量的设备或装置。它不包括用于通信领域的设备。

需要强调的是,工科医设备专指产生并在局部使用无线电频率的设备,即不希望将无线电频率能量发射至外部的设备,并非用于工业、科学、医疗的所有设备。对于工科医(经认可的)设备,国家无线电管理部门会配给一定的工作频段(或频率),在这些专用频段(频率)其发射是不受限制的。有的设备功率很高,应关注其对人体的健康影响。

27.(对骚扰的)抗扰度

(对骚扰的)抗扰度(Immunity (to a Disturbance))是指装置、设备或系统面临电磁骚扰时不降低运行性能的能力。

28.(电磁)敏感度

(电磁)敏感度((Electromagnetic) Susceptibility,EMS)是指有电磁骚扰的情况下,装置、设备或系统不能避免性能降低的能力。装置、设备或系统的敏感度越高,其抗扰度就越低。

29.(骚扰源的)发射电平

(骚扰源的)发射电平(Emission Level (of a Disturbing Source))是指由某装置、设备或系统发射所产生的电磁骚扰电平。

30.(骚扰源的)发射限值

(骚扰源的)发射限值(Emission Limit (from a Disturbing Source))是指规定的电磁骚扰源的最大发射电平。

31.发射裕量

发射裕量(Emission Margin)是指电磁兼容电平与发射限值之比。

32.抗扰度电平

抗扰度电平(Immunity Level)是指将某给定电磁骚扰施加于某一装置、设备或系统而其仍能正常工作保持所需性能等级时的最大骚扰电平。

33.抗扰度限值

抗扰度限值(Immunity Limit)是规定的最小抗扰度电平。

34.抗扰度裕量

抗扰度裕量(Immunity Margin)是抗扰度限值与电磁兼容电平之比。

35.(电磁)兼容裕量

(电磁)兼容裕量((Electromagnetic) Compatibility Margin)是指抗扰度限值与发射限值之比。兼容裕量是发射裕量与抗扰度裕量之积。

---

① 工科医是工业(Industrial)、科学(Scientific)、医疗(Medical)的缩写。

发射电平、抗扰度电平、兼容性电平之间的关系如图 1-2 所示,图中纵坐标采用对数坐标(dB)。

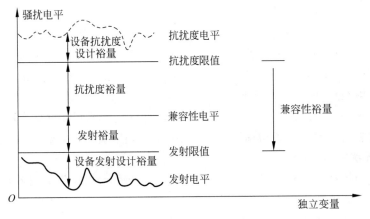

图 1-2　各电平之间的关系

1.2　电磁兼容技术领域

电磁兼容的范围很宽,包括理论性的与技术性的内容。

1.2.1　电磁骚扰源

在任何条件下,对于电流 i 与电压 v,只要 $\mathrm{d}i/\mathrm{d}t \neq 0$,$\mathrm{d}v/\mathrm{d}t \neq 0$,都会产生电磁噪声。虽然电磁骚扰不仅仅包括电磁噪声,但电磁噪声占据了电磁骚扰的主要部分。

自然电磁骚扰源包括来自银河系的噪声、来自太阳系的噪声、来自大气层的噪声(如雷电、电离层变动等)、静电放电(Electrostatic Discharge,ESD)、热噪声。

根据对电磁能利用的形式不同,人为电磁骚扰源大致可分为 3 类。第 1 类为设备或系统的正常工作,需要将电磁波辐射出去。对系统本身来说,电磁波的辐射是必要的,但在电磁兼容领域看来,则视为无用信号类型的电磁骚扰源,如通信、广播、导航、定位、遥控等各种无线电业务发射机。第 2 类为设备的正常工作需要产生并在局部使用电磁能量,但并不希望发射至周围空间,典型的即工科医(ISM)射频设备,如工作频率为数十千赫兹的工业超声设备的振荡源、工作频率为数十至数百千赫兹的高频感应加热设备、工作频率为数十兆赫兹的高频介质加热设备、工作频率为数吉赫兹的微波加热设备、各种射频医疗设备等。广义地说,高压电力系统、电牵引系统也属于此类,不过此类系统所使用的电磁能量与电磁兼容领域关注的电磁发射之间频率相去甚远。第 3 类为设备本身的正常工作并不需要利用,也不希望出现较强的电磁能量,如内燃机点火系统、电视/声音广播接收机、某些家用电器、电动工具、信息技术设备、大型电动机/发电机等。此类设备主要是以电磁噪声的形式发射。

对电磁骚扰源的研究,在电磁兼容领域显得十分重要。因为这是从源头控制其电磁发射,所以可以从根本上解决问题。控制工业产品的电磁发射,就是以此为目的而进行的,这一工作包括标准的制定与产品的认证。而对骚扰源本身的研究是制定标准的基础,这一研究包括无线电噪声产生的机理及其时域或频域特性等,最终目的是控制骚扰源的电磁发射。

对于电气与电子产品,应该采用各种干扰抑制技术,使产品的电磁发射低于标准的限值。

1.2.2　传播特性

电磁噪声的传播方式可分为传导发射(Conducted Emission,CE)和辐射发射(Radiation Emission,RE)。

传导发射是指通过一个或多个导体(电源线、信号线、控制线或其他金属体)传播电磁噪声能量的过程。从广义上说,传导发射还包括不同设备、不同电路使用公共地线或公共电源线所产生的公共阻抗耦合。

辐射发射是指以电磁波的形式通过空间传播电磁噪声能量的过程。辐射发射有时也将感应现象包括在内,具体包括静电耦合、磁场耦合和电磁耦合。区别主要在于传播距离与波长之间的关系,当两者之比较小时,传播形式为近场耦合;而当两者之比较大时,是以远场(交变电磁场)的形式传播。辐射发射主要涉及线与线、机壳与机壳、天线与天线之间的耦合或三者之间的交叉耦合,此外,还包括场与线、天线、机壳之间的耦合。

从电磁骚扰源到接收器(被干扰对象)必须经过耦合通道,如图1-3所示。骚扰源、耦合和接收器为电磁兼容系统的三要素,它们之间的关系可以写为

$$N \times T < S/M \tag{1-6}$$

其中,M为安全裕度。

在式(1-6)中,安全裕度是可以改变的。例如,某些场合安全裕度可定为6dB,但如果EMC问题可能会导致事故的话,则可能需要20dB的安全裕度。

图1-3　电磁兼容系统的三要素

虽然图1-3能够高度概括地反映所有情况,但是此种表示方法过于抽象。如图1-4所示,采用传输函数的表示方法突出反映了各耦合路径,包括远场与近场。

传播特性的研究方法是根据电磁场理论建立数学模型。有时求数学模型的解析解很困难,因而常采用电磁场的数值方法解决此类问题。当前,随着计算机的发展,数值方法的应用越来越广泛。

电磁兼容领域传播特性的研究也有很多困难。第一,研究的频率范围很宽。例如,仅仅9~1000MHz就覆盖16.7个倍频程。在某个特定的距离,传播对较高频率为远场,而对较低频率为近场,所以电磁兼容传播的数学模型对远、近场需同时考虑。第二,建模时必须将源(噪声的产生系统)与通道(噪声传播系统)同时建在一个模型中。第三,由于需要工程上

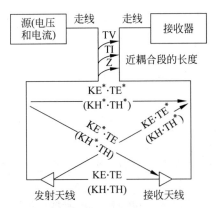

图 1-4　电磁骚扰的耦合路径——传输函数

TV—电压传输函数；TI—电流到电压的传输函数；KE—电流到电场的传输函数（天线源）；TE—电场到电压的传输函数（天线接收器）；KE*—电压到电场的传输函数（导线源）；TE*—电场到电压的传输函数（导线接收器）；KH—电流到磁场的传输函数（天线源）；TH—磁场到电压的传输函数（天线接收器）；KH*—电流到磁场的传输函数（导线源）；TH*—磁场到电压的传输函数（导线接收器）；Z—公共阻抗（包含在 TI 模型中）

的实用化,边界条件比较复杂,理想化有一定难度。

1.2.3　干扰接收器的抗干扰性能

干扰接收器受到干扰后会出现性能降级,甚至会完全损坏。表征抗干扰性能的指标是抗扰度或敏感度。根据研究层次不同,干扰接收器可以是系统、分系统、设备、印制电路板和各种元器件。主要研究干扰接收器对电磁骚扰的响应以及如何提高其抗扰度,研究对象涉及通信、广播、导航、信息技术设备、遥控、遥测等诸多领域。值得注意的是,某些干扰接收器同时也是电磁骚扰源,如计算机,以及通信、广播接收机等。

为了对干扰接收器的抗干扰性能进行科学的评价,在测量抗扰度时必须对性能降低给出明确的判据。也就是说,给出在什么样的性能降低条件下的抗扰度电平大小,对于不同的干扰接收器性能判据多少存在差异。例如,对于信息技术设备的性能判据大致如下。

(1) 连续性试验:设备能继续工作,无性能降低或功能损失。某些情况下,性能允许一些损失。

(2) 暂时试验:测试后设备应可继续工作。某些情况下,性能允许一些损失。

(3) 电源供给试验:允许功能失效,但能自行恢复,或者由操作人员介入。但由电池支持的功能与信息不能丢失。

又如,IEC 61000-4 标准提出的性能判据如下。

(1) 在规定的限值内正常工作。

(2) 暂时的降低或功能损失,但能自行恢复。

(3) 暂时的降低或功能损失,需操作人员介入或系统复位方能恢复。

（4）性能降低或功能损失，原因是设备（或元件）或软件损坏或数据丢失。

1.2.4 电磁兼容分析与设计

前文已提到，解决电磁兼容性问题，应该从产品的开发阶段开始，并贯穿整个产品（或系统）的生产、开发全过程。电磁兼容设计必须依靠电磁兼容分析与预测，无论对于系统内或系统间的电磁兼容性都是如此。分析与预测的关键在于数学模型的建立和对系统内、系统间电磁干扰的计算、分析程序的编制。数学模型包括根据实际电路、布线和参数建立起来的所有骚扰源、传播途径与干扰接收器模型。分析程序应能计算所有骚扰源在通过各种可能传播途径时对每个干扰接收器的影响，并判断这些综合影响的危害是否符合相应的标准与设计要求。这些程序的优劣不仅取决于能够处理多少个骚扰源和多少个干扰接收器，而且还取决于其预测的精确性。当前电磁兼容分析预测虽然无法保证很高的精确度，但是应使精确度足够高才有实用价值。

有人提出将建立于分析基础上的电磁兼容设计改变为建立在综合的基础之上。也就是说，不再根据骚扰源与干扰接收器的参数确定整体的电磁兼容性，而是根据整体的电磁兼容性指标，分配给各个骚扰源与干扰接收器，从而提出源的发射要求与接收器的抗扰度要求，但这需要有大量的案例数据为依托。

当前已有很多公司推出了各种建模的商业化软件。这些软件所用的数学方法几乎包括了可用于电磁场数值计算的各种方法。得到的结果大多数以三维时域形式表示，也包括静电场、表面通道以及串音与传输线模型等。由此可见，电磁兼容分析预测的发展也是很迅速的。

1.3 电磁干扰的危害

电磁干扰无论强弱，都会产生一定的危害。例如，强电磁场会对人们的健康产生危害，弱电磁场在工业生产中也可能导致恶性事故的发生。

1.3.1 强电磁场对健康的危害

强电磁场会对人们的健康带来一定的危害。多年来，各国学者对此进行了长期、深入、艰苦的研究工作。电磁场对人体健康危害的性质、程度和后果，与电磁场的强度、频率、暴露时间密切相关。人们发现长期处于一定强度的电磁场环境中会出现一些病况，如体温调节失衡、热损伤、痉挛、耐力下降和白内障等。电磁辐射对人体的危害可分为热效应和非热效应两类。

1. 热效应

人体吸收电磁辐射能量速率较慢，能够靠自身的热调节系统将吸收的热量传递到环境中保持体温稳定，就不会产生体温上升的热效应。相反，如果人体吸收电磁辐射速率较快，无法靠自身热调节系统维持体温平衡，就会体温上升并且导致热效应出现。领域内公认功

率密度大于 100mW/cm^2 时会产生热效应。

2．非热效应

即使人体吸收的电磁辐射不足以导致体温上升，仍然会出现许多症状。这是由于电磁辐射对人体神经系统产生影响，扰乱新陈代谢及脑电流，使人的行为举止和一些器官发生变化，从而干扰人体循环系统、免疫器官、生殖和新陈代谢器官的正常工作，甚至会罹患癌症。

1.3.2　较弱的电磁骚扰的危害

相对较弱的电磁骚扰对设备或系统造成的恶性电磁干扰事故是触目惊心的。例如，美国一炼钢厂曾经因为控制天车的电路被干扰而造成整个钢水包的钢水完全倾倒在车间地面上；穿戴假肢的摩托车驾驶员，当行车至高压电力线下时，由于假肢的控制电路受到干扰而造成车毁人亡。

此外，国外十分注意电磁辐射对医院及医疗设备的影响。有些被干扰的设备可能直接危害生命安全。加拿大曾对蒙特利尔(Montreal)市区的 5 家医院(蒙特利尔儿童医院、蒙特利尔总医院、Jewish 总医院、维多利亚皇家医院、圣玛丽医院)室内及室外共 39 个测点测量了 30～1000MHz 的电磁辐射场强，并用两种方法计算了场强。各种电磁辐射源(包括调频及电视广播发射在内)的电磁辐射场强均低于 3V/m(3V/m 为加拿大医疗器械规定的电磁辐射抗扰度电平)，只有一家医院的一个频点除外。

另有报道，3 位移动通信设备公司技术人员与两位医务人员对 4 台可植入式心脏起搏器进行了试验，测试其对移动通信手机的抗干扰能力。这些心脏起搏器设计成对平面入射波有 10mW/cm^2 的抗扰度。手持机选用了 7 种不同型号，包括两台模拟调频机、两台北美数字机(USDC)、两台欧洲数字机(GSM)，以及一台发射 15ms 持续期的 11Hz 2W 脉冲的手持机。结论认为，一般来说，模拟调频机无明显影响，而不同制式的数字机对心脏起搏器工作有影响。因此，必须对这类医疗器械进行近场敏感性检测，以保证患者安全。

图 1-5 所示为电动轮椅在未采取抗干扰措施之前暴露于 20V/m 电场强度下，其工作出现的反常现象。测试时轮椅工作在正常状态，即每分钟 30 转(30r/min)。对其施加不同频率的电磁辐射，当干扰频率在 100～700MHz 时其工作失控，致使转速在 0～100r/min 变化。我们知道，这些频率已被电视广播、调频广播以及移动通信所占用。

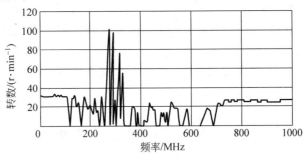

图 1-5　电动轮椅在 20V/m 电场强度下的转数

1.3.3 对大系统可能导致的事故

还有许多情况,电磁干扰也可能造成恶性事故。

电磁辐射可能干扰电起爆装置,使其误引爆。图 1-6 所示为在最危险的布置条件下,军械维修、装配或拆卸时通信频率对无屏蔽的电起爆装置的电磁危害限值。当我们知道在航空、航天系统中也广泛应用电起爆装置时,就会理解这一问题的严重性了。例如,一架飞机上使用的电起爆装置在百个以上;航天飞机上大约有 500 个电起爆装置。

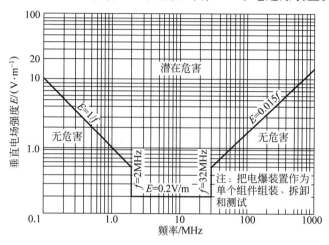

图 1-6 通信频率对电起爆装置的电磁危害限值

在民用飞机座舱内全航程不允许使用移动手机等带有发射装置的电器;起降阶段不允许使用笔记本电脑、游戏机之类的数字电器。这是由于这些设备产生的电磁骚扰不仅可以通过机内电缆耦合到机上的敏感设备,更严重的是电磁骚扰可能通过机舱窗户向机外辐射,而在机身上存在大量的天线与传感器,可能直接接收电磁骚扰辐射。图 1-7 所示为某型号机身上的天线与传感器布置。民用航空频段如表 1-1 所示。

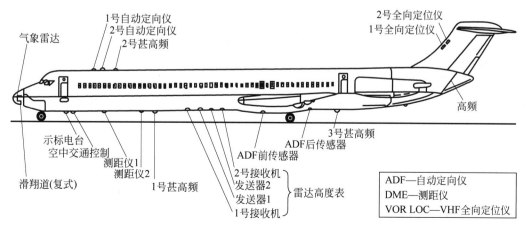

图 1-7 某型号机身上的天线与传感器布置

表 1-1 民用航空频段

频 段	功 能	频 段	功 能
10~14kHz	Omega 远程导航	960~1220MHz	测距设备
190~1750kHz	自动定向	1030~1090MHz	交通警戒/防撞系统
2~30MHz	短波通信	1575MHz(2MHz)	全球定位系统(GPS)
74.85MHz,75.00MHz, 75.15MHz	信标	1529~1661MHz	卫星通信
108~118MHz	VHF 全向无线电信标	4.3GHz	低段无线电高度仪
118~136MHz	VHF 通信	5.03~5.09GHz	微波着陆系统
225~399MHz	VHF 通信	5.4GHz,9.3GHz	气象雷达
328~335MHz	下滑斜率	—	—

值得说明的是,现在有些飞机是可以上网的,因为飞机上网有两种模式:卫星模式和地面基站模式。在 3000m 或 4000m 以上,可以利用卫星模式上网,但这种上网方式的费用比较高。国外有少部分航企允许使用蜂窝信号,甚至在低空阶段可接打电话,但出于安全考虑,国内应该有一个循序渐进的探索过程。东航明确表示不具备飞行模式的移动电话等设备在空中仍然被禁止使用。此外,超过规定尺寸的便携式计算机、Pad 等便携式电子设备(Portable Electronic Device,PED)仅可在飞机巡航阶段使用,在飞机滑行、起飞、下降和着陆等飞行关键阶段禁止使用。但随着科技逐步发展以及运行数据的积累,这些禁用项目有可能会逐步放开。

众所周知,静电放电可能造成器件的损坏,但静电放电机制有时比想象的还要复杂一些。表 1-2 列出了各种静电作用。一般情况下,人体可能携带的静电电位为 $15\sim20$kV,但是由于沉积静电(Precipitation Static,P-Static)的作用,可能使飞机表面的静电电位高达 $100\sim300$kV。这种沉积静电会导致电晕、电弧以及离子"汽",从而产生严重的电磁干扰并且可能耦合到飞机的通信与导航天线上,其频率可包括从甚低频(Very Low Frequency,VLF)、高频(High Frequency,HF)直至甚高频(Very High Frequency,VHF)、特高频(Ultra High Frequency,UHF)等频段。

表 1-2 静电作用及其后果

耦合方式	一般起因	后 果
直接充电	不正确的操作与装运	IC 包装(塑料)充电并对内部放电
静电场	人体未接地;接近充电了的衣物;不正确的装运	对印制板的充电,以及可能出现的二次电弧
直接放电	人体未接地;被充电的材料	由于强脉冲电流产生的电弧(20kV),有可能损坏
电磁场(间接放电)	接近设备的电弧放电	由于强电磁场耦合至板上的环或线,逻辑紊乱或可能损坏

1.3.4 电磁辐射污染现状与发展趋势

在当今科技高速发展的趋势下,越来越多的设备在工作时都会伴随电磁辐射的产生,电磁辐射污染日益严重,情况不容乐观,主要表现在以下几方面。

(1)人们对通信的依赖使基站天线包围居民区,造成了电磁污染,而且存在架设不符合标准的天线,造成对高层居民严重的电磁污染。随着人口密度日益增大和城乡的高速发展,越来越多的居民区处在大功率电磁波发射系统的电磁环境中。

(2)高压电力系统的发展拉近了人们与工频电磁场的距离。高压输电线、高压电缆、送变电站等高压输电设施大量进入市区,而且电压等级不断提高,这大大加剧了整个城市或地区的电磁污染。

(3)广播电视发射系统的不断增加,方便了文化、信息交流等各项事业的发展,但目前很多发射系统规划不当,对周围区域的电磁环境影响很大。

(4)在战争或军事演练中,众多新式武器能产生强大的电磁场,结果是产生规模更大、破坏性更强的电磁辐射污染。

(5)城市交通运输业的快速发展造成上下班时段的交通繁忙,其产生的电磁辐射也存在一个高峰时段。不仅如此,种类、数量众多的交通工具还会在一定程度上干扰广电、通信设施的正常信号。

(6)室内电子设备的广泛应用与居室面积狭小的问题共存,造成电磁辐射累积效应显著。电子设备应用、布局的不合理更不利于良好电磁环境的保护。

值得注意的是,灵敏的接收系统可接收到的最弱信号并不取决于其内部各级的增益是否足够高,而主要取决于其前级的噪声。从噪声角度出发,任何一部接收设备的内部电路都可以表示为多级放大器的级联。表征放大器的噪声特性的噪声系数 F 的定义为

$$F = \frac{\text{输入信噪比}}{\text{输出信噪比}} = \frac{\dfrac{P_{si}}{P_{ni}}}{\dfrac{P_{so}}{P_{no}}} \tag{1-7}$$

其中,P_{si} 为输入信号功率;P_{ni} 为输入噪声功率;P_{so} 为输出信号功率;P_{no} 为输出噪声功率。

对于一个实际的放大器,噪声系数恒大于1。只有理想的无内部噪声的放大器,其噪声系数才等于1。显然,F 越小(越接近1),放大器的噪声越小。

对于多级级联的放大器,其总噪声系数为

$$F = 1 + \frac{(F_1 - 1)B_{n1}}{B_n} + \frac{(F_2 - 1)B_{n2}}{K_{p1}B_n} + \frac{(F_3 - 1)B_{n3}}{K_{p1}K_{p2}B_n} + \cdots \tag{1-8}$$

其中,F 为级联放大器的总噪声系数;F_1,F_2,F_3,$\cdots$ 为第 1,2,3,$\cdots$ 级的噪声系数;K_{p1},K_{p2},$K_{p3}\cdots$ 为第 1,2,3,$\cdots$ 级的功率增益;B_n 为级联放大器的总等效噪声带宽;B_{n1},B_{n2},B_{n3},$\cdots$ 为第 1,2,3,$\cdots$ 级的等效噪声带宽。

若设 $B_{n1} = B_{n2} = B_{n3} = \cdots = B_n$，则式(1-8)可写为

$$F = F_1 + \frac{(F_2 - 1)}{K_{p1}} + \frac{(F_3 - 1)}{K_{p1}K_{p2}} + \cdots \tag{1-9}$$

噪声系数经常以分贝表示，即

$$F_{dB} = 10\lg F$$

由式(1-8)和式(1-9)可见：

(1) 总噪声系数恒大于第1级噪声系数 F_1，只有当后面各级噪声系数均为1时，$F = F_1$；

(2) 由于第2项、第3项等靠后的噪声系数均作为计算各级放大器的增益的除数，所以越是后面的各级对总噪声系数贡献越小。因此，要改善总的噪声系数(即改善总的信噪比)，第1级的噪声是至关重要的。

由以上的结论可知，由于电磁干扰在接收系统的第1级中耦合了较严重的噪声(包括不可避免的热噪声)，那么无论采取什么措施，都不可能在后级将其改善，并且这一后果直接影响到接收弱信号的能力。这表示了电磁噪声对接收系统灵敏度的影响。

在电磁兼容测量中，为了提高接收系统的灵敏度，有时需要在测量接收机或频谱分析仪的输入端前加接预放器。应该注意，不仅需要选择合适的带宽和增益，也(甚至首先)应选择优良的噪声系数。否则，增益再高，也无法改善接收系统的信噪比。

在电磁兼容测量中，仪器前级产生的热噪声会通过中频滤波器，并经过检波后反映在显示屏上，而热噪声是典型的随机噪声(宽带噪声)，所以中频滤波器的通带宽度(即分辨率带宽)直接影响着最终在显示屏上的噪声显示。若分辨率带宽增加10倍，则会使通过滤波器到达检波器的噪声功率增加至 $10^{1/2}$ 倍，因而显示的平均噪声电平(电压)将增加约10dB(随滤波器频响曲线的形状而略有差别)，反之亦然。

电磁噪声叠加在有用信号之上，会形成干扰，如电力系统与电牵引系统对通信线路的影响、内燃机点火系统对车载接收系统的影响等。

总之，电磁骚扰耦合到接收器，会对多种正常工作的设备产生干扰，造成设备工作失常、故障，甚至严重后果。电磁兼容技术的目的在于抑制骚扰电平、减少耦合、提高被干扰设备的抗干扰能力，从而保证系统的正常运行。

1.4 电磁兼容领域常用测量单位

本节将介绍在电磁兼容领域中常见的物理量及其测量单位。

1.4.1 功率

功率的基本单位为瓦特(W)，即焦耳/秒(J/s)。为了表示更宽的量程范围，常引用两个相同量比值的常用对数，单位为"贝尔"，对于功率则为

$$P_{贝尔} = \lg \frac{P_2}{P_1} \tag{1-10}$$

但贝尔是一个较大的单位。为了使用方便,采用贝尔的 1/10,即分贝(dB)为单位,即

$$P_{\mathrm{dB}} = 10\lg \frac{P_2}{P_1} \tag{1-11}$$

其中,P_2 与 P_1 应采用相同的单位。应该明确,分贝(dB)仅为两个量的比值,是无量纲的。随着分贝(dB)表示式中的参考量(如式(1-11)中的 P_1)的单位不同,分贝在形式上也可带有某种量纲。例如,P_1 为 1W,P_2/P_1 是相对于 1W 的比值,即以 1W 为 0dB,此时是以带有功率量纲的分贝表示 P_2,则

$$P_{\mathrm{dBW}} = 10\lg \frac{P_{\mathrm{W}}}{1\mathrm{W}} \tag{1-12}$$

若以 1mW 为 0dB,则此时的 P 也应以毫瓦(mW)为单位,即

$$P_{\mathrm{dBm}} = 10\lg \frac{P_{\mathrm{mW}}}{1\mathrm{mW}} \tag{1-13}$$

显然有 0dBm＝－30dBW。

频谱分析仪可以用分贝毫瓦(dBm)表示其输入电平。

1.4.2　电压

对于纯阻性负载,有

$$P = \frac{V^2}{R} \tag{1-14}$$

其中,P 为功率(单位为 W);V 为电阻 R 上的电压(单位为 V);R 为电阻(单位为 Ω)。

若以分贝表示,则式(1-14)可写为

$$P_{\mathrm{dBW}} = 10\lg \frac{P_{\mathrm{W}}}{1\mathrm{W}} = 10\lg \frac{\dfrac{V_2^2}{R_2}}{\dfrac{V_1^2}{R_1}} = 10\lg \frac{V_2^2}{V_1^2} - 10\lg \frac{R_2}{R_1} \tag{1-15}$$

式(1-15)中的第 1 项即为电压的分贝值。在电磁兼容领域,常用 μV 为单位,此时 $V_1 = 1\mu$V,即以 1μV 为 0dB。

$$V_{\mathrm{dB}\mu} = 20\lg \frac{V_2}{V_1} = 20\lg \frac{V_{\mu\mathrm{V}}}{1\mu\mathrm{V}} \tag{1-16}$$

其中,$V_{\mu\mathrm{V}}$ 为以 μV 为单位的电压值。

显然,有

$$0\mathrm{dB}\mu = -120\mathrm{dBV}$$

可推导出 $V_{\mathrm{dB}\mu}$ 与 P_{dBm} 之间的关系,即

$$P_{\mathrm{dBm}} - 30\mathrm{dB} = V_{\mathrm{dB}\mu} - 120 - 10\lg \frac{R_{\Omega}}{1\Omega} \tag{1-17}$$

其中，R_Ω 为电阻值(单位为 Ω)。

对于 50Ω 的系统，有

$$P_{dBm} = V_{dB\mu} - 120 - 16.99 + 30 \cong V_{dB\mu} - 107dB \tag{1-18}$$

式(1-18)是经常用到的公式。

1.4.3 电流

电流常以 $dB\mu A$ 为单位，即

$$I_{dB\mu A} = 20\lg\frac{I_2}{I_1} = 20\lg\frac{I_{\mu A}}{1\mu A} \tag{1-19}$$

其中，$I_{\mu A}$ 为电流(单位为 μA)。

1.4.4 功率密度

有时用空间的功率密度 S 表示电磁场强度，尤其是在微波波段。功率密度的基本单位为 W/m^2，常用的单位为 mW/cm^2 或 $\mu W/cm^2$。若将某个以 W/m^2 为单位的物理量转换为以 mW/cm^2 或 $\mu W/cm^2$ 为单位，则换算关系应为

$$1W/m^2 = 0.1mW/cm^2 = 100\mu W/cm^2 \tag{1-20}$$

应注意不要将空间功率密度与功率谱密度混淆。

已知功率密度 S 与电场强度 E、磁场强度 H 之间的关系为

$$S = E \times H \tag{1-21}$$

其中，S 为功率密度(单位为 W/m^2)；E 为电场强度(单位为 V/m)；H 为磁场强度(单位为 A/m)。

而空间的波阻抗(单位为 Ω)为

$$Z = \frac{E}{H} \tag{1-22}$$

式(1-21)与式(1-22)适用于空间的任意场点，包括远场与近场。但对于满足远场条件的平面波，Z_0 为自由空间波阻抗，即

$$Z_0 = 120\pi\Omega$$

则式(1-21)转换为

$$S_{W/m^2} = \frac{(E_{V/m})^2}{120\pi} \tag{1-23}$$

$$S_{mW/cm^2} = \frac{(E_{mV/m})^2}{120\pi} \tag{1-24}$$

若电场强度以 $\mu V/m$ 为单位，则

$$S_{mW/cm^2} = \frac{(E_{\mu V/m})^2}{120\pi} \times 10^{-13} \tag{1-25}$$

$$S_{\mu W/cm^2} = \frac{(E_{\mu V/m})^2}{120\pi} \times 10^{-10} \tag{1-26}$$

1.4.5　磁场强度

根据式(1-22)可得磁场强度为

$$H_{A/m} = \frac{E_{V/m}}{Z_{\Omega}} \tag{1-27}$$

$$H_{\mu A/m} = \frac{E_{\mu V/m}}{Z_{\Omega}} \tag{1-28}$$

写为分贝形式,即

$$H_{dB\mu A/m} = 20\lg H_{\mu A/m}$$

则

$$H_{dB\mu A/m} = E_{dB\mu V/m} - 20\lg Z_{\Omega} \tag{1-29}$$

当 $Z = Z_0 = 120\pi\Omega$ 时,有

$$H_{dB\mu A/m} = E_{dB\mu V/m} - 51.5dB \tag{1-30}$$

磁场强度虽然在电磁兼容领域中经常使用,但它并非在国际单位制中具有专门名称的导出单位。实际工作中,导出单位也常采用磁通密度(磁感应强度)B,磁通密度的基本单位为特斯拉(T),其定义为

$$1T = \frac{1Wb}{1m^2} \tag{1-31}$$

其中,Wb 为磁通量的单位。

在过去,磁通密度的单位使用高斯(Gs),虽已被淘汰,但有时在实际工作中还可能遇到。

$$1Gs = 10^{-4}\,T$$
$$1mGs = 10^{-7}\,T$$

磁通密度与磁场强度的关系如下。

$$B_T = \mu H_{A/m} \tag{1-32}$$

其中,B_T 为以磁通密度(单位为 T);μ 为介质的绝对磁导率,单位为亨/米(H/m)[①],真空中 $\mu_0 = 4\pi \times 10^{-7} H/m$;$H_{A/m}$ 为磁场强度(单位为 A/m)。

若磁通密度用 μT 为单位,则在真空中

$$B_{\mu T} = 0.4\pi H_{A/m} \cong 1.26 H_{A/m} \tag{1-33}$$

$$B_{mGs} = 4\pi H_{A/m} \cong 12.6 H_{A/m} \tag{1-34}$$

若以分贝表示,则由式(1-32)可得

$$B_{dBT} = 20\lg B_T = 20\lg\mu_0 + 20\lg H_{A/m} = H_{dBA/m} - 118dB \tag{1-35}$$

---

① 注意区分电磁单位"亨"(H)与磁场强度的符号 H。

1.4.6　单位带宽归一化

在我们看到的资料中,过去常将电压、电流、场强或功率、功率密度等单位归一化到单位带宽(如 Hz、kHz、MHz)上,实际上这就是功率谱的概念。

对于峰值检波的测量,在测量接收机放大器不饱和以及本机噪声可以忽略的前提下,需要脉冲噪声的重复率足够低,以保证通过测量接收机中频放大器后的各个脉冲互不重叠。峰值检波的输出电压正比于中频带宽,即

$$\frac{V_2}{V_1} = \frac{B_{imp2}}{B_{imp1}} \tag{1-36}$$

或写为分贝值,即

$$V_{dB2} = V_{dB1} + 20\lg\frac{B_{imp2}}{B_{imp1}} \tag{1-37}$$

其中,B_{imp} 为脉冲带宽。

当已知测量所用的带宽 B_{imp1} 和测量结果 V_1 时,就可以换算得到所需带宽 B_{imp2} 了。可见,对于电压、电流、场强,其值是正比于带宽的;但对于功率或功率密度,则正比于带宽的平方,式(1-36)应该改写,但式(1-37)的形式不变,即

$$\frac{P_2}{P_1} = \left(\frac{B_{imp2}}{B_{imp1}}\right)^2 \tag{1-38}$$

$$P_{dB2} = P_{dB1} + 20\lg\frac{B_{imp2}}{B_{imp1}} \tag{1-39}$$

1.5　有效数字与数值的舍入

在书写原始记录与编写测试报告时,工程技术人员往往不注意有效数字的概念。例如,检测 12 个日光灯管(12 个样本),其电磁发射指标合格者有 10 个,则不应说样本的合格率为 83.3%,而只能说为 83%。只有当检测 120 个灯管,合格者有 100 个的条件下,才能说样本的合格率为 83.3%。这涉及有效数字的概念及数值舍入规则,因此有必要明确这些概念和规则。

1.5.1　有效数字

若某近似数字的误差绝对值不超过该数末位的半个单位值,则从其第 1 个不为零的数字起至最末位数的所有数字,都是有效数字。

例如,1/3 的小数值是 $0.333\cdots$。若取 0.33,则其末位数的半个单位值为 0.005;而误差的绝对值为 $|0.333\cdots - 0.33| = 0.003\cdots$,不超过 0.005,因此其有效数字为两位。

为了明显地表示测试数据的有效位数,常采用如下形式,即

$$k \times 10^{m}$$

其中，m 为可具有任意符号的任意自然数；k 为 $1 \sim 10$ 的任意数，其位数即为有效数字位数。

按以上原则，举例如下。

(1) 125、1.25×10^{2}、0.0125 均为 3 位有效数字。

(2) 125.00、1.2500×10^{2}、0.012500 均为 5 位有效数字。

可见，$125\mathrm{mV}$ 与 $125.00\mathrm{mV}$ 虽然表示的数值相同，但反映该数值的误差却不一样。$125\mathrm{mV}$ 表示该数值的误差不超过 $0.5\mathrm{mV}$，即该值落在 $124.5 \sim 125.5\mathrm{mV}$ 的区间内；而 $125.00\mathrm{mV}$ 的误差不超过 $5\mu\mathrm{V}$，即表示该值落在 $124.995 \sim 125.005\mathrm{mV}$ 的区间内。若将 $125\mathrm{mV}$ 的单位换成 $\mu\mathrm{V}$，并且保证其有效位数的话，则应写为 $1.25 \times 10^{5}\mu\mathrm{V}$，而不应写为 $125000\mu\mathrm{V}$，因为后者将其有效位数由 3 位提升至 6 位。

1.5.2　有效数字的运算

1. 加、减运算

如果参与运算的数不超过 10 个，运算时以各数中末位的数量级最大的数为准，其余的数均比它多保留一位，多余位数应舍去。计算结果的末位的数量级应与参与运算各数中末位的数量级最大的数相同。若计算结果尚需参与下一步运算，则可多保留一位。

例如，计算 $18.3+1.4546+0.876$，以 18.3 为准，其余的数对照 18.3 的位置多保留一位，即 $1.4546 \to 1.45$，$0.876 \to 0.88$，则 $18.3+1.45+0.88=20.63 \approx 20.6$。计算结果为 20.6，即 3 位有效数字（与 1.83 的有效位数相同）。若尚需参与下一步运算，则取 20.63。

2. 乘、除运算

在进行数的乘、除运算时，以有效数字位数最少的数为准，其余的数的有效数字位数均比它多保留一位。运算结果（积或商）的有效数字位数应与参与运算的数中有效数字位数最少的数相同。若其计算结果尚需参与下一步运算，则有效数字可多取一位。

例如，计算 $1.1 \times 0.3268 \times 0.10300$，可写为 $1.1 \times 0.327 \times 0.103 = 0.0370491 \approx 0.037$。计算结果为 0.037。若需参与下一步运算，则取 0.0370。

3. 乘方、开方运算

在进行乘方、开方运算时，计算结果的有效数字位数应与运算前的数的有效数字位数相同。若其计算结果尚需参与下一步运算，则有效数字位数可多保留一位。

例如（当不参与下一步运算时），$3^{2}=9$；$3.0^{2}=9.0$；$\sqrt{3.0} \approx 1.7$；$\sqrt{0.0300} \approx 0.173$。

1.5.3　数值的舍入规则

长期以来应用较普遍的舍入规则（称为"偶舍奇入"规则）如下（以保留数字的末位为个位数为例）。

(1) 被舍入数的第 1 位小于 5，则全部舍去，如 $8765.43 \to 8765$。

（2）被舍入数的第1位为5,且其后的数字为0或无任何数字,当保留数字的末位为偶数或0时,则全部舍去;当保留数字的末位为奇数时,则该奇数加1。例如,1234.5→1234; 8765.5→8766。

（3）被舍入数的第1位大于或等于5,且其后的数字不为0时,则保留数字的末位加1。例如,1234.6→1235;9876.54→9877。

在进行数值的舍入时,应一次到位,不应连续多次修约。因为多次连续修约会累积不确定度。仍以保留数字的末位为个数位为例,若多次连续修约123.51,则会得到如下结果: 122.51→122.5→122;但若一次到位,则结果应为123。可见,多次的处理会得到错误的结果。

本章小结

1. 主要内容

（1）本章阐述了电磁兼容学习中的重要术语与基本概念。

（2）本章介绍了电磁兼容系统的三要素,阐述了电磁骚扰源的耦合路径及传输函数模型。

（3）本章初步介绍了电磁兼容分析仿真工具。

（4）本章介绍了电磁噪声影响接收系统的灵敏度。

（5）电磁兼容领域常用的测量单位。

（6）有效数字与数值的舍入。

2. 学习要求

熟悉电磁兼容领域所常用的各种测量单位、它们之间的换算关系以及某些数值应用时的条件。

（1）分贝可以有效描述大量级数值: $P_{dB}=10\lg\dfrac{P_2}{P_1}$; $P_{dBW}=10\lg\dfrac{P_W}{1W}$; $P_{dBm}=10\lg\dfrac{P_{mW}}{1mW}$。

（2）在电磁兼容领域,电压分贝常以 μV 为单位: $V_{dB\mu}=20\lg\dfrac{V_2}{V_1}=20\lg\dfrac{V_{\mu V}}{1\mu V}$,其中 $0dB\mu=-120dBV$。

功率 $P=\dfrac{V^2}{R}$,对于 $R=50\Omega$ 的系统,$P_{dBm}-30dB=V_{dB\mu}-120-10\lg\dfrac{R_\Omega}{1\Omega}$; $P_{dBm}=V_{dB\mu}-120-16.99+30\cong V_{dB\mu}-107dB$。

（3）$I_{dB\mu A}=20\lg\dfrac{I_2}{I_1}=20\lg\dfrac{I_{\mu A}}{1\mu A}$。

习题 1

1. $10\text{mW}=$ _____ dBm；$10\mu\text{W}=$ _____ dBm。

2. $1\text{A}=$ _____ $\text{dB}\mu\text{A}$。

3. 在 50Ω 上消耗 $10\mu\text{W}$ 功率,其端电压等于 _____ $\text{dB}\mu\text{V}$。

4. 对于远场平面波,电场强度为 $80\text{dB}\mu\text{V/m}$ 时,对应的磁场强度为 _____ $\text{dB}\mu\text{A/m}$；对应的功率密度为 _____ $\text{dB}\mu\text{W/m}^2$,相当于 _____ dBW/m^2,相当于 _____ dBmW/cm^2。

第 2 章 信号频谱时域和频域之间的关系

电子系统中存在的信号的频谱分量可能是该系统中最重要的一方面,其不仅需要满足监管限制,而且还需要考虑与其他电子系统的兼容。本章将研究电磁兼容的这一重要方面。首先概述周期信号的频谱组成,一旦理解了这些重要概念,就会将这些概念专门化为代表典型数字产品的信号。在这里将设定频谱边界以便于分析信号,还将讨论使用频谱分析仪测量信号的频谱内容,因为正确使用这一重要仪器对于正确评估产品符合(或不符合)政府监管要求至关重要。另外,将这些概念扩展到非周期信号,然后扩展到代表数据信号的随机信号。

2.1 周期信号

在时间上重复发生的时域信号或波形称为周期信号。对数字电子系统的辐射和传导发射起直接作用而且很重要的信号是周期性信号,这些类型的波形代表了系统正常运行所必需的时钟和数据信号。数字产品中的数据流是随机信号的示例,在时钟信号的周期性间隔期间,波形呈现两个电平之一,但每个间隔(0 或 1)中的值是随机变量。精确知道其时间行为的信号称为确定性信号,时间行为未知但仅能在统计上描述的信号称为非确定性信号或随机信号。本节将研究代表数字产品的时钟波形的周期性、确定性信号的频域描述。在某种程度上,可以深入了解数据信号的频谱组成。但是,数据信号是不确定的,否则不会传达任何信息。

由 $x(t)$ 表示的时间 t 的周期函数为

$$x(t \pm kT) = x(t), \quad k = 1, 2, 3, \cdots \tag{2-1}$$

也就是说,该函数在长度 T 的间隔上重复,T 称为波形的周期。周期信号的一个例子如图 2-1 所示。周期的倒数称为波形的基频,单位为赫兹(Hz),即

$$f_0 = \frac{1}{T} \tag{2-2}$$

也可以用弧度/秒(rad/s)表示,即

$$\omega_0 = 2\pi f_0 = \frac{2\pi}{T} \tag{2-3}$$

周期波形的平均功率定义为

$$P_{av} = \frac{1}{T}\int_{t_1}^{t_1+T} x^2(t)\,dt \qquad (2\text{-}4)$$

其中，t_1 为任意时间，也就是说，我们只需要在长度等于信号周期的时间间隔上进行积分。信号中的能量定义为

$$E = \int_{-\infty}^{\infty} x^2(t)\,dt \qquad (2\text{-}5)$$

请注意，周期信号具有无限能量，因为它必须无限重复，但其平均功率是有限的。因此，周期性信号称为功率信号。不具备周期循环的信号称为非周期性信号，如图 2-2 所示。

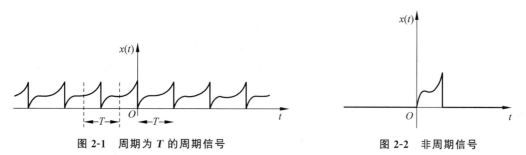

图 2-1　周期为 T 的周期信号　　　　图 2-2　非周期信号

非周期信号的平均功率为 0，但能量有限，因此，它们被称为能量信号。周期信号可以表示为更基本信号的线性组合，称为基函数，表示为 $\phi_n(t)$。则有

$$x(t) = \sum_{n=0}^{\infty} c_n\phi_n(t) = c_0\phi_0(t) + c_1\phi_1(t) + c_2\phi_2(t) + \cdots \qquad (2\text{-}6)$$

基函数也是周期性的，具有与 $x(t)$ 相同的周期。c_n 称为展开系数。这种表示的优点如图 2-3 所示。具有输入 $x(t)$ 和输出 $y(t)$ 的线性系统称为单输入单输出系统。

如果系统具有以下两个属性，则该系统是线性的。

（1）如果 $x_1(t)$ 产生 $y_1(t)$，且 $x_2(t)$ 产生 $y_2(t)$，则 $x_1(t)+x_2(t)$ 产生 $y_1(t)+y_2(t)$。

（2）如果 $x(t)$ 产生 $y(t)$，则 $kx(t)$ 产生 $ky(t)$。

这两个属性通常统称为叠加属性。因此，如果我们知道线性系统的系统函数 $h(t)$，则此线性系统对每个基函数 $\phi_n(t)$ 的响应为

$$y_n(t) = h(\phi_n(t)) \qquad (2\text{-}7)$$

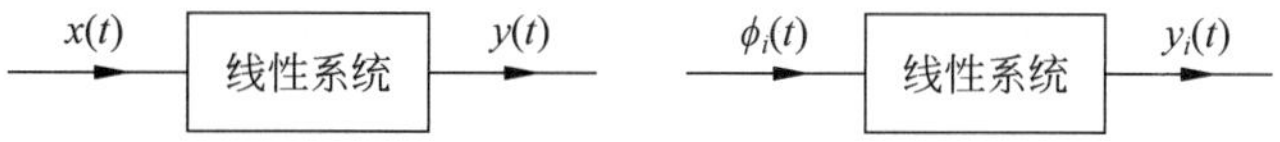

（a）输入$x(t)$，产生$y(t)$　　　　　（b）$x(t)$扩展中的基函数，
　　　　　　　　　　　　　　　　　　　　　特别是$\phi_i(t)$，产生相应的输出$y_i(t)$

图 2-3　线性系统对于输入信号的处理

任意输入 $x(t)$ 的响应都可被分解为基函数相应的线性和，即

$$y(t) = \sum_{n=0}^{\infty} c_n y_n(t) = c_0 y_0(t) + c_1 y_1(t) + c_2 y_2(t) + \cdots \qquad (2\text{-}8)$$

也就是说,通过叠加可以找到对原始输入信号的响应,作为对用于表示原始输入信号的各个分量或基函数的加权响应的总和。通常,更容易确定对简单基函数的响应,而不是原始信号的响应,简化了系统对更一般输入的响应的确定。这不仅简化了对原始信号响应的计算,而且还可以深入了解线性系统如何处理更一般的输入。请注意,此结果的效用依赖于系统是线性的,因为我们使用了叠加的属性。虽然用于扩展一般周期信号的基组有很多选择,但我们将专注于正弦基函数。正弦基函数可以导出傅里叶级数表示,我们将在下面讨论。

2.1.1　周期信号的傅里叶级数表示

任何周期函数都可以表示为正弦分量的有限和。每个正弦分量的频率是基频的倍数,$f_0 = 1/T$,弧度基频为 $\omega t = 2\pi f_0 = 2\pi/T$。

傅里叶级数有两种形式。三角形式具有基函数 $\phi_0 = 1$ 和 $\phi_n = \cos(n\omega_0 t)$（或 $\phi_n = \sin(n\omega_0 t)$）,$n = 1, 2, 3, \cdots$。基频的倍数 nf_0 称为该基频的谐波。

复指数形式比三角形式更有用,更容易计算,并将成为我们将要使用的形式。复指数形式使用复指数作为基函数。

$$\phi_n = e^{jn\omega_0 t} = \cos(n\omega_0 t) + j\sin(n\omega_0 t), \quad n = -\infty, \cdots, -1, 0, 1, \cdots, \infty \quad (2\text{-}9)$$

利用欧拉公式

$$e^{j\theta} = \cos\theta + j\sin\theta \quad (2\text{-}10)$$

周期函数被分解为

$$x(t) = \sum_{-\infty}^{\infty} c_n e^{jn\omega_0 t} = \cdots + c_{-2}e^{-j2\omega_0 t} + c_{-1}e^{-j\omega_0 t} + c_0 + c_1 e^{j\omega_0 t} + c_2 e^{j2\omega_0 t} + \cdots \quad (2\text{-}11)$$

注意,总和从 $-\infty$ 延伸到 ∞。每个展开系数 c_n 通常是具有幅度和相位的复数。为了确定特定 $x(t)$ 的展开系数,将式(2-11)的两边乘以 $\phi_m^* = e^{jm\omega_0 t}$,其中 $*$ 表示复数的复共轭。将 j 替换为 $-j$ 以便创建复数的共轭,然后在一个周期内求积分,得到

$$\int_{t_1}^{t_1+T} e^{-jm\omega_0 t} x(t)\mathrm{d}t = \sum_{n=-\infty}^{\infty} c_n \int_{t_1}^{t_1+T} e^{-jm\omega_0 t} e^{jn\omega_0 t}\mathrm{d}t$$
$$= c_m T \quad (2\text{-}12)$$

由于使用了欧拉公式,右边的被积函数为

$$e^{-jm\omega_0 t} e^{jn\omega_0 t} = e^{j(n-m)\omega_0 t} = \cos[(n-m)\omega_0 t] + j\sin[(n-m)\omega_0 t] \quad (2\text{-}13)$$

当在一个周期 T 内积分时,除了 $n = m$ 之外,式(2-13)的值为 0;当 $n = m$ 时,其值为 1。因此,扩展系数由式(2-14)给出。

$$c_n = \frac{1}{T}\int_{t_1}^{t_1+T} x(t)e^{-jn\omega_0 t}\mathrm{d}t \quad (2\text{-}14)$$

对于 $n = 0$,这是一个实数,即

$$c_0 = \frac{1}{T}\int_{t_1}^{t_1+T} x(t)\mathrm{d}t \quad (2\text{-}15)$$

注意，除了正值谐波频率 $\omega_0,2\omega_0,3\omega_0,\cdots$ 之外，傅里叶级数的复指数形式包含负值谐波 $-\omega_0,-2\omega_0,-3\omega_0,\cdots$。此外，扩展系数 c_n 可能是复值，而三角傅里叶级数中的扩展系数是实值。乍一看，三角傅里叶级数中直观的物理公式似乎已经和复指数形式的傅里叶级数完全不同，但实际上不是这种情况。我们应该认识到，对于 n（谐波频率）的每个正值，存在相应的负 n 值（谐波频率），这些系数 c_n 和 c_{-n} 是彼此的共轭。

$$c_{-n}=\frac{1}{T}\int_{t_1}^{t_1+T}x(t)\mathrm{e}^{jn\omega_0 t}\mathrm{d}t=c_n^* \tag{2-16}$$

由于 c_n 可能是复值，可表示为

$$c_n=|c_n|\angle c_n=|c_n|\mathrm{e}^{j\angle c_n} \tag{2-17}$$

从而

$$c_n^*=|c_n|\mathrm{e}^{-j\angle c_n} \tag{2-18}$$

式(2-11)中的复指数形式可以写成

$$x(t)=c_0+\sum_{n=1}^{\infty}c_n\mathrm{e}^{jn\omega_0 t}+\sum_{n=-1}^{-\infty}c_n\mathrm{e}^{jn\omega_0 t} \tag{2-19}$$

将式(2-19)中第2项的求和系数 n 更改为正，并利用式(2-16)，得

$$x(t)=c_0+\sum_{n=1}^{\infty}c_n\mathrm{e}^{jn\omega_0 t}+\sum_{n=1}^{\infty}c_n^*\mathrm{e}^{-jn\omega_0 t} \tag{2-20}$$

式(2-10)为欧拉公式，这里给出两个重要的结论：

$$\cos\theta=\frac{\mathrm{e}^{j\theta}+\mathrm{e}^{-j\theta}}{2} \tag{2-21}$$

$$\sin\theta=\frac{\mathrm{e}^{j\theta}-\mathrm{e}^{-j\theta}}{2j} \tag{2-22}$$

因此可得

$$\begin{aligned}x(t)&=c_0+\sum_{n=1}^{\infty}|c_n|\mathrm{e}^{j(n\omega_0 t+\angle c_n)}+\sum_{n=1}^{\infty}|c_n|\mathrm{e}^{-j(n\omega_0 t+\angle c_n)}\\&=c_0+\sum_{n=1}^{\infty}|c_n|[\mathrm{e}^{j(n\omega_0 t+\angle c_n)}+\mathrm{e}^{-j(n\omega_0 t+\angle c_n)}]\\&=c_0+\sum_{n=1}^{\infty}2|c_n|\cos(n\omega_0 t+\angle c_n)\end{aligned} \tag{2-23}$$

式(2-23)的扩展是余弦级数。使用等式 $\cos\theta=\sin(\theta+90°)$，可以选择用正弦级数表示 $x(t)$，即

$$x(t)=c_0+\sum_{n=1}^{\infty}2|c_n|\sin(n\omega_0 t+\angle c_n+90°) \tag{2-24}$$

这样我们便得到了单边频谱的展开系数（仅正频率），即将双边谱的幅度加倍 $c_n^+=2|c_n|$，且

令直流分量 c_0 保持不变。

复指数展开系数通常比三角形式的系数更容易计算。例如,考虑如图 2-4 所示的方波,使用式(2-14)可得

$$c_n = \frac{1}{T} \int_{t_1}^{t_1+T} \mathrm{e}^{-\mathrm{j}n\omega_0 t} x(t) \mathrm{d}t = \frac{1}{T} \int_0^{\tau} \mathrm{e}^{-\mathrm{j}n\omega_0 t} A \mathrm{d}t + \frac{1}{T} \int_{\tau}^{T} \mathrm{e}^{-\mathrm{j}n\omega_0 t} \times 0 \mathrm{d}t$$

$$= \frac{A}{\mathrm{j}n\omega_0 T} (1 - \mathrm{e}^{-\mathrm{j}n\omega_0 \tau}) \tag{2-25}$$

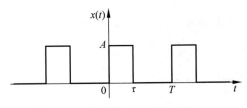

图 2-4 周期方波脉冲序列

在这种类型的计算中,通常希望将结果置于正弦或余弦形式的函数中。因此,从式(2-25)内提取 $\mathrm{e}^{-\frac{\mathrm{j}n\omega_0 \tau}{2}}$ 并利用式(2-24),得

$$c_n = \frac{A}{\mathrm{j}n\omega_0 T} \mathrm{e}^{-\frac{\mathrm{j}n\omega_0 \tau}{2}} (\mathrm{e}^{\frac{\mathrm{j}n\omega_0 \tau}{2}} - \mathrm{e}^{-\frac{\mathrm{j}n\omega_0 \tau}{2}}) = \frac{A}{\mathrm{j}n\omega_0 T} \mathrm{e}^{-\frac{\mathrm{j}n\omega_0 \tau}{2}} 2\mathrm{j}\sin\left(\frac{1}{2}n\omega_0 \tau\right)$$

$$= \frac{A\tau}{T} \mathrm{e}^{-\frac{\mathrm{j}n\omega_0 \tau}{2}} \frac{\sin\left(\frac{1}{2}n\omega_0 \tau\right)}{\frac{1}{2}n\omega_0 \tau} \tag{2-26}$$

由此可得

$$|c_n| = \frac{A\tau}{T} \left| \frac{\sin\left(\frac{1}{2}n\omega_0 \tau\right)}{\frac{1}{2}n\omega_0 \tau} \right| \tag{2-27}$$

$$\angle c_n = \pm \frac{1}{2}n\omega_0 \tau \tag{2-28}$$

角度的 $\pm$ 号是因为 $\sin\left(\frac{1}{2}n\omega_0 \tau\right)$ 可以是正的或负的(角度为 180° 时),这被添加到 $\mathrm{e}^{-\mathrm{j}n\omega_0 \tau}$ 的角度中。因为 $\omega_0 = 2\pi/T$,所以有

$$|c_n| = \frac{A\tau}{T} \left| \frac{\sin\left(\frac{n\pi\tau}{T}\right)}{\frac{n\pi\tau}{T}} \right| \tag{2-29}$$

$$\angle c_n = \pm \frac{n\pi\tau}{T} \tag{2-30}$$

幅度谱如图 2-5(a)所示,相位谱如图 2-5(b)所示,横坐标表示频率。频谱幅度分量的包络为

$$\text{Envelope} = \frac{A\tau}{T} \left| \frac{\sin(\pi f\tau)}{\pi f\tau} \right| \tag{2-31}$$

对于式(2-31),我们用 n/T 代替 f 得到一个连续的包络函数。在 $\pi f\tau = m\pi$ 处,函数值变为 0。这是一个有用且常见的函数,一般称为 Sa 函数,表示为

$$\text{Sa}(x) = \frac{\sin x}{x} \tag{2-32}$$

对于 $\text{Sa}(x)$,当 $x=0$ 时,函数值为 1;当 $x=m\pi$, $m=1,2,3,\cdots$ 时函数值为 0。虽然连续包络限制了频谱幅度,但频谱分量仅存在于基频 $f_0 = 1/T$ 的倍数(谐波)中。该函数的相位谱绘制在图 2-5(b)中。图 2-5(a)和图 2-5(b)给出的幅度谱和相位谱,因为显示了正频率分量和负频率分量,被称为双边频谱。正频率的单边幅度谱如图 2-5(c)所示。通常,单边幅度谱是更受欢迎的。注意,除了双边幅度谱中的直流分量之外的所有正频率分量都加倍,以给出单边幅度谱;单边相位谱只是双边相位谱的正频率部分。假设我们认为方波具有 $\frac{1}{2}$(或 50%)占空比,占空比定义为

$$D = \frac{\tau}{T} \tag{2-33}$$

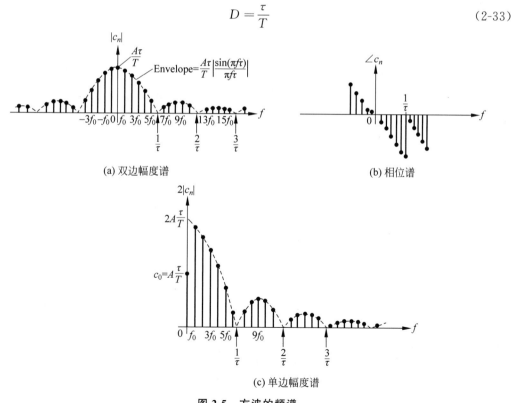

(a) 双边幅度谱

(b) 相位谱

(c) 单边幅度谱

图 2-5 方波的频谱

展开系数为

$$|c_n| = \frac{A}{2}\left|\frac{\sin\left(\frac{n\pi}{2}\right)}{\frac{n\pi}{2}}\right| = \begin{cases} \dfrac{A}{n\pi}, & n=1,3,5,\cdots \\ 0, & n=2,4,6,\cdots \end{cases} \tag{2-34}$$

$$\angle c_n = \angle \frac{-n\omega_0\tau}{2} + \angle\sin\left(\frac{1}{2}n\omega_0\tau\right) = \angle\frac{-n\pi}{2} + \angle\sin\left(\frac{n\pi}{2}\right)$$

$$= -90°, \quad n=1,3,5,\cdots \tag{2-35}$$

以及 $c_0 = A/2$。

因此,占空比为 50% 的方波的复指数傅里叶级数为

$$x(t) = \frac{A}{2} + \frac{2A}{\pi}\cos(\omega_0 t - 90°) + \frac{2A}{3\pi}\cos(3\omega_0 t - 90°) + \cdots$$

$$= \frac{A}{2} + \frac{2A}{\pi}\sin(\omega_0 t) + \frac{2A}{3\pi}\sin(3\omega_0 t) + \cdots \tag{2-36}$$

2.1.2 线性系统对周期性输入信号的响应

考虑图 2-3(a) 中的单输入单输出线性系统,假设输入为正弦信号

$$x(t) = X\cos(\omega t + \phi_x) \tag{2-37}$$

在稳定状态下,输出也将是与输入频率相同的正弦信号,即

$$y(t) = Y\cos(\omega t + \theta_y) \tag{2-38}$$

用相位复矢量替换正弦信号的时域表达形式可以简单地确定响应。由 $h(t)$ 表示的单位脉冲响应是在初始状态为 0 的条件下,单位脉冲函数作为输入函数时的输出响应,即输入函数 $x(t) = \delta(t)$ 时的系统响应函数。相位复矢量脉冲响应表示为 $H(j\omega) = |H(j\omega)|\angle H(j\omega)$。在这种情况下,输出矢量变为

$$Y\angle\theta_y = H(j\omega)X\angle\phi_x \tag{2-39}$$

因此,输出的幅度响应为

$$Y = |H(j\omega)|X \tag{2-40}$$

并且输出的相位为

$$\angle\theta_y = \angle H(j\omega) + \phi_x \tag{2-41}$$

现在假设 $x(t)$ 是周期信号,并且其傅里叶级数为

$$x(t) = c_0 + \sum_{n=1}^{\infty} 2|c_n|\cos(n\omega_0 t + \angle c_n) \tag{2-42}$$

我们可以让信号的每个分量通过系统,得到每个分量的正弦稳态响应 $Y(jn\omega_0)$,并让这些响应相加以得到 $x(t)$ 的完整正弦稳态响应。

如图 2-6 所示,对每个谐波分量的响应幅度为

$$Y = 2|c_n||H(jn\omega_0)| \tag{2-43}$$

响应相位为

$$\angle \theta_y = \angle c_n + \angle H(jn\omega_0) \tag{2-44}$$

所以时域输出 $y(t)$ 变为

$$y(t) = c_0 H(0) + \sum_{n=1}^{\infty} 2|c_n||H(jn\omega_0)|\cos[n\omega_0 t + \angle c_n + \angle H(jn\omega_0)] \tag{2-45}$$

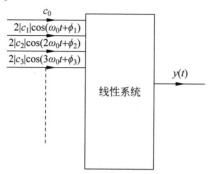

图 2-6 对一般时域信号的完整响应作为对周期性频谱分量的响应的叠加

2.1.3 4 个性质

虽然使用前面的结果直接计算展开系数很简单,但是对于某些波形,这可能会变得很烦琐。本节的目的是说明波形的 4 个重要性质,这些性质使计算分段波形的展开系数变得轻而易举。分段线性波形是由直线段组成的波形。图 2-7(a)就是一个周期分段线性波形。

第 1 个也是最重要的性质是线性。任何波形或函数可以写成(或分解成)两个或多个函数的线性组合,即

$$x(t) = A_1 x_1(t) + A_2 x_2(t) + A_3 x_3(t) + \cdots \tag{2-46}$$

例如,图 2-7(a)中的波形可以写成两个波形 $x_1(t)$ 和 $x_2(t)$ 的线性组合:$x(t) = A_1 x_1(t) + A_2 x_2(t)$。如图 2-7(b)所示,可知 $A_1 = A, A_2 = A$。根据式(2-42),$x(t)$ 的傅里叶级数可以写成 $x_1(t), x_2(t), x_3(t), \cdots$ 的傅里叶级数的线性组合。假设 $x_1(t)$ 和 $x_2(t)$ 的复指数形式为

$$x_1(t) = \sum_{-\infty}^{\infty} c_{1n} e^{jn\omega_0 t} \tag{2-47}$$

$$x_2(t) = \sum_{n=-\infty}^{\infty} c_{2n} e^{jn\omega_0 t} \tag{2-48}$$

如果 $x(t) = x_1(t) + x_2(t)$,那么

$$x(t) = x_1(t) + x_2(t) = \sum_{n=-\infty}^{\infty} (c_{1n} + c_{2n}) e^{jn\omega_0 t}$$

$$= \sum_{n=-\infty}^{\infty} c_n e^{jn\omega_0 t} \tag{2-49}$$

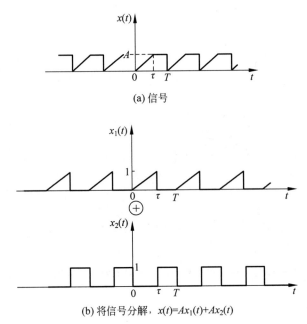

(a) 信号

(b) 将信号分解，$x(t)=Ax_1(t)+Ax_2(t)$

图 2-7 信号分解的原理

因此，与 $x(t)$ 的第 n 次谐波有关的展开系数是与 $x_1(t)$ 和 $x_2(t)$ 有关的谐波的展开系数之和。这样我们就可以把一个周期函数分解成更简单的函数的线性组合。如果更容易得到这些简单函数的展开系数，那么得到 $x(t)$ 的展开系数的过程就会被简化。

第 2 个重要的性质与函数的时移有关，如图 2-8 所示。如果 $x(t)$ 在 t 方向向前移动 α 个量(时间上延迟 α)，就写成 $x(t-\alpha)$，如图 2-8(b)所示。$x(t\pm\alpha)$ 的傅里叶级数展开系数可以直接从 $x(t)$ 的展开系数得到。首先回忆一下复指数形式 $x(t)$ 的傅里叶级数展开式，展开式系数 c_n 在式(2-14)中被给出。假设 $x(t)$ 在时域中前进 α 个量，得到 $x(t-\alpha)$，将式(2-11)中的 t 替换为 $t-\alpha$，得到

$$x(t-\alpha)=\sum_{n=-\infty}^{\infty}c_n\mathrm{e}^{\mathrm{j}n\omega_0(t-\alpha)}=\sum_{n=-\infty}^{\infty}\underbrace{c_n\mathrm{e}^{-\mathrm{j}n\omega_0\alpha}}_{c_n'}\mathrm{e}^{\mathrm{j}n\omega_0 t} \qquad (2\text{-}50)$$

因此，我们将 $x(t)$ 的展开系数乘以 $\mathrm{e}^{-\mathrm{j}n\omega_0\alpha}$，得到 $x(t-\alpha)$ 的展开系数。

第 3 个重要性质与单位脉冲函数 $\delta(t)$ 有关。其被定义为

$$\delta(t)=\begin{cases}0, & t<0 \\ 0, & t>0 \\ \displaystyle\int_{0^-}^{0^+}\delta(t)\mathrm{d}t=1 \end{cases} \qquad (2\text{-}51)$$

其中，符号 0^+ 和 0^- 分别表示时间 $t=0$ 之后和之前的一瞬间；除了在 $t=0$ 时，$\delta(t)$ 函数的值是 0；而在 $t=0$ 时，它的值是未定义的。直观地说，我们说单位脉冲函数的宽度为 0，高度为无穷大，因此函数的面积等于 1。脉冲函数用垂直箭头表示(其高度是非实质性的)，脉

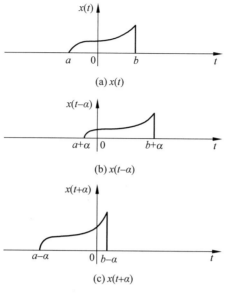

图 2-8　时移原理

冲的强度在箭头旁的圆括号内标出。图 2-9 给出了 $A\delta(t-\tau)$ 的图像。一个单位脉冲函数的周期序列如图 2-10(a)所示。

$$x(t)=\delta(t\pm kT),\quad k=0,\pm1,\pm2,\pm3,\cdots \tag{2-52}$$

其展开系数为

$$c_n=\frac{1}{T}\int_0^T\delta(t)\mathrm{e}^{-\mathrm{j}n\omega_0 t}\,\mathrm{d}t=\frac{1}{T}\int_{0^-}^{0^+}\delta(t)\mathrm{e}^{-\mathrm{j}n\omega_0 t}\,\mathrm{d}t=\frac{1}{T}\int_{0^-}^{0^+}\delta(t)\,\mathrm{d}t=\frac{1}{T} \tag{2-53}$$

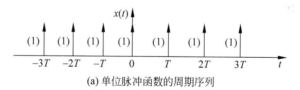

(a) 单位脉冲函数的周期序列

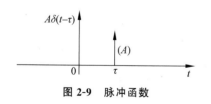

图 2-9　脉冲函数

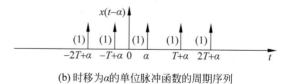

(b) 时移为α的单位脉冲函数的周期序列

图 2-10　单位脉冲序列

如图 2-10(b)所示,如果脉冲序列在 t 方向向前移动 α,则根据时移特性,展开系数变为

$$c_n=\frac{1}{T}\mathrm{e}^{-\mathrm{j}n\omega_0\alpha} \tag{2-54}$$

第 4 个也是最后一个性质与周期函数 $x(t)$ 的展开系数与其各种导数的展开系数之间的关系有关。如果 $x(t)$ 用复指数傅里叶级数表示为

$$x(t) = \sum_{n=-\infty}^{\infty} c_n e^{jn\omega_0 t} \qquad (2\text{-}55)$$

第 k 阶导数表示为

$$\frac{d^k x(t)}{dt^k} = \sum_{n=-\infty}^{\infty} c_n^{(k)} e^{jn\omega_0 t} \qquad (2\text{-}56)$$

展开系数为

$$c_n = \frac{1}{(jn\omega_0)^k} c_n^{(k)}, \quad n \neq 0 \qquad (2\text{-}57)$$

其中，$c_n^{(k)}$ 为 $x(t)$ 的第 k 阶导数的第 n 个展开系数。注意，当对 $x(t)$ 求导时，c_0 的导数为 0。因此，我们通常不会使用这种方法获得 c_0。然而，c_0 很容易从 $x(t)$ 的平均值得到。简单地对式(2-55)进行微分，可得

$$\frac{d^k x(t)}{dt^k} = \sum_{n=-\infty}^{\infty} \underbrace{(jn\omega_0)^k c_n}_{c_n^{(k)}} e^{jn\omega_0 t} \qquad (2\text{-}58)$$

现在，准备利用这 4 个重要性质简化计算分段线性函数的复指数傅里叶级数的展开系数。这个技巧就是反复微分这个函数直到第 1 次出现一个脉冲函数。如果是微分函数，不单单由脉冲函数组成，把结果写成包含脉冲函数和余数的部分。确定包含脉冲函数的部分的展开系数结果如式(2-58)所示，继续对未包含脉冲函数的部分进行微分直到脉冲函数出现。重复这个过程，直到求解完成。根据式(2-57)，用所需的 $jn\omega_0$ 去除微分后函数的展开系数，以得到所需的原函数的展开系数。

例 2-1 求下列函数的傅里叶级数展开式。

(1) $f(x) = \dfrac{\pi - x}{2}, 0 < x < 2\pi$

(2) $f(x) = ax^2 + bx + c, 0 < x < 2\pi$

解

(1) $f(x) = \dfrac{\pi - x}{2}, 0 < x < 2\pi$

函数按段光滑，故可展开为傅里叶级数。由式(2-15)得

$$a_0 = \frac{1}{\pi} \int_0^{2\pi} f(x)\,dx = \frac{1}{\pi} \int_0^{2\pi} \frac{\pi - x}{2}\,dx = 0$$

当 $n \geq 1$ 时，有

$$a_n = \frac{1}{\pi} \int_0^{2\pi} \frac{\pi - x}{2} \cos nx\,dx = \frac{1}{n\pi} \int_0^{2\pi} \frac{\pi - x}{2}\,d(\sin nx)$$

$$= \frac{\pi - x}{2n\pi} \sin nx \Big|_0^{2\pi} + \frac{1}{2n\pi} \int_0^{2\pi} \sin nx\,dx = 0$$

$$b_n = \frac{1}{\pi} \int_0^{2\pi} \frac{\pi - x}{2} \sin nx\,dx = \frac{-1}{n\pi} \int_0^{2\pi} \frac{\pi - x}{2}\,d(\cos nx)$$

$$= -\frac{\pi - x}{2n\pi} \cos nx \Big|_0^{2\pi} - \frac{1}{2n\pi} \int_0^{2\pi} \cos nx\,dx = \frac{1}{n}$$

故 $f(x) = \sum_{n=1}^{\infty} \dfrac{\sin nx}{n}, x \in (0, 2\pi)$。

（2）$f(x) = ax^2 + bx + c, 0 < x < 2\pi$

$$a_0 = \frac{1}{\pi} \int_0^{2\pi} (ax^2 + bx + c) \mathrm{d}x = \frac{8\pi^2 a}{3} + 2b\pi + 2c$$

$$a_n = \frac{1}{\pi} \int_0^{2\pi} (ax^2 + bx + c) \cos nx \, \mathrm{d}x$$

$$= \frac{1}{n\pi}(ax^2 + bx + c)\sin nx \Big|_0^{2\pi} + \frac{1}{n\pi} \int_0^{2\pi} (2ax + b)\sin nx \, \mathrm{d}x = \frac{4a}{n^2}$$

$$b_n = \frac{1}{\pi} \int_0^{2\pi} (ax^2 + bx + c)\sin nx \, \mathrm{d}x$$

$$= -\frac{1}{n\pi}(ax^2 + bx + c)\cos nx \Big|_0^{2\pi} - \frac{1}{n\pi} \int_0^{2\pi} (2ax + b)\cos nx \, \mathrm{d}x$$

$$= -\frac{4\pi a}{n} - \frac{2\pi}{n}$$

故 $f(x) = ax^2 + bx + c = \dfrac{4\pi^2 a}{3} + b\pi + c + \sum_{n=1}^{x} \dfrac{4a}{n^2}\cos nx - \dfrac{4\pi a + 2b}{n}\sin nx, x \in (0, 2\pi)$。

例 2-2 求函数 $f(x) = \begin{cases} x, & 0 \leqslant x \leqslant 1 \\ 1, & 1 < x < 2 \\ 3-x, & 2 \leqslant x \leqslant 3 \end{cases}$ 的傅里叶级数并讨论其收敛性。

解 由于 $f(x)$ 分段光滑，所以可展开为傅里叶级数，$f(x)$ 又是偶函数，故其展开式为余弦级数。

$$a_0 = \frac{2}{3} \int_0^3 f(x) \mathrm{d}x = \frac{2}{3} \int_0^1 x \, \mathrm{d}x + \frac{2}{3} \int_1^2 \mathrm{d}x + \frac{2}{3} \int_2^3 (3-x) \mathrm{d}x = \frac{4}{3}$$

$$a_n = \frac{2}{3} \int_0^1 x \cos \frac{2n\pi x}{3} \mathrm{d}x + \frac{2}{3} \int_1^2 \cos \frac{2n\pi x}{3} \mathrm{d}x + \frac{2}{3} \int_2^3 (3-x) \cos \frac{2n\pi x}{3} \mathrm{d}x$$

$$= \frac{1}{n\pi} \int_0^1 x \, \mathrm{d}\left(\sin \frac{2n\pi x}{3}\right) + \frac{1}{n\pi}\sin \frac{2n\pi x}{3} \Big|_1^2 + \frac{1}{n\pi} \int_2^3 (3-x) \, \mathrm{d}\left(\sin \frac{2n\pi x}{3}\right)$$

$$= \frac{1}{n\pi}\sin \frac{4n\pi}{3} + \frac{3}{2n^2\pi^2}\cos \frac{2n\pi x}{3} \Big|_0^1 - \frac{1}{n\pi}\sin \frac{4n\pi}{3} - \frac{3}{2n^2\pi^2}\cos \frac{2n\pi x}{3} \Big|_2^3$$

$$= \frac{3}{n^2\pi^2}\cos \frac{2n\pi}{3} - \frac{3}{n^2\pi^2}$$

$$b_n = \frac{2}{\pi} \int_{-\pi}^{\pi} f(x) \sin nx \, \mathrm{d}x = 0$$

故 $f(x) = \dfrac{2}{3} + \dfrac{3}{\pi^2} \sum\limits_{n=1}^{\infty} \left[-\dfrac{1}{n^2} + \dfrac{1}{n^2} \cos \dfrac{2n\pi}{3} \right] \cos \dfrac{2n\pi x}{3}, x \in (-\infty, +\infty)$。

2.2　非周期波形的表示

在时域上只发生一次的脉冲信号是非周期信号。虽然我们主要感兴趣的是周期信号，因为周期信号是数字系统中的主要辐射方式，但确定非周期信号的频谱也是有意义的。

2.2.1　傅里叶变换

处理非周期波形的最简单的方法就是考虑一个周期函数，它在一个周期内的波形与所期望的非周期信号相同。让周期变为无穷大会使相邻周期中的波形在时间上推向无穷远处，只留下所需的非周期信号。例如，考虑如图 2-4 所示的周期方波脉冲序列，其频谱分量如图 2-5 所示。假设我们保留了脉冲宽度 τ 和振幅 A，但增大了周期 T，频谱分量的包络（幅度）为

$$\frac{A\tau}{T} \frac{\sin(\pi f \tau)}{\pi f \tau} \tag{2-59}$$

增大周期会降低基本频率 $f_0 = 1/T$ 和谐波的频率，所以这些频谱成分更接近。包络的基本形状保持不变，因为它取决于脉冲宽度（保持不变）。随着周期无限地增大，各个频谱分量合并成一个平滑的连续光谱，其中频谱分量的离散性质消失。这是其本质的结果——单脉冲的频谱是连续谱。

这说明了如何从数学上处理单脉冲的情况。首先假设脉冲自身重复，得到周期为 T 的周期波形的复指数形式的展开系数，然后在这个结果中让周期变为无穷大，即 $T \to \infty$，只留下一个单脉冲。进行这些步骤的处理之后就得到了信号的傅里叶变换。

$$\mathcal{F}\{x(t)\} = X(\mathrm{j}\omega) = \int_{-\infty}^{\infty} x(t) \mathrm{e}^{-\mathrm{j}\omega t}\, \mathrm{d}t \tag{2-60}$$

$$x(t) = \frac{1}{2\pi} \int_{-\infty}^{\infty} X(\mathrm{j}\omega) \mathrm{e}^{\mathrm{j}\omega t}\, \mathrm{d}\omega \tag{2-61}$$

作为一个应用，让我们确定如图 2-11(a) 所示的单脉冲的傅里叶变换。直接应用式 (2-60) 给出的结果，得

$$X(\mathrm{j}\omega) = \int_0^{\tau} A \mathrm{e}^{-\mathrm{j}\omega t}\, \mathrm{d}t = -\frac{A}{\mathrm{j}\omega}(\mathrm{e}^{-\mathrm{j}\omega\tau} - 1)$$

$$= -\frac{A}{\mathrm{j}\omega} \mathrm{e}^{-\frac{\mathrm{j}\omega\tau}{2}} (\mathrm{e}^{-\frac{\mathrm{j}\omega\tau}{2}} - \mathrm{e}^{\frac{\mathrm{j}\omega\tau}{2}}) = A\tau \frac{\sin\left(\frac{1}{2}\omega\tau\right)}{\frac{1}{2}\omega\tau} \mathrm{e}^{-\frac{\mathrm{j}\omega\tau}{2}} \tag{2-62}$$

为了便于绘图，我们将结果转换为 $\mathrm{Sa}(x)$ 函数的形式。因此有

$$\mid X(\mathrm{j}\omega) \mid = A\tau \left| \frac{\sin\left(\frac{1}{2}\omega\tau\right)}{\frac{1}{2}\omega\tau} \right| \tag{2-63}$$

$$\angle X(\mathrm{j}\omega) = \pm\frac{1}{2}\omega\tau \tag{2-64}$$

式(2-63)和式(2-64)分别表示该信号的幅度谱和相位谱,如图 2-11(b)和图 2-11(c)所示。

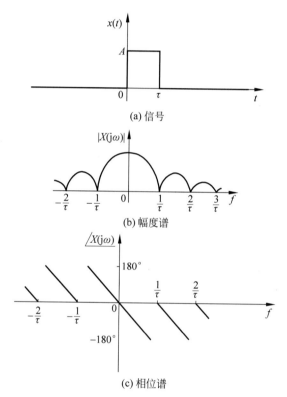

(a) 信号

(b) 幅度谱

(c) 相位谱

图 2-11 矩形脉冲的傅里叶变换

通过与傅里叶级数的类比,我们可以将非周期信号的傅里叶变换视为将时间函数 $x(t)$ 分解为复正弦的连续统一体。但在这个类比中,两者之间有一个主要区别:单个正弦波的振幅非常小,所以不能说任何信号都是以单一频率存在的。

傅里叶变换有许多重要的性质,可以用来简化计算。首先是关于复指数展开系数和傅里叶变换。如果知道单脉冲的傅里叶变换 $X(\mathrm{j}\omega)$,可以通过将 $X(\mathrm{j}\omega)$ 中的 ω 替换为 $n\omega_0$ 并将结果除以周期 T,直接获得此类脉冲周期序列的复指数傅里叶级数的系数,即

$$c_n = \frac{1}{T}X(\mathrm{j}n\omega_0) \tag{2-65}$$

有许多不同脉冲形状的傅里叶变换表。式(2-60)和式(2-61)中的结果允许我们使用这些

表获得复指数傅里叶级数展开系数。周期函数和傅里叶级数线性、叠加、微分、时移、脉冲函数的所有其他性质都适用于傅里叶变换,将离散频率变量 $n\omega_0$ 替换为 ω,并根据式(2-60)和式(2-61)将膨胀系数 c_n 乘以 T。因此,分段线性脉冲函数的傅里叶变换可以很容易地确定。

2.2.2 线性系统对非周期信号的响应

如果将一个波形的傅里叶变换看作把这个波形转换为一个连续的正弦分量,很明显,通过使用叠加定理,线性系统对这个波形的响应为

$$Y(j\omega) = H(j\omega) X(j\omega) \tag{2-66}$$

因此,线性系统输出的傅里叶变换等于输入系统和脉冲响应系统的傅里叶变换的乘积,可以表明这是完整的响应(瞬态+稳定零初始条件状态)的系统。

2.3 电磁噪声的频谱

研究电磁噪声的传播问题是困难的,原因之一就是电磁噪声的频谱非常宽。本节的目的是向读者阐明一些关于脉冲的时域-频域的最基本特性。以周期梯形脉冲为例,其时域波形如图 2-12 所示。如果 $(t_0 + t_r) = T/5$,则其频谱如图 2-13 所示。各条谱线的幅度可以写为

$$A_n = 2A \frac{(t_0 - t_r)}{T} \cdot \frac{\sin\left[\pi n (t_0 - t_r)/T\right]}{\pi n (t_0 - t_r)/T} \cdot \frac{\sin(\pi n t_r/T)}{\pi n t_r/T} \tag{2-67}$$

图 2-13 所示的负的幅度表示相位相反,各条谱线顶端的包络实际上是不存在的。令 $(t_0 + t_r) = d$,$n/T = f$,f 为各条谱线的频率。此时包络可写为

$$2Ad \frac{\sin \pi f d}{\pi f d} \tag{2-68}$$

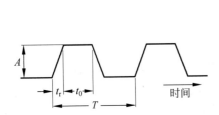

图 2-12　周期梯形脉冲的时域波形

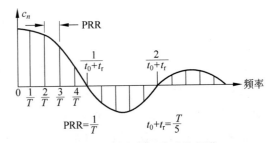

图 2-13　周期梯形脉冲的频谱

为了对频谱有一个总体的概念,电磁兼容工作者经常不将注意力放在每条谱线及其相位上,甚至对其包络的变化细节也不必过分地关心。一般只需注意包络顶端连线的变化规律,就会对不同的时域波形及其相应的频域特性有大概的了解。这对理解电磁噪声的传播及电磁兼容测量已足够了。图 2-14 给出了 TTL 电平 1MHz 梯形脉冲的频谱变化规律。可见频谱包络有两个转折点,当频率低于 $1/\pi d$(约 0.637MHz)时,包络幅度基本不变;当频

率为 $1/\pi d \sim 1/\pi t_r$ 时,包络幅度按 20dB/10 倍频程的平方下降;当频率高于 $1/\pi t_r$ 时,包络幅度按 40dB/10 倍频程下降。

图 2-15 给出了 8 种不同波形的脉冲频谱包络特性,可见矩形和锯齿形脉冲的谱线幅度下降最慢,延伸至最高的频率范围;而高斯脉冲所占用的频带最窄。

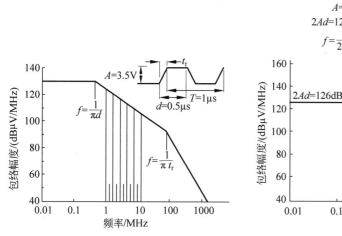

图 2-14　TTL 电平 1MHz 梯形脉冲频谱　　　　　图 2-15　8 种不同波形的脉冲频谱

我们知道,对于电磁波,无论是传导还是辐射,传播特性都与所研究的导线或空间的几何尺寸与信号波长的比值密切相关。由于电磁脉冲的频谱非常宽,所以其波长所占的范围也非常宽。例如,$f=10\text{kHz},\lambda=3\times10^4\text{m}$;$f=1\text{MHz},\lambda=300\text{m}$;$f=100\text{MHz},\lambda=3\text{m}$;$f=1\text{GHz},\lambda=0.3\text{m}$。于是,一个特定的空间距离,对于某些频率为近场,而对于另一些频率则为远场。例如,3m 法测量,对于 10MHz 以下的频率属于近场范围,而对于 300MHz 以上频率已进入远场区。另外,同样长度的导线,对某些频率为长线,而对另一些频率则为短线。这就使得分析宽频谱的电磁噪声的传播特性时,远场与近场需同时考虑;长线与短线需同时考虑。这就大大增加了解决问题的复杂性。

2.4　随机(数字)信号的频谱

到目前为止,我们只考虑了确定性信号,也就是说,信号的时间行为是已知的。随机信号是那些以统计方法描述时间行为的信号。数字信号波形明显是随机信号,否则它就不会传达任何信息。随机信号的一个例子是脉冲编码调制不归零(Pulse Code Modulation-Non-Return to Zero,PCM-NRZ)波形,如图 2-16(a)所示。PCM-NRZ 波形是使用两个电平表示 0 和 1 两个二进制状态的波形。NRZ 标志意味着不需要在每个状态转换之间将信号返回到 0。在 0 和 X_0 之间转换的波形可以描述为

$$x(t)=\frac{1}{2}X_0[1+m(t)] \tag{2-69}$$

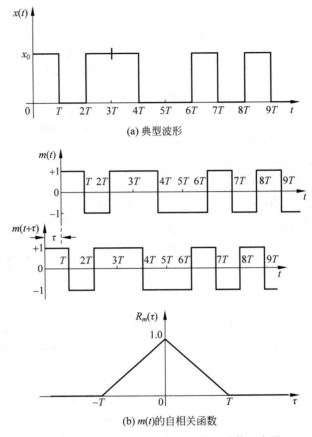

(a) 典型波形

(b) m(t)的自相关函数

图 2-16　PCM-NRZ 信号功率谱密度计算示意图

其中,$m(t)$ 是一个随机变量,它假设比特间隔 $nT < t < (n+1)T$ 中的值为 ± 1,概率相等。该信号可能给出某些数字数据信号的合理近似值。

随机信号 $x(t)$ 的自相关函数 $R_x(\tau)$ 定义为该信号与其经时移 τ 的乘积的期望值,即

$$R_x(\tau) = \overline{x(t)x(t+\tau)} \tag{2-70}$$

其中,上画线表示所有可能性的统计平均值。将式(2-69)代入式(2-70),得

$$R_x(\tau) = \frac{1}{4}X_0^2\overline{[1+m(t)][1+m(t+\tau)]}$$

$$= \frac{1}{4}X_0^2[1+\overline{m(t)}+\overline{m(t+\tau)}+\overline{m(t)m(t+\tau)}]$$

$$= \frac{1}{4}X_0^2[1+\overline{m(t)m(t+\tau)}] = \frac{1}{4}X_0^2[1+R_m(\tau)] \tag{2-71}$$

其中,$R_m(\tau)$ 为 $m(\tau)$ 的自相关函数。计算 $m(t)$ 的自相关函数,如图 2-16(b)所示。

$$R_m(\tau) = \begin{cases} 1-\dfrac{|\tau|}{T}, & |\tau| < T \\ 0, & |\tau| \geqslant T \end{cases} \tag{2-72}$$

利用维纳-辛钦定理,用信号的功率谱密度表征频域内的随机信号。该定理给出了信号的功率谱密度为信号的自相关函数的傅里叶变换,即

$$G_x(f) = \int_{-\infty}^{\infty} R_x(\tau) e^{-j\omega\tau} d\tau \ \ W/Hz \qquad (2\text{-}73)$$

与信号相关的平均功率为

$$P_{av} = \int_{-\infty}^{\infty} G_x(f) df \ \ W \qquad (2\text{-}74)$$

如果采集了大量的样本(信号被加到电阻上),则上述平均功率就是该信号在 1Ω 电阻器中消耗的期望值或平均值。对于 PCM-NRZ 波形,功率谱密度变为

$$G_x(f) = \frac{X_0^2}{4}\delta(f) + \frac{X_0^2 T}{4} \frac{\sin^2(\pi f T)}{(\pi f T)^2} \ \ W/Hz \qquad (2\text{-}75)$$

PCM-NRZ 的功率谱密度如图 2-17 所示。可以发现,每隔 T(比特率)出现一个零点。如果 PCM-NRZ 波形中的上升/下降时间不为零,则该 PCM-NRZ 波形将很好地代表数字信号。数字信号的上升/下降时间与真实数字时钟波形的上升/下降时间类似。观察图 2-17 中的功率谱密度,与图 2-5(a)所示方波的傅里叶级数系数平方的大小非常相似,这是意料之中的(将方波中的 A 和 τ 分别替换为 X_0 和 T,并将结果进行平方以获得功率)。虽然不能导出具有非零上升/下降时间(代表实际数字数据信号)的 PCM-NRZ 波形的功率谱密度,但这依然展示了从分析周期时钟信号得来的实际数字数据信号的发射要求,即只要可能,就要减小实际数字信号在电平转换时电平的上升/下降时间。

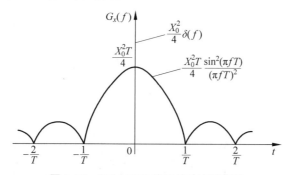

图 2-17 PCM-NRZ 信号的功率谱密度

2.5 频谱分析仪

频谱分析仪是显示周期信号幅值谱的仪器。这些设备基本上是带有带通滤波器并可以实现实时扫频的射频接收机。频谱分析仪本质上是一种超外差接收机,其中有用信号与扫频本地振荡器混频后变为较低的、固定的中间频率。将设备视为一个简单的可以实时扫频的带通滤波器,可以简单地理解设备的功能。经典频谱分析仪实物如图 2-18(a)

所示。图 2-18(b)展示了中心频率从起始频率到结束频率(由操作员选择)实时扫描的带通滤波器选择并显示输入信号的频谱,该输入信号位于仪器的扫描带宽之中。图 2-18(c)显示了一个中心频率为 1MHz、电压为 1V、占空比为 50%、上升/下降时间为 12.5ns 的周期性梯形脉冲的频谱测量结果。由图 2-18(c)可以观察到偶次谐波比"背景"中出现的奇谐波振幅低得多;还观察到包络为典型 $\sin x/x$ 形式。扫描是从直流到 150MHz,在大约 80MHz 处出现一个零点。第 1 个 $\sin x/x$ 项在 $\pi f \tau = \pi$ 或 $f = 1/\tau = 2$MHz 处为零;第 2 个 $\sin x/x$ 项在 $\pi \tau_r f = \pi$ 或 $f = 1/\tau_r = 80$MHz 处为零。我们现在对频谱的深刻理解很容易解释这些看似奇怪的现象。我们可以计算出第 15 次谐波(15MHz)时的电平为 92dBμV,这与 87+3=90dBμV(由于频谱分析仪测得的是均方值,因此加上 3dB)的测量值相比更好。

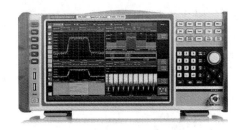

(a) 经典频谱分析仪实物图

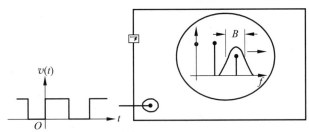

(b) 扫描带通滤波器的功能说明

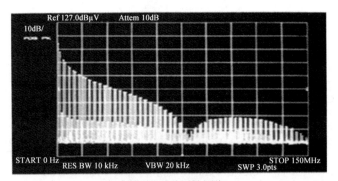

(c) 梯形脉冲的测量频谱

图 2-18　频谱分析仪

2.5.1　基本原理

下面仔细研究扫描频率的带通滤波器对频谱分析仪将显示频谱的影响。本节将频谱分析仪称为 SA(Spectrum Analyzer)。

影响 SA 在该频率下显示的电平的一个关键因素是 SA 的带宽(由操作员选择),如图 2-19 所示。带宽为 6dB,其响应比中心频率的最大值降低 6dB。将 SA 的扫频"冻结"在某些频点上。假设此时有 A、B、C 3 个谐波落入滤波器的扫频带宽之内。带宽中心频率处显示的电平将是当时落入滤波器带宽内的所有频谱电平之和。因此,即使在带宽的中心频率 f 处没有频谱分量,SA 也将在频率 f 处显示 $A+B+C$ 的电平;随着滤波器在扫描中进一步向右移动,电平 A 将"退出",并显示 $B+C$ 的电平;随着滤波器进一步向右移动,电平 B 将"退出",显示的电平将为电平 C,结果如图 2-19(b)所示。这表明了重要的一点,为了在 SA 显示屏上获得尽可能低的电平,我们应该选择尽可能小的带宽。专业机构意识到了这一点,因此设定了用于测量的最小带宽(SA 带宽比这个最小带宽大是不合理的,因为测量的电平将比较大)。CISPR 22 最小频谱分析仪带宽如表 2-1 所示(这些都是 6dB 的带宽)。

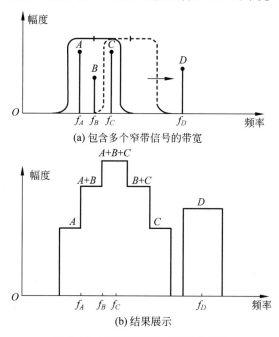

(a) 包含多个窄带信号的带宽

(b) 结果展示

图 2-19　带宽对于测量频谱的影响

表 2-1　CISPR 22 最小频谱分析仪带宽

类　　型	频 率 范 围	最小 SA 带宽
辐射发射	30MHz～1GHz	120kHz
传导发射	150kHz～30MHz	9kHz

　　SA 在扫描过程中将落入仪器带宽内的所有频谱电平都在滤波器的中心频率处相加并显示总和,这一事实说明了以下要点。

　　(1) 选择的时钟和数据重复率应使系统中任何信号的谐波都不会比 SA 的测量带宽更近。例如,假设产品中有两个时钟振荡器,选择两者的频率均为 10MHz。

　　(2) 每个时钟信号可能从系统的不同部分辐射,因此测量天线处接收到的总信号就是这些辐射信号的总和。假设天线处的接收电平是由产品中两个不同的点辐射产生的,并且强度相等。10MHz、20MHz、30MHz 的显示信号将比一个信号显示时大 6dB。为了减少这种情况,假设有一个异步通信通道,并且不需要相同频率的时钟,如果选择一个时钟频率为 10MHz,另一个为 15MHz,可能仍然有问题,尽管它不会像相同的时钟频率那样严重。在 10MHz,15MHz,20MHz,30MHz…时,时钟信号将产生辐射,其中每个辐射都来自系统中的不同点,它们之间的间隔超过了 SA 所需的最小带宽(120kHz)。仔细检查后,我们发现 10MHz 振荡器的第 9 次谐波(90MHz)和 15MHz 振荡器的第 6 次谐波(也是 90MHz)将叠加进来,导致在不增加带宽的情况下,电平最大增加 6dB。

　　即使落在 SA 带宽内的两个谐波的振幅电平不是完全相同的,也可能导致测量电平显著增大。尽管这两个电平相差很大,也可能使测量值显著增大。这是因为 SA 将绝对电平相加,并将总和转换为分贝值。如表 2-2 所示,假设同时得到两个信号,从而给出了和的上界。首先将信号振幅转换为绝对电平,再将其相加,然后将结果转换为分贝值,即可得到结果。这表示 SA 在其带宽中实际添加信号的方式。请注意,即使两个信号的电平相差 10dB(比率为 3.16),它们也将在大信号的电平上叠加 2.39dB。因此,重要的是要确保谐波不在彼此的 SA 带宽内,这将使设备满足监管限制的条件更加容易。

表 2-2　两个不相等电平的相加结果

信号电平差异/dB	在较大者基础上的增量/dB	信号电平差异/dB	在较大者基础上的增量/dB
0	6.02	6	3.53
1	5.53	7	3.21
2	5.08	8	2.91
3	4.65	9	2.64
4	4.25	10	2.39
5	3.88	18.3	1.00

　　确定两个或多个信号是否在 SA 的带宽内相加的一种简单方法是缩小接收机的带宽(为了达到测试目的,可以将 SA 的带宽降低到专业机构对测试要求的最低带宽以下,因为我们只是试图确定观察信号是否是两个或更多谐波的叠加)。例如,当带宽从 120kHz 缩小到 30kHz 时,如果看到显示频谱的任何部分没有变化,那么可以确定,在较大的带宽内没有两个信号谐波增加。

2.5.2　峰值与准峰值平均

　　到目前为止,我们一直假设 SA 的检测器设置为峰值模式。也就是说,将显示正弦谐波

的最大值(实际有效值)。图 2-20(a)所示为一个简单的峰值检测器及其输入/输出波形,其
中输入的正弦信号表示一个峰值电平为 V_0 的谐波。然而,根据相关规范要求,与限值进行
比较以确定合规性的电平应使用准峰值检测器进行测量。一个简单的准峰值检测器如
图 2-20(b)所示。假设接收信号由与准峰值检波器的时间常数 RC 有关的在时间上进行间
隔的"脉冲尖峰"组成。电容将开始充电,直到第 1 个尖峰关闭,然后通过 R 放电。如果在
允许电容完全放电的一段时间后出现下一个尖峰,将在 SA 的输出端看到第 1 个波形。然
而,如果尖峰出现的时间比 RC 时间常数更短,则电容在下一个尖峰出现之前不会完全放
电。因此,输出信号将继续增加到某个限值。虽然这是对准峰值检测器功能的简单说明,但
它说明了一个重要的点,即不经常出现的信号将导致测量的准峰值电平远小于峰值检测器
给出的值。罕见事件(与时间常数有关)可能足以在设置为峰值模式的 SA 上产生令人不安
的大接收电平,但其准峰值电平可能不会超过限制,因此毫无意义。然而,如果准峰值电平
超过限制,峰值电平肯定会超过该限制。

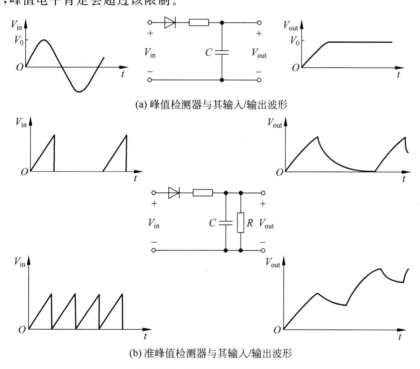

(a) 峰值检测器与其输入/输出波形

(b) 准峰值检测器与其输入/输出波形

图 2-20 两个重要的检测器

使用准峰值检测器功能的原因与规范限制的含义有关,这个限制旨在防止无线和有线
通信接收机受到干扰。偶尔出现的脉冲尖峰和其他事件并不会严重地阻碍接收者获得所需
的信息。然而,连续信号调制会在无线电中产生连续的无线电检波信号,会严重干扰接收者
获得所需传输信息的能力。

FCC 和 CISPR 22 传导发射限值以准峰值(QP)和平均(AV)电平给出。平均电平由平
均值检波器检波获得。平均值检波器基本上是一个 1Hz 的低通滤波器,通常位于包络检测

器之后,其仅让振幅持续 1s 或更长时间的信号通过。当时钟振荡器的窄带发射电平比直流电动机电刷处的带宽发射电平低很多时,在数字系统中就会发生问题。平均值检波器将滤除直流电机中的噪声,显示潜在的窄带发射。当然,可以逐步减小 SA 带宽以查看相同的内容,但这将是一个耗时的过程。

本章小结

知道一个信号的频谱分量有助于帮助我们分析该信号。本章首先概述了周期信号的频谱组成。对于周期信号,使用傅里叶级数获得其频谱分量;对于非周期信号,使用傅里叶变换获得其频谱分量。理解了上述概念和方法后,本章举了两个典型的例子——电磁噪声和数字信号,还讨论使用频谱分析仪测量信号的频谱分量,因为正确使用这一重要仪器对于正确评估产品是否符合政府监管要求至关重要。

习题 2

1. 在指定区间内把 $f(x)=x$ 展开为傅里叶级数。

(1) $-\pi < x < \pi$;

(2) $0 < x < 2\pi$。

2. 设函数 $f(x)$ 满足条件 $f(x+\pi)=-f(x)$,此函数在 $(-\pi,\pi)$ 内的傅里叶级数具有什么特性?

3. 求下列周期函数的傅里叶级数展开式。

(1) $f(x) = |\cos x|$;

(2) $f(x) = \sin^4 x$。

第 3 章

电磁兼容中的电磁波
辐射机理

本章将对波源的有关内容进行讨论。波源即产生电磁波的源,用电磁学的术语来说,波起源于时变电荷和电流。然而,为了能形成有效的辐射,该电荷和电流必须按特殊的方式分布。天线就是被设计成以某种规定的方式分布,并形成有效辐射的能量转换设备。因此,天线被称为产生电磁波辐射的波源,该源辐射的场强、场强的空间分布,以及辐射功率的大小和能量转换的效率等都是需要关心的问题。天线辐射问题是一个具有复杂边界的电磁场边值问题,严格求解相当困难。因为即使假设天线的结构很简单,若要由给定的激励精确求出该天线上的电荷和电流分布也仍然是一个极其复杂的问题,实际上只能采用近似方法求解。实际天线按结构形式的不同可分为线天线和面天线两大类。线天线可看作由无限多个载有交变电流(或磁流)的基本小线元组成,这些基本线元通常被称为电偶极子(电基本振子、电流元);同样,面天线也可看作由无限多个载有交变电流和磁流的基本小面元组成,该小面元又称为惠更斯元。所以,如果掌握了上述两种基本元的辐射,则可按电磁场的叠加原理,根据天线上各个元的方向、振幅、相位的空间分布,得出各类天线的辐射特性。

3.1 电偶极子

电偶极子也称为赫兹偶极子,是长度非常短的电流元素 $I\,dl$。长度 dl 与波长相比足够小,以至于可以认为其上各点的电流是等幅同相的。由于电偶极子是一小段孤立的电流元素,随电流的流动在其两端必将出现等值异性的电荷,一端为 $+q$,另一端则为 $-q$,如同随时间而变化的两个"电极",故得名为"电偶极子",其方向是由 $-q$ 指向 $+q$。

虽然事实上并不存在如图 3-1 所示的电偶极子,但是可以把实际的天线看作无数的这种电偶极子的连接。如果求出了电偶极子所产生的电场、磁场,同时又知道天线上的电流分布规律,就可以根据场的叠加原理,利用积分求和的方法,求出实际天线所产生的总场。

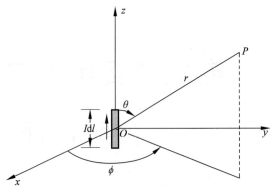

图 3-1　电偶极子

3.1.1　电偶极子的电磁场

下面将从磁场和电场两方面讨论电偶极子的相关性质。

1. 电偶极子的磁场

$$H_\phi = \frac{I\,\mathrm{d}l}{4\pi r}\left(\mathrm{j}k + \frac{1}{r}\right)\sin\theta\,\mathrm{e}^{\mathrm{j}(\omega t - kr)} = \frac{I\,\mathrm{d}l k^2}{4\pi}\left[\frac{\mathrm{j}}{kr} + \frac{1}{(kr)^2}\right]\sin\theta\,\mathrm{e}^{\mathrm{j}(\omega t - kr)} \tag{3-1}$$

其中，k 为相位常数。电偶极子的磁场强度仅有 H_ϕ 这一个分量。

2. 电偶极子的电场

利用麦克斯韦方程 $\nabla \times \boldsymbol{H} = \varepsilon\,\dfrac{\partial \boldsymbol{E}}{\partial t} = \mathrm{j}\omega\varepsilon\boldsymbol{E}$ 以及式(3-1)，则可求出电偶极子的电场强度如下。

$$E_r = -\mathrm{j}\,\frac{I\,\mathrm{d}l}{2\pi\omega\varepsilon}\cdot\frac{1}{r^2}\left(\mathrm{j}k + \frac{1}{r}\right)\cos\theta\,\mathrm{e}^{\mathrm{j}(\omega t - kr)}$$

$$= \frac{I\,\mathrm{d}l k^3}{2\pi\omega\varepsilon}\left[\frac{1}{(kr)^2} - \frac{\mathrm{j}}{(kr)^3}\right]\cos\theta\,\mathrm{e}^{\mathrm{j}(\omega t - kr)} \tag{3-2}$$

$$E_\theta = -\mathrm{j}\,\frac{I\,\mathrm{d}l}{4\pi\omega\varepsilon}\cdot\frac{1}{r}\left(-k^2 + \frac{\mathrm{j}k}{r} + \frac{1}{r^2}\right)\sin\theta\,\mathrm{e}^{\mathrm{j}(\omega t - kr)}$$

$$= \frac{I\,\mathrm{d}l k^3}{4\pi\omega\varepsilon}\left[\frac{\mathrm{j}}{kr} + \frac{1}{(kr)^2} - \frac{\mathrm{j}}{(kr)^3}\right]\sin\theta\,\mathrm{e}^{\mathrm{j}(\omega t - kr)} \tag{3-3}$$

$$E_\phi = 0 \tag{3-4}$$

其中，ε 为真空介电常数。电偶极子所产生的全部电磁场如式(3-1)～式(3-4)所示。

3.1.2　电偶极子的近区场及远区场

由式(3-1)～式(3-4)表示的电偶极子的电磁场是如此复杂，以至于不容易弄清这些场的特点及相互之间的关系。如果把电偶极子的场划分为近区场和远区场，那么场的特点及相互关系就会一目了然,而且对于辐射耦合,近区场与远区场的概念是十分重要的。下面分别讨论。

1. 电偶极子的近区场

所谓近区场,是指 $kr \ll 1$,即从源点到场点的距离 $r \ll \dfrac{\lambda}{2\pi}$,$\lambda$ 为自由空间电磁波的波长。由于 $kr \ll 1$,则式(3-1)~式(3-4)各场量中幅度较大的只有以下 3 部分。

$$H_\phi \approx \frac{I\,\mathrm{d}l}{4\pi r^2}\sin\theta\, \mathrm{e}^{\mathrm{j}(\omega t - kr)} \tag{3-5}$$

$$E_r \approx -\mathrm{j}\frac{I\,\mathrm{d}l}{2\pi\omega\varepsilon}\cdot\frac{1}{r^3}\cos\theta\, \mathrm{e}^{\mathrm{j}(\omega t - kr)} \tag{3-6}$$

$$E_\theta \approx -\mathrm{j}\frac{I\,\mathrm{d}l}{4\pi\omega\varepsilon}\cdot\frac{1}{r^3}\sin\theta\, \mathrm{e}^{\mathrm{j}(\omega t - kr)} \tag{3-7}$$

近区场的显著特点是电场强度与磁场强度有 90° 的时间相位差,即 E_r、E_θ、H_ϕ 相差一个因子 j,这意味着由 $E_r H_\phi$ 以及由 $E_\theta H_\phi$ 所形成的功率密度的平均值等于零,只做虚功,属于感应场。换言之,感应场只存在能量的交换而无能量的传播。所以,习惯上又称近区场为感应场。

2. 电偶极子的远区场

所谓远区场,是指 $kr \gg 1$,即由源点到场点的距离 $r \gg \dfrac{\lambda}{2\pi}$。由于 $kr \gg 1$,式(3-1)~式(3-4)各场量中幅度较大的有以下两部分。

$$H_\phi \approx \mathrm{j}\frac{I\,\mathrm{d}l}{2\lambda r}\sin\theta\, \mathrm{e}^{\mathrm{j}(\omega t - kr)} \tag{3-8}$$

$$E_\theta \approx \mathrm{j}\frac{I\,\mathrm{d}l}{2\lambda r}\left(\frac{k}{\omega\varepsilon}\right)\sin\theta\, \mathrm{e}^{\mathrm{j}(\omega t - kr)} \tag{3-9}$$

远区场明显的特点是电场强度 E_θ 与磁场强度 H_ϕ 的时间相位相同。因此,它们形成了有功功率密度,形成了向外(往正 r 方向)传播的能量。所以,习惯上把远区场又称为辐射场。

强调指出：不论是在近区场还是远区场,都存在感应场及辐射场。在近区场,感应场占优势；在远区场,辐射场占优势。远区场的电场强度与磁场强度之比等于波阻抗,若是自由空间的波,则波阻抗 $\eta_0 = 120\pi\,\Omega$。

3.1.3　电偶极子参量

以下将介绍电偶极子的 4 个重要参量：①功率密度平均值；②辐射功率；③辐射电阻；④方向性因子和方向性图。

1. 电偶极子的功率密度平均值

为了计算电偶极子的辐射功率,首先要求出电偶极子功率密度平均值 S_{av}。通过面积分即可求出辐射功率。为了弄清电偶极子复杂的电磁场所构成能量的全部情况及特点,先不区分近区场和远区场,而是用全部的电场和磁场,如下所示。

$$S_{av} = \frac{1}{2}\text{Re}(\boldsymbol{E} \times \boldsymbol{H}^*) = \frac{1}{2}\text{Re}\left[(\boldsymbol{e}_r E_r + \boldsymbol{e}_\theta E_\theta) \times \boldsymbol{e}_\phi H_\phi^*\right]$$

$$= -\boldsymbol{e}_\theta \frac{1}{2}\text{Re}(E_r H_\phi^*) + \boldsymbol{e}_r \frac{1}{2}\text{Re}(E_\theta H_\phi^*)$$

$$= -\boldsymbol{e}_\theta S_{av(\theta)} + \boldsymbol{e}_r S_{av(r)} \tag{3-10}$$

其中,$\boldsymbol{e}_r$、$\boldsymbol{e}_\theta$、$\boldsymbol{e}_\phi$ 为球面坐标系的方向矢量。

求出 $S_{av(\theta)}$(θ 方向的 $\boldsymbol{S}_{av}$),由式(3-1)和式(3-2)可知

$$S_{av(\theta)} = -\frac{1}{2}\text{Re}(E_r H_\phi^*) = \frac{I^2 dl^2}{16\pi^2 \omega \varepsilon r^3}\sin\theta\cos\theta\,\text{Re}\left(jk^2 + \frac{k}{r} - \frac{k}{r} + j\frac{1}{r^2}\right) = 0 \tag{3-11}$$

式(3-11)表明,由 E_r 与 H_ϕ 所形成的沿 θ 方向的坡印亭矢量的平均值等于零,即沿 θ 方向仅剩下虚功。

求在介质中($\varepsilon_r \varepsilon_0$,$\mu_0$)的 $S_{av(r)}$(r 方向的 $\boldsymbol{S}_{av}$),由式(3-1)和式(3-3)可知

$$S_{av(r)} = \frac{1}{2}\text{Re}(E_\theta H_\phi^*) = \frac{I^2 dl^2}{32\pi^2 \omega \varepsilon r^2}\sin^2\theta\,\text{Re}\left(k^3 - j\frac{k^2}{r} - \frac{k}{r^2} + j\frac{k^2}{r} + \frac{k}{r^2} - \frac{j}{r^3}\right)$$

$$= \frac{I^2 dl^2}{32\pi^2 \omega \varepsilon r^2}\sin^2\theta \cdot (k^3)$$

$$= \frac{15\pi}{\sqrt{\varepsilon_r}}\left(\frac{I dl}{\lambda r}\right)^2 \sin^2\theta \tag{3-12}$$

由式(3-12)可知,S_{av} 与 6 个部分$\left(\text{即 } k^3 - j\frac{k^2}{r} - \frac{k}{r^2} + j\frac{k^2}{r} + \frac{k}{r^2} - \frac{j}{r^3}\right)$ 相关联,但取其实部后,唯有 k^3 这一项存在,其余的 5 项全无贡献。而与 k^3 项对应的 $S_{av(r)}$ 恰恰是由如式(3-9)和式(3-8)所示的远区场 E_θ 和 H_ϕ 所产生的。可以得出,电偶极子的能量是依靠远区场向外传播的。

对于自由空间的电磁波,由远区场 E_θ、H_ϕ 所求出的 r 方向的坡印亭矢量的平均值 $\boldsymbol{S}_{av}$ 为

$$\boldsymbol{S}_{av} = \boldsymbol{e}_r \frac{1}{2}\text{Re}(E_\theta H_\phi^*) = \boldsymbol{e}_r 15\pi\left(\frac{I dl}{\lambda r}\right)^2 \sin^2\theta \tag{3-13}$$

2. 电偶极子的辐射功率

计算电偶极子的辐射功率 P,以电偶极子为中心作一个球面,然后对 $\boldsymbol{S}_{av}$ 进行球面积分,即

$$P = \int_S \boldsymbol{S}_{av} \cdot d\boldsymbol{S} \tag{3-14}$$

其中,$d\boldsymbol{S}$ 为球面的面积元素,如图 3-2 所示。

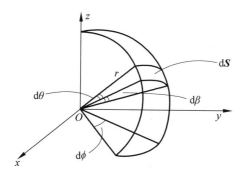

图 3-2　球面积元素 dS

$$P = 15\pi \frac{I^2 \mathrm{d}l^2}{\lambda^2} \int_0^{2\pi} \int_0^{\pi} \sin^3\theta \mathrm{d}\phi \mathrm{d}\theta = 30\pi^2 \frac{I^2 \mathrm{d}l^2}{\lambda^2} \left[\frac{-\cos\theta}{3} (\sin^2\theta + 2) \right]_0^{\pi}$$

$$= 40\pi^2 I^2 \left(\frac{\mathrm{d}l}{\lambda} \right)^2 \tag{3-15}$$

式(3-15)就是电偶极子在空气介质中辐射功率的表示式。

3. 电偶极子的辐射电阻

改写式(3-15),得

$$P = I^2 \times 40\pi^2 \left(\frac{\mathrm{d}l}{\lambda} \right)^2 = I_e^2 \times 80\pi^2 \left(\frac{\mathrm{d}l}{\lambda} \right)^2 \tag{3-16}$$

其中,I_e 为电流的有效值。而功率又可以表示为 I_e^2 乘以电阻,即

$$P = I_e^2 R_r \tag{3-17}$$

比较式(3-15)、式(3-16)可得空气介质中的电偶极子的辐射电阻 R_r 为

$$R_r = 80\pi^2 \left(\frac{\mathrm{d}l}{\lambda} \right)^2 \tag{3-18}$$

可以看出,随着长度 $\mathrm{d}l$ 增大或波长 λ 减小(即频率升高),辐射电阻 R_r 会增大,辐射能力也会增强。

4. 电偶极子的方向性因子和方向性图

方向性图用来描绘电磁场在球坐标中随角度 θ、ϕ 的变化而变化的规律。从辐射场的式(3-8)和式(3-9)可见,E_θ、H_ϕ 与角度 ϕ 无关,而与 θ 呈正弦关系,把场与 θ、ϕ 的函数关系称为方向性因子 $F(\theta,\phi)$,有

$$F(\theta,\phi) = \sin\theta \tag{3-19}$$

把电偶极子的方向性因子 $F(\theta,\phi)$ 在球坐标中绘成的图形称为电偶极子的方向性图,如图 3-3 所示。图 3-3(a)为电偶极子的辐射场随 θ 变化的平面图。沿电偶极子的轴线方向(z 轴,$\theta = 0°$)辐射场为零,而在电偶极子垂直的方向(即 $\theta = 90°$)上辐射场最强。图 3-3(b)则表示辐射场与 ϕ 无关。

通常含天线轴的面(如 yOz 面)称为子午面,通过天线中心且垂直于天线轴的面(如 xOy 面)称为赤道面。实际的辐射场是空间分布的,它的方向性图应该是立体的。因为辐射

场的强弱与 ϕ 无关,所以将图 3-3(a)的平面图围绕电偶极子的轴线旋转,就得到如图 3-3(c)所示的电偶极子的立体方向性图。

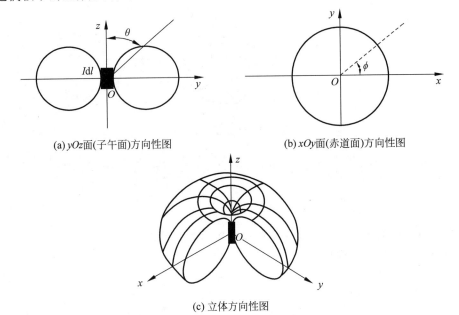

(a) yOz 面(子午面)方向性图   (b) xOy 面(赤道面)方向性图

(c) 立体方向性图

图 3-3   电偶极子的方向性图

例 3-1   一个比波长甚短的短天线,中心馈电,该天线的中心为电流的最大值,向两端线性减小,到端点为零,如图 3-4 所示。若另一个相同尺寸的天线,其上电流均匀分布,且均匀电流值等于图 3-4 中电流的最大值 I_0。试证明两天线中前者的辐射功率 P'、辐射电阻 R'_r 仅为后者的 1/4。

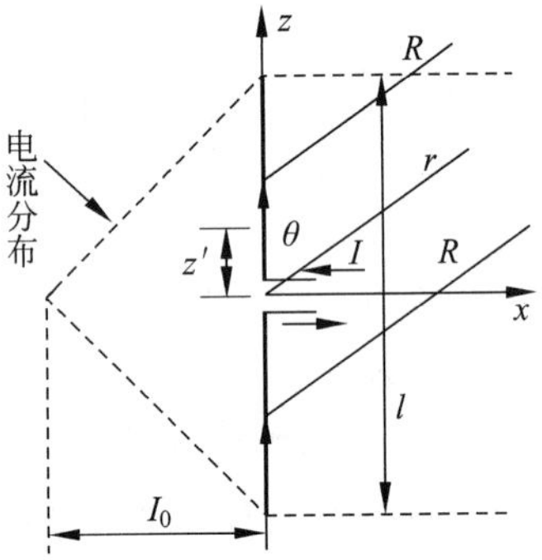

解   取短天线上某一小段 $dz' << \lambda$,其上的电流为 $I(z')$,它相当于一个电偶极子。则根据电偶极子在空间产生的场的表达式,可得 $I(z')dz'$ 所产生的远区场为

$$dE_\theta = j\eta_0 \frac{I(z')dz'}{2\lambda R} \sin\theta e^{-jkR} \qquad (3-20)$$

则短天线在空间产生的总电场为

$$E_\theta = j\eta_0 \int_{-\frac{l}{2}}^{\frac{l}{2}} \frac{I(z')dz'}{2\lambda R} \sin\theta e^{-jkR} \qquad (3-21)$$

图 3-4   短天线示意图

由于在远区,$r >> z'$ 且此短天线的长度远小于波长,则可以近似认为 $R \approx r$,即忽略短天线上各点到空间场点的行程差对场的幅度和相位的影响。则式(3-21)变为

$$E_\theta = \frac{j\eta_0}{2\lambda r} \sin\theta e^{-jkr} \int_{-\frac{l}{2}}^{\frac{l}{2}} I(z')dz'$$

$$=\frac{\mathrm{j}\eta_0 l}{2\lambda r}\sin\theta \mathrm{e}^{-\mathrm{j}kr}\frac{1}{l}\int_{-\frac{l}{2}}^{\frac{l}{2}}I(z')\mathrm{d}z'=\frac{\mathrm{j}\eta_0 l}{2\lambda r}\sin\theta \mathrm{e}^{-\mathrm{j}kr}\overline{I} \qquad (3\text{-}22)$$

$\overline{I}=\dfrac{1}{l}\displaystyle\int_{-\frac{l}{2}}^{\frac{l}{2}}I(z')\mathrm{d}z'$ 即为短天线上电流的平均值。

　　根据图 3-4 可知,短天线上电流的平均值仅为最大值的 $1/2$,即为 $\dfrac{I_0}{2}$,因此,E_θ 及 H_ϕ 的幅度比电流为 I_0 均匀分布的偶极子减少 $1/2$,于是功率密度减小到 $1/4$,则该短天线的辐射功率仅为后者(电流 I_0 均匀分布)的 $1/4$。因而,在输入端口电流相等的情况下,前者的辐射电阻 R'_r 也会降低到后者 R_r 的 $1/4$。这是由于二者的电流分布不同所造成的。可知 R'_r 为

$$R'_\mathrm{r}=\frac{1}{4}R_\mathrm{r}=20\pi^2\left(\frac{l}{\lambda}\right)^2 \qquad (3\text{-}23)$$

　　例 3-2　一个比波长甚短的铅垂天线置于地面上,天线高度为 $l/2$,电流在端点为零,线性增加,到靠近地面时最大(为 I_0),如图 3-5 所示。试判断该铅垂天线的辐射功率及辐射电阻 R''_r 与例 3-1 中辐射电阻 R'_r 的关系。

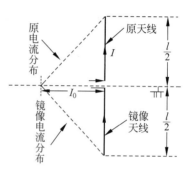

图 3-5　铅垂天线及其镜像

　　解　将原铅垂天线对地面镜像后,其电流分布与图 3-4 一样。但其辐射功率比例 3-1 又要小 $1/2$(因为本例仅在地面以上的半个球面有辐射功率)。因此,其辐射电阻 R''_r 比例 3-1 的 R'_r 也要小 $1/2$,即辐射电阻为

$$R''_\mathrm{r}=\frac{1}{2}R'_\mathrm{r}=\frac{1}{8}R_\mathrm{r}=10\pi^2\left(\frac{l}{\lambda}\right)^2$$

　　例 3-3　若已知电基本振子辐射电场强度大小 $E_\theta=\dfrac{Il}{2\lambda r}=\eta_0\sin\theta$,天线辐射功率可按穿过以源为球心处于远区的封闭球面的功率密度的总和计算,即 $P_\Sigma=\displaystyle\int_s S(\gamma,\theta,\varphi)\,\mathrm{d}s$,$\mathrm{d}s=r^2\sin\theta\,\mathrm{d}\theta\,\mathrm{d}\varphi$ 为面积元。试计算该电基本振子的辐射功率和辐射电阻。

　　解　$P_\Sigma=\dfrac{1}{240\pi}\displaystyle\oint_s E_\theta^2\,\mathrm{d}s=\frac{1}{240\pi}\int_0^{2\pi}\int_0^{\pi}\left(\frac{Il\eta_0\sin\theta}{2\lambda r}\right)^2 r^2\sin\theta\,\mathrm{d}\theta\,\mathrm{d}\varphi=40\pi^2\left(\frac{Il}{\lambda}\right)^2$

辐射电阻为

$$R_\Sigma=\frac{2P_\Sigma}{I^2}=80\pi^2\left(\frac{l}{\lambda}\right)^2$$

3.2　磁偶极子

　　如图 3-6 所示,半径为 a 的小圆环,若小圆环的周长远小于波长,环上电流的幅度及相位处处相同,通常称这种小电流环为磁偶极子。

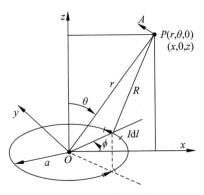

图 3-6   磁偶极子

3.2.1   磁偶极子的电磁场

交流磁偶极子远区的电场、磁场为

$$E_{\phi} = \frac{\eta m k^{2}}{4\pi r}\sin\theta e^{j(\omega t - kr)} \tag{3-24}$$

$$H_{\theta} = -\frac{m k^{2}}{4\pi r}\sin\theta e^{j(\omega t - kr)} \tag{3-25}$$

其中，$m = I\pi a^{2}$。$\boldsymbol{E}$、$\boldsymbol{H}$、$\boldsymbol{S}$ 的方向如图 3-7 所示。磁偶极子的电场、磁场与电偶极子的电场、磁场（这里指的是 $r \gg \lambda$ 的远区场）十分相似，不同的是 $\boldsymbol{E}$ 和 $\boldsymbol{H}$ 互换了空间位置。另外，电偶极子场的正负号和磁偶极子也不同，这种差别保证了坡印亭矢量都是指向正 r 方向的。

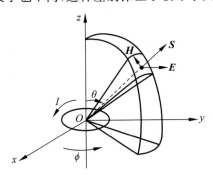

图 3-7   磁偶极子的电场、磁场及坡印亭矢量的方向示意图

3.2.2   磁偶极子的辐射功率及辐射电阻

磁偶极子的坡印亭矢量的平均值 $\boldsymbol{S}_{av}$ 为

$$\boldsymbol{S}_{av} = \frac{1}{2}\text{Re}(\boldsymbol{E} \times \boldsymbol{H}^{*}) = -\frac{1}{2}\text{Re}(E_{\phi} H_{\theta}^{*})\boldsymbol{e}_{r} \tag{3-26}$$

把式(3-24)、式(3-25)的 H_{θ}、E_{ϕ} 代入式(3-26)，并考虑是在空气介质中，则得

$$\boldsymbol{S}_{\mathrm{av}} = \boldsymbol{e}_r \, \frac{\eta m^2 k^4}{32\pi^2 r^2} \sin^2\theta = \boldsymbol{e}_r \cdot 1.1937 \, \frac{m^2 k^4}{r^2} \sin^2\theta \tag{3-27}$$

磁偶极子的辐射功率则为

$$P = \int_S \boldsymbol{S}_{\mathrm{av}} \cdot \mathrm{d}\boldsymbol{S} = 1.1937 m^2 k^4 \int_0^{2\pi} \int_0^\pi \frac{\sin^2\theta}{r^2} (r^2 \sin\theta \, \mathrm{d}\theta \, \mathrm{d}\phi) = 10 m^2 k^4 \tag{3-28}$$

或

$$P = 10(\pi a^2 I)^2 k^4 \tag{3-29}$$

磁偶极子的辐射电阻 R_r 可由式(3-30)和式(3-31)求出。

因为

$$P = \frac{1}{2} I^2 R_r = I_{\mathrm{e}}^2 R_r = 20(\pi a^2)^2 k^4 I_{\mathrm{e}}^2 \tag{3-30}$$

所以

$$R_r = 20(\pi^2 a^4)\left(\frac{2\pi}{\lambda}\right)^4 = 320\pi^6 \left(\frac{a}{\lambda}\right)^4 \tag{3-31}$$

式(3-31)中 R_r 即为空气介质中磁偶极子的辐射电阻。

由式(3-31)可见,磁偶极子的辐射电阻是与波长的 4 次方成反比,而电偶极子的辐射电阻则与波长的平方成反比。比较可知,磁偶极子辐射电阻对频率的灵敏程度比电偶极子要明显高得多。

例 3-4　把长度为 0.2m 的导线做成直线状天线及环状天线,试求频率为 30MHz 时这两种天线的辐射电阻。

解　30MHz 所对应的波长为 10m,而导线长度仅为 0.2m,因此可近似地认为导线上的电流是均匀分布的。这样,就可以把直线状天线视为电偶极子,把环状天线视为磁偶极子。于是,可以求出电偶极子的辐射电阻为

$$R_{\mathrm{r(e)}} = 80\pi^2 \left(\frac{l}{\lambda}\right)^2 = 80\pi^2 \left(\frac{0.2}{10}\right)^2 \approx 0.316\Omega$$

同样可以求出磁偶极子的辐射电阻为

$$R_{\mathrm{r(m)}} = 320\pi^6 \left(\frac{a}{\lambda}\right)^4 = 320\pi^6 \left(\frac{0.2}{2\pi} \times \frac{1}{10}\right)^4 \approx 0.316 \times 10^{-4}\Omega$$

可见,$R_{\mathrm{r(e)}}$ 和 $R_{\mathrm{r(m)}}$ 都很小,它们是电磁功率的弱辐射器。电偶极子与磁偶极子的辐射电阻之比为

$$\frac{R_{\mathrm{r(e)}}}{R_{\mathrm{r(m)}}} = \frac{80\pi^2 \left(\dfrac{l}{\lambda}\right)^2}{320\pi^6 \left(\dfrac{a}{\lambda}\right)^4} = 4\left(\frac{\lambda}{l}\right)^2$$

由于偶极子的尺寸远远小于波长,即 $\left(\dfrac{\lambda}{l}\right)^2$ 甚大,即电偶极子的辐射电阻要比磁偶极子大得多。在本例中 $R_{\mathrm{r(e)}}/R_{\mathrm{r(m)}} = 10^4$,若导线长度仍为 0.2m,但频率由 30MHz 变为

3MHz,则 $R_{r(e)}/R_{r(m)}$ 的值就由 10^4 变为 10^6。可见,在相同电流幅度的条件下,电偶极子的辐射功率比磁偶极子大得多,而且频率越低,波长越长,这种差异就越大。

例 3-5 设小电流环的电流为 L,环面积为 S。求小电流环天线的辐射功率和辐射电阻表达式。若将 1m 长导线绕成小圆环,波源频率为 1MHz,求其辐射电阻值。

解 电小环的辐射场幅度为

$$E_\varphi = \frac{\pi IS}{\lambda^2 r}\eta\sin\theta$$

首先求辐射功率

$$P_\Sigma = \frac{1}{240\pi}\oint_S E_\varphi^2 \,\mathrm{d}S = \frac{1}{240\pi}\int_0^{2\pi}\int_0^\pi \left(\frac{\pi IS\eta\sin\theta}{\lambda^2 r}\right)^2 r^2\sin\theta\,\mathrm{d}\theta\,\mathrm{d}\varphi = 160\pi^4\left(\frac{IS}{\lambda^2}\right)^2$$

辐射电阻为

$$R_\Sigma = \frac{2P_\Sigma}{I^2} = 320\pi^4 \frac{S^2}{\lambda^4}$$

环周长为 1m 时,其面积为 $S = \frac{1}{4\pi}\,\mathrm{m}^2$;波源频率为 1MHz 时,波长为 $\lambda = 300\mathrm{m}$。所以,辐射电阻为 $P_\Sigma = 2.4\times10^{-8}\,\Omega$。

3.3 对称振子天线

由于电偶极子的电长度($\mathrm{d}l/\lambda$)非常小(以保证其上的电流均匀分布,等幅度,同相位),因此其辐射能力很弱,方向性也不强。为了提高辐射能力,改善方向性等参量,需要将电偶极子加长使其成为有实用价值的对称振子天线。

3.3.1 对称振子天线的电流分布

对称振子可以想象成由终端开路的双线传输线变形而成,也就是把彼此平行的开路末端向外张开而得到,如图 3-8(a)所示。

求对称振子上电流分布的严格解是比较困难的,因为具有一定粗细(半径为 a)、一定长度(l)的对称振子,它的边界形状与球坐标系的坐标变量吻合得并不好(除非振子的半径趋于 0)。再加上振子并非理想导体(有损耗),使严格求解变得十分困难。

在工程应用上通常进行近似处理:视对称振子与均匀传输线上(终端开路时)的电流分布规律相同,即正弦驻波分布,如图 3-8(b)和图 3-8(c)所示,显然这是一个近似描述,因为对称振子不是均匀传输线,而且实际振子不是理想导体,有损耗。但有实际意义的情况是,在工程应用上振子导体半径 a 比波长小得多(即 a/λ 很小),以及振子的金属电导率 σ 也非常高(如紫铜的 $\sigma = 5.8\times10^7\,\mathrm{S/m}$),如此一来,使用上述对电流分布的近似处理,在工程上仍可得到足够的精度。

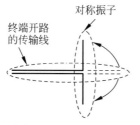
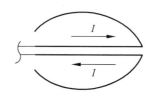

(a) 由终端开路传输线演变为对称阵子　(b) 终端开路传输线上的驻波电流分布

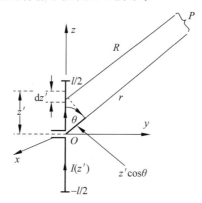

(c) 对称阵子天线上的电流分布

图 3-8　对称阵子天线及其电流分布

3.3.2　对称振子天线的远区场

中心馈电、总长度为 l 的对称振子如图 3-9 所示。

图 3-9　中心馈电、总长度为 l 的对称振子

给定其电流表达式为

$$I(z') = I_0 \sin\left[k\left(\frac{l}{2} - |z'|\right)\right] \tag{3-32}$$

并由此电流分布求出对称振子在空间产生的远区电场 E_θ。

$$E_\theta = \frac{\mathrm{j}60 I_0}{r} \mathrm{e}^{-\mathrm{j}kr} \left[\frac{\cos\left(k\dfrac{l}{2}\cos\theta\right) - \cos\left(k\dfrac{l}{2}\right)}{\sin\theta}\right] \tag{3-33}$$

远区磁场则为

$$H_\phi = \frac{E_\theta}{\sqrt{\dfrac{\mu_0}{\varepsilon_0}}} \qquad\qquad (3\text{-}34)$$

其中，μ_0 为真空磁导率；ε_0 为真空介电常数。

3.3.3　对称振子天线的方向性因子及方向图

由表示远区电场的式(3-33)可知，当半径 r 不变时，电磁场仅随 θ 角变化，而不随 ϕ 角变化，其方向性因子 $F(\theta)$ 为

$$F(\theta) = \frac{\cos\left(k\,\dfrac{l}{2}\cos\theta\right) - \cos\left(k\,\dfrac{l}{2}\right)}{\sin\theta} \qquad\qquad (3\text{-}35)$$

对于半波振子天线(总长度 $l=\lambda/2$)，其方向性因子为

$$F(\theta) = \frac{\cos(90° \cdot \cos\theta)}{\sin\theta} \qquad\qquad (3\text{-}36)$$

利用式(3-35)可得如图 3-10 所示的 l/λ 为不同值时的对称振子天线的方向图。由图 3-10(a)可以看到，在对称振子总长度 $l \ll \lambda$ 的条件下，随着 l/λ 的增大，方向性逐渐增强，只有主瓣(辐射强度最大的波瓣)而无副瓣(辐射强度弱的波瓣)。而且主瓣的方向总是与对称振子的轴线相垂直。

当总长度 $l > \lambda$ 时，对称振子上不仅有 $+z$ 方向的电流，还有反向电流出现。这样，将有更多的具有不同相位及幅度的波在空间相互干涉，导致在方向图中不仅有主瓣，而且还有副瓣出现。如果 l/λ 继续增大，还会出现主副瓣相互转换的现象。而当 $l=2\lambda$ 时，对称振子的上、下臂的电流分布对称，而单臂(上臂或下臂)上的电流分布也对称，且电流有正有负，因此出现了没有主副瓣之分的 4 个等大的波瓣，如图 3-10(b)所示。

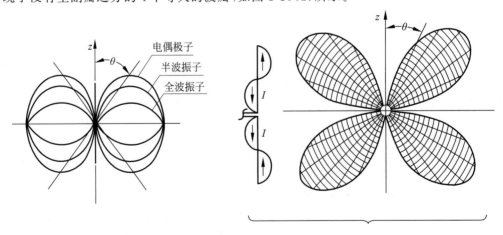

(a) 电偶极子、半波振子、全波振子的方向图　　　　(b) $l=2\lambda$ 的对称振子天线的方向图

图 3-10　对称振子天线的方向图

3.3.4 对称振子天线的辐射功率及辐射电阻

1. 对称振子的功率密度平均值

由对称振子的辐射场表示式可得

$$\boldsymbol{S}_{av} = \frac{1}{2}\text{Re}(\boldsymbol{E} \times \boldsymbol{H}^*) = \frac{1}{2}\boldsymbol{e}_r \frac{1}{2}\text{Re}E_\theta H_\phi^*$$

$$= \boldsymbol{e}_r \frac{30I_e^2}{\pi r^2} \frac{\left[\cos\left(\dfrac{kl}{2}\cos\theta\right) - \cos\dfrac{kl}{2}\right]^2}{\sin^2\theta} \tag{3-37}$$

2. 对称振子的辐射功率

对 $\boldsymbol{S}_{av}$ 在以对称振子为中心的球面上进行面积分,得到辐射功率为

$$P = \oint_S \boldsymbol{S}_{av} \cdot \text{d}\boldsymbol{S} = \int_0^\pi \int_0^{2\pi} S_{av}(r^2 \sin\theta \text{d}\theta \text{d}\phi)$$

$$= 60I_e^2 \int_0^\pi \frac{\left[\cos\left(\dfrac{kl}{2}\cos\theta\right) - \cos\dfrac{kl}{2}\right]^2}{\sin\theta}\text{d}\theta \tag{3-38}$$

3. 对称振子的辐射电阻

辐射功率 P 与辐射电阻 R_r 的关系为

$$P = \frac{1}{2}I_0^2 R_r = I_e^2 R_r \tag{3-39}$$

其中,I_e 为电流有效值;I_0 为电流振幅值。由式(3-38)和式(3-39)可得任意长度的对称振子的辐射电阻为

$$R_r = 60\int_0^\pi \frac{\left[\cos\left(\dfrac{kl}{2}\cos\theta\right) - \cos\dfrac{kl}{2}\right]^2}{\sin\theta}\text{d}\theta \tag{3-40}$$

例 3-6 某天线辐射功率为 $P_r = 20\text{W}$,发射机提供功率为 $P_t = 25\text{W}$,在其最大辐射方向距离(天线)$r = r_1 = 100\text{m}$ 处(远区)的功率密度为 $S_{max} = 15\text{mW/m}^2$,试求:

(1) 该天线的方向性系数;

(2) 辐射效率及天线增益;

(3) 沿最大辐射方向距离(天线)$r = r_2 = 50\text{m}$ 处(远区)的功率密度,它比 100m 处的功率密度大多少分贝? 场强大多少分贝?

解 (1) 若为无方向性天线,以辐射功率 $P_r = 20\text{W}$ 发射,在 $r = r_1 = 100\text{m}$ 处,功率密度为

$$S_0 = \frac{P_r}{4\pi r^2}$$

故该天线的方向性系数为

$$D = \frac{S_{max}}{S_0} \approx 94.2$$

（2）辐射效率为

$$\eta = \frac{P_r}{P_t} = 0.8$$

天线增益为

$$G = \eta D = 75.36$$

（3）若 $r = r_2 = 50\mathrm{m}$，与 $r = r_1 = 100\mathrm{m}$ 比较，功率密度为原来的 4 倍，即增加 $10\lg 4 = 6\mathrm{dB}$；场强为原来的 2 倍，即增加 $20\lg 2 = 6\mathrm{dB}$。

本章小结

本章重点介绍了电偶极子和磁偶极子的基本原理。在着重了解电偶极子的电场与磁场，以及近场区与远场区的概念之后，要掌握电（磁）偶极子的基本特征参量，如电（磁）偶极子的功率密度平均值、辐射功率、辐射电阻、方向性因子和方向图。在此基础上，本章介绍了简单的对称振子天线，如果掌握了上述基本元的辐射，则可按电磁场的叠加原理，考虑天线上各个元的方向、振幅、相位的空间分布，从而得出各类天线的辐射特性。

习题 3

1. 长度为 1cm 的偶极子，其电流为 $I = 10\angle 30°\mathrm{A}$。如果电流频率为 100MHz，试确定距离偶极子 10cm 处的电场和磁场。

2. 自由空间中的电基本振子，辐射功率 $P_r = 100\mathrm{W}$，设射线与振子轴之间的夹角为 θ，场点到电基本振子的距离为 r，求远区 $r = 20\mathrm{km}$ 处，$\theta = 0°$、$45°$ 和 $90°$ 方向的电场强度的模值。

3. 已知某天线输入功率为 10W，方向系数 $D = 3$，辐射效率 $\eta = 0.5$，试求：

（1）天线增益 G，用分贝表示；

（2）$r = 10\mathrm{km}$ 处的电场大小；

（3）若要使 $r = 20\mathrm{km}$ 处的电场和 10km 处的电场相同，其他参量不变的情况下，方向系数应增加到多少？

4. 甲、乙两个天线的方向系数相同，甲的增益系数是乙的 4 倍，它们都以最大辐射方向对准远区的 M 点，试求：

（1）当两个天线辐射功率相同时，它们在 M 点产生的场强比（以分贝表示）；

（2）当两个天线输入功率相同时，它们在 M 点产生的场强比（以分贝表示）。

第4章

传输线理论

传输线理论是分布参数电路理论,它在场分析与基本电路理论之间架起了桥梁。随着工作频率的升高,波长不断减小,当波长可以与电路的几何尺寸相比拟时,传输线上的电压和电流将随空间位置而变化,呈现出波动性,这一点与低频电路完全不同。传输线理论用来分析传输线上电压和电流的分布,以及传输线上阻抗的变化规律。

4.1 引言

什么是传输线?广义地讲,传输线就是能够引导电磁波传输的装置。通常将那些在使用时必须考虑信号传输特性的连接线称为传输线。传输线的一个基本特征是信号在其上传输需要时间。其主要特征可以归纳为:

(1) 电参数分布在其占据的所有空间位置上;

(2) 信号传输需要时间,传输线的长度直接影响信号的特性;

(3) 信号是时间 t 的函数,同时也是信号所在空间位置的函数。

图 4-1 所示为几种常见的传输线。它们可以是金属的(如平行双导体传输线),也可以是介质的(如光纤);可以是双导体的(如同轴传输线),也可以是单导体的(如矩形波导传输线)。

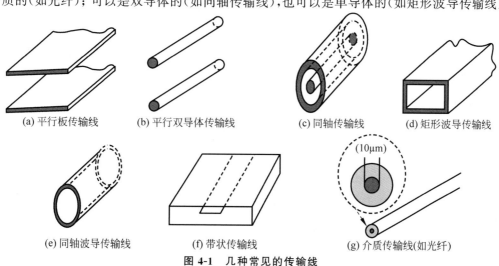

(a) 平行板传输线　　(b) 平行双导体传输线　　(c) 同轴传输线　　(d) 矩形波导传输线

(e) 同轴波导传输线　　(f) 带状传输线　　(g) 介质传输线(如光纤)

(10μm)

图 4-1　几种常见的传输线

4.2 传输线方程

如前文所述,传输线的类型不止一种,如同轴电缆、平行双线、微带线甚至波导等,但均可以表示为如图 4-2 所示的等效电路。

图 4-2 中,将同轴电缆(在此仅强调电磁兼容测量中最常用的同轴电缆)等效于一对均匀的平行双线,该双线可以视为由无数个串联电阻(R_1)、电感(L_1)与并联的电导(G_1)、电容(C_1)组成的(见图 4-3)。在此,R、L、G、C 分别表示单位长度的参数值,只要知道了传输线的几何参数及介质的 μ、ε 参数,这些值即可求知。

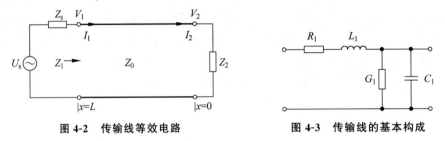

图 4-2 传输线等效电路   图 4-3 传输线的基本构成

对于均匀传输线,R、L、G、C 不随传输线的几何位置变化。对于稳态情况,可列出传输线方程。

根据基尔霍夫电压定律,有

$$\begin{cases} dU(z) = I(z)Z_1 dz \\ dI(z) = U(z)Y_1 dz \end{cases} \tag{4-1}$$

其中,传输线上单位长度的串联阻抗与并联导纳分别为

$$Z_1 = R_1 + j\omega L_1, \quad Y_1 = G_1 + j\omega C_1 \tag{4-2}$$

于是式(4-1)可以写为

$$\begin{cases} \dfrac{dU(z)}{dz} = I(z)Z_1 \\ \dfrac{dI(z)}{dz} = U(z)Y_1 \end{cases} \tag{4-3}$$

式(4-3)两端对 z 求导,得

$$\begin{cases} \dfrac{d^2 U(z)}{dz^2} = Z_1 \dfrac{dI(z)}{dz} = Z_1 Y_1 U(z) = \gamma^2 U(z) \\ \dfrac{d^2 I(z)}{dz^2} = Y_1 \dfrac{dU(z)}{dz} = Y_1 Z_1 I(z) = \gamma^2 I(z) \end{cases} \tag{4-4}$$

式(4-3)即为传输线上的电压波与电流波方程,其中

$$\gamma = \sqrt{Z_1 Y_1} = \sqrt{(R_1 + j\omega L_1)(G_1 + j\omega C_1)} = \alpha + j\beta \tag{4-5}$$

γ 称为传播常数,通常是一个复数,实部 α 为衰减常数,虚部 β 为相位常数。

方程(4-4)的通解为

$$U(z) = A e^{\gamma z} + B e^{-\gamma z} \tag{4-6}$$

由式(4-3)可知

$$I(z) = \frac{1}{Z_1} \frac{\mathrm{d}U(z)}{\mathrm{d}z} = Z_0 (A e^{\gamma z} + B e^{-\gamma z}) \tag{4-7}$$

$$Z_0 = \sqrt{\frac{Z_1}{Y_1}} = \sqrt{\frac{R_1 + \mathrm{j}\omega L_1}{G_1 + \mathrm{j}\omega C_1}} \tag{4-8}$$

Z_0 具有阻抗的量纲,称为传输线的特性阻抗。

式(4-6)和式(4-7)分别为传输线上的电压和电流分布的表达式,它们都包含两项,一项含有因子 $e^{\gamma z}$,代表沿 $-z$ 方向(由电源到负载)传播的波,称为入射波;另一项含有因子 $e^{-\gamma z}$,代表沿 $+z$ 方向(由负载到电源)传播的波,称为反射波。

4.3 平行导体板传输系统

平行导体板传输系统一直发挥着重要的作用,尤其在军用领域,具有结构紧凑、成本低和易继承等优点。

4.3.1 平行导体板传输系统及其传输的 TEM 波

如图 4-4 所示,平行板传输系统是一对彼此平行的导体板。导体板宽度为 b,板间距离为 a,且 $b \gg a$,金属导体板沿 z 方向无限长,能量沿 z 方向传输。

这个系统可以建立静态场,能够传输 TEM 波 (Transverse Electromagnetic Wave)。而且,TEM 波的电场和磁场沿系统横截面的分布规律和静态场完全相同。因此,在 $b \gg a$ 的条件下(边缘效应不计),电场 E_x、磁场 H_y 在横截面上的分布应该是均匀的。因此,由 E_x、H_y 构成的 TEM 波是均匀平面波。但是,这个均匀平面波是被限制在两平行导体板之间且沿 z 方向

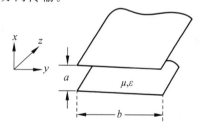

图 4-4 平行导体板传输系统

传播的。既然它是 TEM 波,那么根据平面波的性质,可以直接写出场强的表示式,如下。

$$E_x = E_0 e^{\mathrm{j}(\omega t - kz)} \tag{4-9}$$

$$H_y = \frac{E_x}{\eta} = \frac{1}{\eta} E_0 e^{\mathrm{j}(\omega t - kz)} \tag{4-10}$$

4.3.2 平行导体板传输系统的特性阻抗

传播 TEM 波的传输系统最重要的参量之一是特性阻抗。特性阻抗 Z_c 定义为当传输系统无限长(此时系统中仅有入射波而无反射波,或者说系统的电压波、电流波为行波)时电压与电流的比值,即

$$Z_c = \frac{U}{I} \qquad (4\text{-}11)$$

为了一目了然,有时也表示为

$$Z_c = \frac{U^+}{I^+} = -\frac{U^-}{I^-} \qquad (4\text{-}12)$$

其中,U^+、I^+、U^-、I^- 分别表示入射波及反射波的电压、电流。无疑,入射波和反射波都是行波。

下面给出该系统特性阻抗的具体表达式。

$$Z_c = \sqrt{\frac{L_0}{C_0}} \qquad (4\text{-}13)$$

式(4-13)为传播 TEM 波时均匀理想传输系统的特性阻抗表达式,这是一个具有普遍性的表达式。其中,L_0 为单位长度的电感,C_0 为单位长度的电容。不仅可以用它求平行板传输系统的特性阻抗,而且,凡是传播 TEM 波的均匀理想导行系统,均可以应用它。

特性阻抗是传输系统的重要参量。特性阻抗取决于系统的形状、尺寸以及所填充的介质。

4.3.3 TEM 波在平行导体板传输系统中的传播速度

平行导体板传输系统传输 TEM 波时,传播速度 v 为

$$v = \frac{\omega}{k} = \frac{1}{\sqrt{\mu\varepsilon}} = \frac{1}{\sqrt{L_0 C_0}} \qquad (4\text{-}14)$$

若平行导体板传输系统间为空气介质,TEM 波的传播速度则为光速,其波长则为 TEM 波在自由空间传播时的波长。

4.3.4 平行导体板传输系统的高次模

在平行导体板传输系统中,TEM 波是主波(主模),它在很低的频率到很高的频率均可以传播。除此之外,平行导体板传输系统还可以传播 TE 波、TM 波(高次模)。但是,TE 波、TM 波的传播受下限频率限制,低于下限频率时,TE 波、TM 波则被截止。

对于平行导体板传输系统,在全部 TE 波、TM 波当中,TE10 波、TM10 波的截止频率最低。若平行板的宽度为无穷大,板间距离为 a,经分析(这里从略)可得其截止频率 f_c 为

$$f_c = \frac{v}{2a} \qquad (4\text{-}15)$$

只要工作频率低于这个频率(f_c),所有 TE 波、TM 波就全部被截止了,此时仅有 TEM 波(主波)可以传播。

4.4 同轴线

同轴线是由两根同轴的圆柱导体构成的导行系统,是内、外导体之间填充空气或高频介质的一种宽频带微波传输线。

4.4.1　同轴线及其传输的 TEM 波

令同轴线上的电压、电流分别为 U 和 I。由于同轴线中 TEM 波的磁场、电场在横截面的分布规律与静态场相同,于是可以直接写出

$$H_\phi = \frac{I}{2\pi r} \tag{4-16}$$

$$E_r = \frac{\rho_l}{2\pi \varepsilon r} = \frac{C_0 U}{2\pi \varepsilon r} \tag{4-17}$$

其中,C_0 为同轴线单位长度的电容,$C_0 U$ 则为同轴线内导体单位长度上的电荷量 ρ_l(内、外导体上的电荷量等值异性)。若假定 TEM 波是沿 $+z$ 方向传播的简谐变化波,则 H_ϕ、E_r 的表示式为

$$H_\phi = \frac{I}{2\pi r} = \frac{1}{2\pi r} I_0 \mathrm{e}^{\mathrm{j}(\omega t - kz)} \tag{4-18}$$

$$E_r = \frac{C_0 U}{2\pi \varepsilon r} = \frac{C_0}{2\pi \varepsilon r} U_0 \mathrm{e}^{\mathrm{j}(\omega t - kz)} \tag{4-19}$$

同轴线中 TEM 波的电场、磁场空间分布规律如图 4-5 所示。

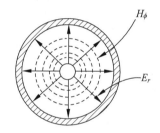

(a) 横断面上场的分布规律

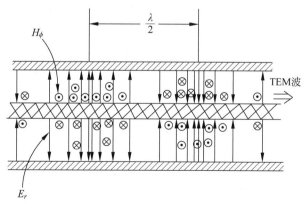

(b) 沿纵向电磁场的分布规律

图 4-5　同轴线中 TEM 波的电场、磁场空间分布规律

4.4.2　同轴线的特性阻抗

特性阻抗定义为同轴线的入射波(或反射波)的电压与电流的比值,即

$$Z_c = \frac{U^+}{I^+} = \frac{U^-}{I^-}$$

下面给出同轴线特性阻抗的具体表示式。

$$Z_c = \frac{1}{2\pi} \eta \ln \frac{b}{a} \tag{4-20}$$

其中,a、b 分别为同轴线内、外导体的半径。

当同轴线中填充空气介质时,$\eta = \sqrt{\dfrac{\mu_0}{\varepsilon_0}} \approx 120\pi$,此时同轴线的特性阻抗则为

$$Z_c = 60 \ln\left(\frac{b}{a}\right) \tag{4-21}$$

若同轴线填充的介质参量为 $\mu = \mu_0$,$\varepsilon = \varepsilon_r \varepsilon_0$,则同轴线的特性阻抗 Z_c 为

$$Z_c = \frac{\eta}{2\pi} \ln\left(\frac{b}{a}\right) = \frac{60}{\sqrt{\varepsilon_r}} \ln\left(\frac{b}{a}\right) \tag{4-22}$$

顺便指出,同轴线传输采用 TEM 波,其工作频率可以从很低到高至微波。但是,当工作频率高至某一数值时,此时同轴线中除传播 TEM 波外,开始出现其他的波形(模式),频率越高,出现的模式越多。为了避免其他模式的出现,其最高工作频率(即最短的工作波长)将受到限制。若以 λ_{min} 表示最短的工作波长,经分析计算得到

$$\lambda_{min} > \pi(a+b) \tag{4-23}$$

$\pi(a+b)$ 则为同轴线中 TE11 模式的截止波长。而且,在所有 TE 及 TM 模式中,TE11 模的截止波长最长。只要所选择的工作频率使 TE11 模不能传播,那么其他 TE、TM 模就都不能传播了。

例 4-1　空气填充的同轴线,内、外导体半径分别为 a、b,传输 TEM 波,若已知同轴线的导体衰减常数 α_c 为

$$\alpha_c = \frac{R_0}{2Z_c} = \frac{R_s}{2\pi b} \cdot \frac{1 + \dfrac{b}{a}}{120 \ln\left(\dfrac{b}{a}\right)}$$

其中,R_s 为表面电阻。试求同轴线传输衰减最小的条件。

解　同轴线最小传输衰减条件可由下式确定。

$$\frac{d\alpha_c}{d\left(\dfrac{b}{a}\right)} = \frac{d}{d\left(\dfrac{b}{a}\right)} \left[\frac{R_s}{2\pi b} \cdot \frac{1 + \dfrac{b}{a}}{120 \ln\left(\dfrac{b}{a}\right)} \right] = 0$$

解得

$$\frac{b}{a} \approx 3.59$$

即 $\frac{b}{a} \approx 3.59$ 时同轴线的导体损耗最小。但当 $\frac{b}{a}$ 在比较大的范围变化时，衰减常数变化并不明显。与最小衰减值相比，$\frac{b}{a}$ 值为 3.2～4.1 时，衰减值变化不到 0.5%；$\frac{b}{a}$ 值为 2.6 和 5.2 时，衰减值仅增加 5%。

空气介质的同轴线，$\frac{b}{a} = 3.59$ 时，特性阻抗 $Z_c \approx 76.7\Omega$，此时衰减最小。$\frac{b}{a} = 1.649$ 时，同轴线的功率容量最大，特性阻抗 $Z_c = 30\Omega$。通常选用 $\frac{b}{a} = 2.303$，即 $Z_c = 50\Omega$，是对同轴线功率最大容量和最小传输衰减的综合考虑。

例 4-2　空气填充的同轴线，内、外导体半径分别为 a、b，已知其特性阻抗 $Z_c = 75\Omega$，求该同轴线单位长度的电感 L_0、单位长度的电容 C_0。

解　同轴线的 L_0、C_0 的大小都与其内、外导体半径的比值有关。已知单位长度的电感 L_0 为

$$L_0 = \frac{\mu_0}{2\pi} \ln\left(\frac{a}{b}\right) \tag{4-24}$$

C_0 可由 $L_0 C_0 = \mu_0 \varepsilon_0$ 求出，即

$$C_0 = \frac{\mu_0 \varepsilon_0}{L_0} = \frac{2\pi\varepsilon_0}{\ln\left(\dfrac{b}{a}\right)} \tag{4-25}$$

Z_c 的值是已知的，于是利用 Z_c 的表达式，可得 $\frac{b}{a}$ 的值，即

$$Z_c = 60\ln\left(\frac{b}{a}\right) = 75\Omega$$

所以

$$\frac{b}{a} = e^{\frac{75}{60}} \approx 3.4903 \tag{4-26}$$

将此 $\frac{b}{a}$ 的值代入式(4-24)和式(4-25)，可得 $Z_c = 75\Omega$ 的同轴线的 L_0、C_0 分别为

$$L_0 = \frac{\mu_0}{2\pi} \ln 3.4903 = 2.5 \times 10^{-7} \, \text{H/m}$$

$$C_0 = \frac{2\pi\varepsilon_0}{\ln 3.4903} = 44.51 \times 10^{-12} \, \text{F/m}$$

例 4-3　设有一同轴线，外导体直径为 23mm，内导体直径为 10mm，求其特性阻抗；若

内、外导体间填充介电常数为 2.5 的介质,求其特性阻抗。

解 传输线特性阻抗为

$$Z_0 = \sqrt{\frac{R + j\omega L}{G + j\omega C}}$$

在理想或损耗很小的情况(即 $R=0$,$G=0$ 时)下,$Z_0 = \sqrt{\dfrac{L}{C}}$。

对于同轴线,有

$$L = \frac{\mu_0}{2\pi}\ln\left(\frac{b}{a}\right), \quad C = \frac{2\pi\varepsilon}{\ln\left(\dfrac{b}{a}\right)}$$

所以同轴线特性阻抗为

$$Z_0 = \frac{\ln\left(\dfrac{b}{a}\right)}{2\pi}\sqrt{\frac{\mu_0}{\varepsilon}} = \frac{\ln\left(\dfrac{b}{a}\right)}{2\pi}\sqrt{\frac{\mu_0}{\varepsilon_0 \varepsilon_r}} = \frac{60}{\sqrt{\varepsilon_r}}\ln\left(\frac{b}{a}\right)$$

当 $\varepsilon_r = 1$ 时,$Z_0 = 50\Omega$;当 $\varepsilon_r = 2.5$ 时,$Z_0 = 31.6\Omega$。

4.5 不同负载条件下传输线的性质及其应用

一段传输线的终端接不同负载时,其输入阻抗是不同的。而且,在终端负载不变的情况下,其输入阻抗又随传输线长度而变化。可以清楚地看到,输入阻抗随传输线长度、特性阻抗、负载阻抗以及工作频率的变化而变化。掌握输入阻抗的各种变化规律是很有用的。本节仅关注理想传输线的情况,即不计传输系统的导体损耗及介质损耗时的输入阻抗。

4.5.1 终端短路时 Z_{in} 沿线的变化规律

终端短路,即 $Z_L = 0$,则其输入阻抗 Z_{in} 为

$$Z_{in} = jZ_c \tan kl \tag{4-27}$$

其中,k 为自由空间中的波数。

利用式(4-27)可画出传输线长度 l 变化时,即在传输线的不同位置,输入阻抗 Z_{in} 的变化规律。如图 4-6 所示,一段双线传输线,标出了从负载所在处(即 0 点)算起的不同长度 l,下方分别对应给出合成电压波 $|U|$ 及电流波 $|I|$(因为负载阻抗为 0,引起全反射,则合成波为纯驻波)的沿线分布规律。合成电压波与电流波沿 z 方向的分布有 90°的相位差。图 4-6 还给出了沿线的输入阻抗 Z_{in} 的变化规律。Z_{in} 随着传输线长度 l 的变化,可以呈现出感性、容性,也可以呈现串联谐振、并联谐振。由于 Z_{in} 正比于 $\tan(kl)$,因此,每隔半个波长 Z_{in} 的性质就重复一次。图 4-6 最下方给出不同 l 值时 Z_{in} 的等效电路。

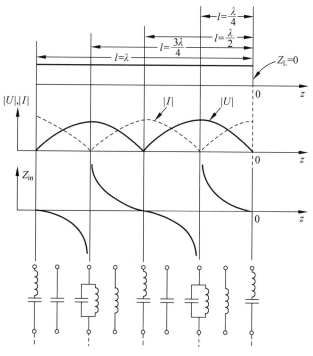

图 4-6 终端短路时 Z_{in} 的变化规律及其等效电路

4.5.2 终端开路时 Z_{in} 沿线的变化规律

终端开路,即 $Z_L = \infty$,则其输入阻抗 Z_{in} 为

$$Z_{in} = -jZ_c \cot kl \tag{4-28}$$

利用式(4-28)即可画出终端开路时 Z_{in} 沿线的变化规律及其等效电路。

4.5.3 用短截线实现电感、电容

1. 电感器的实现

实际应用中,往往用终端短路的短截线实现超高频电感元件。终端短路时其输入阻抗为

$$Z_{in} = jZ_c \tan kl \tag{4-29}$$

显然,只要满足

$$0 < kl < 90°$$

即

$$0 < l < \lambda/4$$

则输入阻抗就为电感性质。当然,线段的长度再增加 $\lambda/2$ 的整数倍时,即

$$n\frac{\lambda}{2} < l < \frac{\lambda}{4} + n\frac{\lambda}{2} \quad n = 0,1,2,\cdots \tag{4-30}$$

输入阻抗仍为电感性质。

2. 电容器的实现

实际应用中,往往用终端开路的短截线实现超高频电容元件。终端开路时其输入阻抗为

$$Z_{\text{in}} = -jZ_c \cot kl \tag{4-31}$$

显然,只要满足

$$0 < kl < 90°$$

即

$$0 < l < \lambda/4$$

则输入阻抗就为电容性质。当然,线段的长度再增加 $\lambda/2$ 的整数倍时,输入阻抗仍为电容性质。

4.5.4 用短截线实现串联及并联谐振电路

1. 串联谐振电路的实现

当理想传输线终端开路时,若传输线长度为 $\lambda/4$ 的奇数倍,即

$$l = (2n-1)\frac{\lambda}{4}, \quad n = 1,2,3\cdots \tag{4-32}$$

其输入阻抗为 0,即

$$Z_{\text{in}} = -jZ_c \cot(kl) = -jZ_c \cot\left[(2n-1)\times 90°\right] = 0 \tag{4-33}$$

输入阻抗为 0 即对应串联谐振电路。

当理想传输线终端短路,且传输线长度为 $\lambda/2$ 的整数倍时,则其输入阻抗也等于 0,即

$$Z_{\text{in}} = jZ_c \tan(kl) = jZ_c \tan(n\pi) = 0 \tag{4-34}$$

这种理想传输线段也对应串联谐振电路。

2. 并联谐振电路的实现

一个理想的并联谐振电路,其输入阻抗应为无穷大。长度为 $\lambda/4$ 的奇数倍而终端短路的理想传输线,其输入阻抗为无穷大;或者长度为 $\lambda/2$ 的整数倍而终端开路的理想传输线,其输入阻抗也为无穷大。它们都等效于并联谐振电路。

4.5.5 $\lambda/4$ 阻抗变换器

负载 Z_L 经过长度为 l 的传输线之后,其输入阻抗就和原负载阻抗 Z_L 不相等。这段传输线起到了阻抗交换的作用。而当传输线长度 $l = \lambda/4$ 时,其阻抗变换的性质更具有特殊的用途。

当传输线长度 $l = \lambda/4$ 时,即 $kl = 90°$,则

$$Z_{\text{in}} = \frac{Z_c^2}{Z_L} \tag{4-35}$$

可以看到,经过 $\lambda/4$ 长的传输线之后,其输入阻抗 Z_{in} 与负载阻抗 Z_L 有互为倒数的关系。所以,又把 $\lambda/4$ 长的传输线称为阻抗倒置器。其阻抗变换性能为:负载阻抗 Z_L 越大,输入阻抗 Z_{in} 越小;负载阻抗 Z_L 越小,输入阻抗 Z_{in} 越大。

若负载阻抗 Z_L 为电阻 R_L 与感抗 X_L 串联，输入阻抗则为电阻 R_{in} 与容抗 X_{in} 并联，即

$$Y_{in} = \frac{1}{Z_{in}} = \frac{Z_L}{Z_c^2} = \frac{R_L}{Z_c^2} + j\frac{X_L}{Z_c^2} \tag{4-36}$$

更重要的是，可把 $\lambda/4$ 传输线（特性阻抗为 Z_c）作为阻抗匹配器使用。当负载阻抗 Z_L 为纯阻时，则经 $\lambda/4$ 传输线交换后的输入阻抗 Z_{in} 也为纯阻，其值为

$$Z_{in} = \frac{Z_c^2}{Z_L} \tag{4-37}$$

即

$$Z_c = \sqrt{Z_{in}Z_L} \tag{4-38}$$

如果电路所要求的负载（纯阻）为 Z_{02}，而所能提供的实际负载（纯阻）却为 Z_{01}，这时就可以选择一段 $\lambda/4$ 传输线，其特性阻抗 Z_c 与 Z_{01}、Z_{02} 的关系为 $Z_c = \sqrt{Z_{01}Z_{02}}$。如此，把实际负载电阻 Z_{01} 接于终端，则经过这段传输线变换之后的阻抗（输入阻抗）恰为 Z_{02}，使电路得到匹配，如图 4-7 所示。

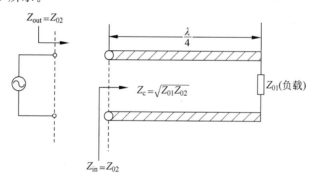

图 4-7　阻抗匹配

关于利用传输线实现电抗元件，有一点值得注意，即其电感量 L 及电容量 C 是随频率而变的。这和低频情况下集总参量的电感、电容是不相同的。

另外，由传输线理论所得到终端短路及终端开路条件下的理想传输线的输入阻抗表达式，它们不仅适用于理想的双线传输线情况，还适用于传输 TEM 波的所有均匀理想传输系统，如平板传输系统、带状线、微带线、同轴线等。但是，在各种均匀传播系统传输 TEM 波时，其特性阻抗 Z_c 的计算式却各不相同。

对于平板传输系统，有

$$Z_c = \eta\frac{a}{b} \tag{4-39}$$

其中，a 和 b 分别为板间距离和平板宽度。

对于同轴线，有

$$Z_c = \frac{\eta}{2\pi}\ln\frac{b}{a} \tag{4-40}$$

其中，a、b 分别为同轴线的内、外导体半径。

对于双线传输线，有

$$Z_c = \frac{\eta}{\pi} \ln \left[\frac{D}{2a} + \sqrt{\left(\frac{D}{2a}\right)^2 - 1} \right] \tag{4-41}$$

其中，a 和 D 分别为导线半径和线间距离。

从以上 3 种特性阻抗的计算式可以看到，不同结构的导行系统，其特性阻抗具有不同的几何形状因子，但不论何种几何形状，其 TEM 波的传播速度都是相同的，即 $v = 1/\sqrt{\mu\varepsilon}$。

例 4-4 如图 4-8 所示的终端开路传输线，其特性阻抗为 200Ω，电源内阻 $Z_g = Z_0$，始端电压瞬时值为 $U_{AA'} = 100\cos(\omega t + 20°)$，求 BB'、CC' 处的电压瞬时值。

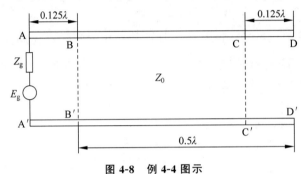

图 4-8 例 4-4 图示

解 终端开路形成全反射，输入端 $Z_g = Z_0$，阻抗匹配无反射，传输线工作在驻波状态。终端开路时沿线电压分布为

$$U(z') = 2U_{2i}\cos\beta z' = 2|U_{2i}|e^{j\varphi_2}\cos\beta z'$$

则

$$U_{AA'} = 2|U_{2i}| \cos\left[\frac{2\pi}{\lambda}\left(\frac{1}{2} + \frac{1}{8}\right)\lambda\right]\cos(\omega t + \varphi_2)$$

$$= 2|U_{2i}|\left(-\frac{\sqrt{2}}{2}\right)\cos(\omega t + \varphi_2) = 100\cos(\omega t + 20°)$$

$$2|U_{2i}| = 100\sqrt{2}$$

$$\varphi_2 = 20° \pm 180°$$

$$U_{BB'} = \mathrm{Re}\left[U_B(z')e^{j\omega t}\right] = \mathrm{Re}\left[(2U_{2i}\cos\beta z')e^{j\omega t}\right]$$

$$= \mathrm{Re}\left[(2|U_{2i}|e^{j\varphi_2}\cos\beta z')e^{j\omega t}\right] = |2U_{2i}|\cos\beta z'\cos(\omega t + \varphi_2)$$

$$= 100\sqrt{2}\cos\left(\frac{2\pi}{\lambda} \cdot \frac{\lambda}{2}\right)\cos(\omega t + 200°) = -100\sqrt{2}\cos(\omega t + 200°)$$

$$= 100\sqrt{2}\cos(\omega t + 20°)$$

$$U_{CC'} = 100\sqrt{2}\cos\left(\frac{2\pi}{\lambda} \cdot \frac{\lambda}{8}\right)\cos(\omega t + 200°)$$

$$= 100\cos(\omega t + 200°)$$

例 4-5　在特性阻抗 $Z_0 = 200\Omega$ 的无耗双导线上测得负载处为电压波节点,电压最小值 $|U_{min}| = 8V$,电压最大值 $|U_{max}| = 10V$,试求负载阻抗 Z_L 及负载吸收功率 P_L。

解　负载处为电压波节点,故该处归一化电阻 $R_{min} = K$,且有

$$\rho = \frac{|U_{max}|}{|U_{min}|} = \frac{10}{8} = 1.25, \quad K = \frac{1}{\rho} = 0.8$$

$$Z_L = R_{min}Z_0 = KZ_0 = 0.8 \times 200 = 160\Omega$$

$$|\Gamma| = \frac{\rho - 1}{\rho + 1} = \frac{1}{9} \neq \frac{Z_L - Z_0}{Z_L + Z_0}$$

终端到第 1 个电压波节点的距离 z'_{min1} 满足

$$\varphi_2 - 2\beta z'_{min1} = \pi$$

此时 $z'_{min1} = 0$,则 $\varphi_2 = \pi$。

$$\Gamma_2 = |\Gamma_2|e^{j\varphi_2} = |\Gamma_2|e^{j\pi} = -|\Gamma_2| = -\frac{1}{9} = \frac{Z_L - Z_0}{Z_L + Z_0} \Rightarrow Z_L = 160\Omega$$

$$P(z) = \frac{1}{2}\frac{|U_{max}|^2}{Z_0}K = 0.2W \quad 即为负载吸收功率。$$

$$P_L = \frac{1}{2}|U||I| = \frac{|U|}{\sqrt{2}}\frac{|I|}{\sqrt{2}} = \frac{\left(\frac{|U_{min}|}{\sqrt{2}}\right)^2}{Z_L} = \frac{|U_{min}|^2}{2Z_L} = \frac{8^2}{2 \times 160} = 0.2W$$

本章小结

对于能够传输 TEM 波的双导体导行系统,如平行双线、同轴线等(又称为传输线),在传输 TEM 波的条件下,其电场和磁场只有横向分布。例如,同轴线中 $E = e_\rho E_\rho$、$H = e_\phi H_\phi$,这时在 $z = c$(常数)平面内,内、外导体的电压和该点的电流都具有实际意义。因此可用"电路"中的电压和电流等效传输线中的电场和磁场,这种方法称为等效电路法,即将传输线作为分布参数电路处理,得到由传输线的单位长度电阻、电感、电容和电导组成的等效电路,然后根据基尔霍夫定律导出传输线上电压、电流满足的方程,进而讨论传输特性。分布参数电路是相对于集总参数电路而言的。当传输高频信号时会出现分布参数效应:电流流过导线使导线发热,说明导线本身有分布电阻;双导线之间绝缘不完善会出现漏电现象,说明导线之间有漏电导;导线之间有电压,导线间存在电场,说明导线之间有分布电容;导线中通过电流时周围会出现磁场,说明导线上存在分布电感。当传输信号的波长远大于传输线长度时,有限长的传输线上各点的电流或电压的大小和相位可以近似认为相同,这时可以不考虑分布参数效应,而作为集总参数电路处理。但当传输线信号的波长和传输线的长度可比拟时,传输线上各点的电流或电压的大小和相位各不相同,显现出分布效应,此时传输线就必须作为分布参数电路处理。

在此基础上,本章首先介绍了传输线方程,重点介绍分布线元的等效电路、电流和电压

的传输线方程及其通解的物理意义；然后介绍了两种基本的传输线——平行导体板传输系统和同轴线，介绍这两种传输线特征阻抗的具体计算公式。特征阻抗属于传输线特性参数的一种，特性参数是与传输线的尺寸、填充的介质及工作频率相关的量。而传输线的工作参数是指因传输线所接负载的不同而变化的量，主要有传输线的输入阻抗等。本章还介绍了几种特殊情况下的负载所对应的输入阻抗、阻抗匹配的概念，以及常用的阻抗匹配的方法，即 $\lambda/4$ 传输线。

习题 4

1. 对于如图 4-9 所示的传输线，$f=200\mathrm{MHz}$，$v=3\times10^8\mathrm{m/s}$，$L=2.1\mathrm{m}$，$Z_\mathrm{c}=100\Omega$，$V_\mathrm{s}=10\angle60°$，$Z_\mathrm{s}=50\Omega$，$Z_\mathrm{L}=10-\mathrm{j}50$。求解：

(1) 传输线长度与波长的关系；

(2) 负载和传输线输入端的电压反射系数；

(3) 传输线的输入阻抗；

(4) 传输线输入端和负载输入端的时域电压；

(5) 传递给负载的平均功率；

(6) 电压驻波比。

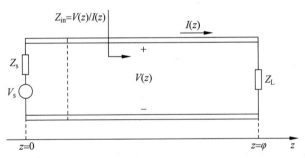

图 4-9　习题 1 图示

2. 求解输入阻抗的表达式：

(1) 具有开路负载的传输线；

(2) 具有短路负载的传输线。

3. 低损耗同轴线具有以下参数：$Z_\mathrm{c}=(75+\mathrm{j}0)\,\Omega$，$\alpha=0.05$，$v=2\times10^8\mathrm{m/s}$。求解在 $400\mathrm{MHz}$ 时，长度为 $11.175\mathrm{m}$ 的线缆在末端不同情况下的输入阻抗：

(1) 短路；

(2) 开路；

(3) 300V 电压。

4. 求解 $\lambda/4$ 传输线的输入阻抗表达式。如果传输线是开路负载，它的输入阻抗是多少？如果传输线是短路负载，它的输入阻抗是多少？

第 5 章

传导发射和传导抗扰度

本章主要研究从设备中沿着交流电源线所传导出来的辐射及其产生机制。因为设备最终要被安装到公用的电力系统网上,电网又通过交流电源线连接着不同输出功率的设备,便形成了一个庞大的发射系统,能够使传导发射有效地辐射出去。因此,管理机构对每种设备都规定了强制的传导发射限值。传导发射测试的目的是测试设备工作时通过电源线、信号线和互连线向外发射的干扰信号,测试这些能量是否超过标准要求的界限值,从而保证在公共电网上工作的其他设备免受干扰。

同时,传导发射可能导致辐射发射,然后可能引起干扰。通常减少传导发射比减少辐射发射要简单一些,因为传导发射只需要控制设备的电源线。但是,需要重点关注的是,如果设备不符合传导发射的限制,那么遵守辐射发射限制就没有意义。因此,控制设备的传导发射与辐射发射具有同等的优先权。

不仅如此,从电磁兼容的角度来看,仅遵守传导发射和辐射发射的限值并不是一个完整的设计。设备必须对电力系统网络上存在的干扰具有合理的不敏感性,以确保产品的可靠运行。例如,闪电可能会撞击设备的输电线路,引起电源完全断供;或由于电源系统故障引起的电源暂时中断而导致瞬间功率损耗。对传导发射的限值旨在控制辐射发射的干扰可能性,这些干扰是由于沿着其交流电源线从产品导出而施加在商用电源线上的噪声电流。通常,这些噪声电流太小,只能通过沿着交流电源线传导到设备中而造成直接干扰。然而,诸如由闪电引起的干扰足以通过其交流电源线直接传导到设备中引起干扰。这种类型的干扰代表了传导抗扰度问题,并且是制造商意识到并研究的问题。

5.1 传导发射测试

本节主要介绍验证设备是否符合传导发射规定限值的传导发射测试过程。在进行传导发射测试时,需要在电源插座和被测设备的交流电源线之间插入线路阻抗稳定网络(Line Impedance Stabilization Network,LISN)来测量。典型的测试配置如图 5-1 所示。设备的交流电源线插入 LISN 的输入端,LISN 的输出端插入电源插座,交流电通过 LISN 为设备供电。频谱分析仪连接到 LISN 并测量设备的传导发射。

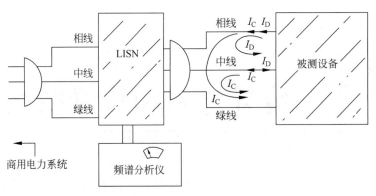

图 5-1 使用 LISN 测量产品传导发射

5.1.1 人工电源网络

传导发射测试的目的是测量产品交流电源线的噪声电流,可以使用电流探头简单地进行测量。然而,在测试场地中测试数据的一致性要求使这种简单的测试变得不切实际。

人工电源网络 LISN 具有两个目标:一是在传导发射测量频率范围内,给设备提供一个稳定的阻抗;二是隔离被测设备以外的传导发射。设定这两个目标的原因,其一是在测量频率范围内不同建筑、不同插座从交流电源系统墙壁插座中看到的阻抗变化很大,这种阻抗的变化影响到了电源线传导出去的噪声电流大小;其二是电力系统网络上存在的噪声量会因站点而异,这种外部噪声会进入设备的交流电源线,需要对这些噪声以某种方式排除,否则将增强测量的传导发射。

用于传导发射测量的 LISN 电路组成如图 5-2 所示。电网电源侧的相线和地线之间以及中线和地线之间的 $1\mu F$ 电容的目的是转移电网上的外部噪声,防止噪声通过测量设备而污染测试数据。同样,$50\mu H$ 电感的目的也是阻隔该噪声。另一个 $0.1\mu F$ 电容的目的是防止接收机的输入端过载。

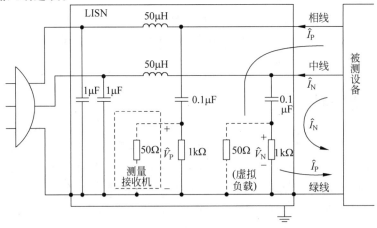

图 5-2 LISN 电路组成

在去掉 50Ω 电阻的情况下,$1\mathrm{k}\Omega$ 电阻为 $0.1\mu\mathrm{F}$ 电容提供静电放电通路;50Ω 电阻与 $1\mathrm{k}\Omega$ 电阻并联,一个 50Ω 电阻是测量接收机(频谱分析仪)的输入阻抗,另一个为虚拟负载,保证相线和安全地线之间、中线和安全地线之间的阻抗一直为大约 50Ω。

$\hat{V}_P$ 和 $\hat{V}_N$ 分别表示相线和地线之间以及中线和地线之间的测量电压。相线电压和中线电压必须在规定的传导发射限值的频率范围内进行测量,并且都必须小于传导发射限值。现在来分析为什么传导发射限值是根据电压来规定的,而实际上却对传导发射电流感兴趣。相线电流 $\hat{I}_P$ 和中线电流 $\hat{I}_N$ 与测量的电压的关系为

$$\hat{V}_P = 50\hat{I}_P \tag{5-1}$$

$$\hat{V}_N = 50\hat{I}_N \tag{5-2}$$

其中,在测量频率范围内,LISN 的电容短路,电感开路。因此,测量的电压与相线和中线的噪声电流直接相关。

也正因为 LISN 的电容(电感)在传导发射测试的整个频率范围内基本上是短路(开路),LISN 的等效电路是相线和地线之间以及中线和地线之间的 50Ω 电阻,如图 5-3 所示。在 $60\mathrm{Hz}$ 电源频率下,电感的阻抗为 $18.8\mathrm{m}\Omega$,$0.1\mu\mathrm{F}$ 电容的阻抗为 $2.7\mathrm{k}\Omega$。因此,在 $60\mathrm{Hz}$ 工作频率下,LISN 几乎没有作用,只给设备提供用于功能操作的交流电。

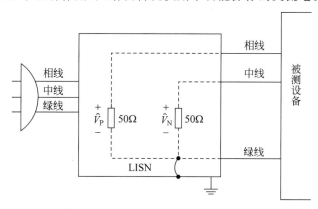

图 5-3　在传导发射调节频率范围内看到的 LISN 的等效电路

需要指出的是,符合法规要求的设计目标是通过 LISN 的 50Ω 电阻防止监管限值频率范围内的电流流入。在监管限值频率范围之外的传导限值是无关紧要的,但是可能会引起对其他产品的干扰,因此在设计优质产品的过程中不能完全忽视它们。通过 LISN 测量,在规定频率范围内的存在于设备电源线上的任何电流都会导致设备不符合限值。一个常见的例子是电源线上存在的系统振荡器的时钟谐波。例如,假设系统时钟为 $10\mathrm{MHz}$,如果此信号耦合到交流电源线上,它将在规定的频率范围($10\mathrm{MHz}$、$20\mathrm{MHz}$ 和 $30\mathrm{MHz}$)内向 LISN 提供信号。尽管电源线无意承载这些电流,但如果它们存在于电源线上,它们将被 LISN 测量到,并可能导致产品不符合法规限制。

LISN 实际上是一个双向低通滤波器,对于 $50\mathrm{Hz}$ 的工频电源,仍然可以通过 LISN 向

网络测试设备(Equipment Under Test,EUT)供电。电网中的频率较高的骚扰由 50μH 和 1.0μF 的滤波器滤掉,不能进入骚扰测量仪,而 EUT 发射的骚扰由于 50μH 滤波器的阻挡不能进入电网,只能通过 0.1μF 电容进入骚扰测量仪。因此,LISN 的一个作用是隔离电网和 EUT,使测到的骚扰电压仅仅是 EUT 发射的骚扰,不会有电网的骚扰混入,其作用很像辐射发射测量时的电波暗室。

LISN 的另一个作用是为测量提供一个稳定的阻抗,因为电网的阻抗是不确定的,阻抗不一样,所测到的 EUT 的骚扰电压值也不同,所以要规定一个统一的 EUT 骚扰的负载阻抗。该负载阻抗有几种类型:50Ω/50μH(即 50Ω 电阻和 50μH 电感并联,测量频率为 150kHz~30MHz)、50Ω/(50μH+5Ω)(即 50Ω 和 50μH 加 5Ω 的并联,测量频率为 9~150kHz)、50Ω/(5μH+1Ω)(即 50Ω 和 5μH 加 1Ω 的并联,测量频率为 150kHz~100MHz)、150Ω(测量频率为 150kHz~30MHz)。测量仪的输入阻抗为 50Ω,包含在负载阻抗中,随着频率的升高,EUT 骚扰的负载阻抗趋近 50Ω 或 150Ω。

图 5-4 所示的 LISN 仅是一种基本结构,由两个基本结构可以组成 V 型 LISN,用于测量电源中相线 L-地线 PE 和零线 N-地线 PE 的不对称(共模)骚扰电压,如图 5-5 所示。应该注意的是,由于 LISN 的 V 型结构导致该不对称骚扰电压是设备的差模骚扰电流和共模骚扰电流在 50Ω 负载阻抗上共同作用的结果,一般高频成分以共模骚扰为主,低频成分以差模骚扰为主。

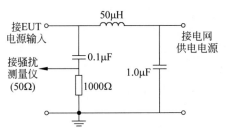

图 5-4　LISN 基本结构

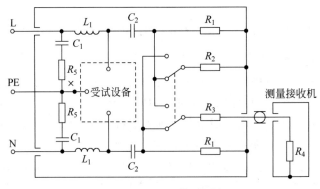

图 5-5　50Ω/50μH 的 V 型 LISN

由两个基本结构也可组成150Ω的 Δ 型 LISN,如图 5-6 所示。除了测量线-地间的不对称(共模)骚扰电压外,还可以测量相线-零线间的对称(差模)骚扰电压。这时线-地间的不对称(共模)骚扰电压仅由共模骚扰电流在 150Ω 负载阻抗上产生,相线-零线间的对称(差模)骚扰电压仅由差模骚扰电流在 150Ω 负载阻抗上产生。

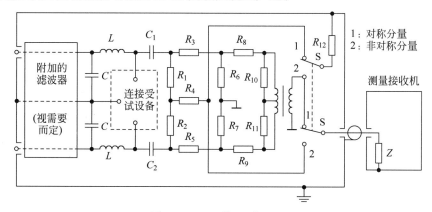

图 5-6 150Ω 的 Δ 型 LISN

例 5-1 连续骚扰电压传导发射测试时,人工电源网络起什么作用?

解 (1) 对 EUT 低通滤波供电(低通滤波)。

(2) 把电网中的骚扰与 EUT 发生的骚扰相隔离(隔离)。

(3) 阻抗稳定。

5.1.2 共模电流和差模电流

在考查骚扰通过导线的传输途径相互干扰时,应先搞清电流在导线上传输的两种方式:共模方式和差模方式。一对导线上若流过差模电流,则两根线上的电流大小相等,方向相反,驱动源是线-线之间的差模源。一般有用信号都是差模电流。一对导线上若流过共模电流,则两根线上的电流方向相同,但大小不一定相等,驱动源是线-地之间的共模源。骚扰电流在传输线上既可能以差模方式出现,也可能以共模方式出现。

图 5-3 中,将 LISN 表示为相线和绿线、中线和绿线之间的 50Ω 电阻,简化传导发射的分析。为了验证符合规定限值而要测量的电压是这些 50Ω 电阻上的电压,表示为 $\hat{V}_P$ 和 $\hat{V}_N$。根据式(5-1)和式(5-2),这些电压通过欧姆定律与发射电流联系起来,与辐射发射的情况一样,可以将这些电流分解为通过相线流出并返回到中线的差模电流以及通过相线和中线流出并返回到绿线的共模电流,如图 5-7 所示。

$$\hat{I}_P = \hat{I}_C + \hat{I}_D \tag{5-3}$$

$$\hat{I}_N = \hat{I}_C - \hat{I}_D \tag{5-4}$$

解得

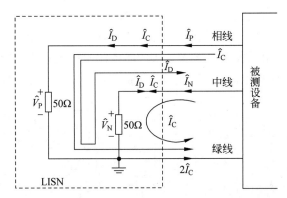

图 5-7　差模和共模电流分量对测量的传导发射的影响

$$\hat{I}_D = \frac{1}{2}(\hat{I}_P - \hat{I}_N) \tag{5-5}$$

$$\hat{I}_C = \frac{1}{2}(\hat{I}_P + \hat{I}_N) \tag{5-6}$$

测得的电压为

$$\hat{V}_P = 50(\hat{I}_C + \hat{I}_D) \tag{5-7}$$

$$\hat{V}_N = 50(\hat{I}_C - \hat{I}_D) \tag{5-8}$$

与辐射发射相反,传导发射中的共模电流可以与差模电流的量级一样或超过差模电流。因此,不应该假设共模电流在传导发射中是无关紧要的。接下来将展示并确认这一重要事实的实验结果。同样需要记住的是,传导发射符合性测试中的差模电流不是 60Hz 电源线上的工作电流。观察到差模电流从一个 50Ω 电阻流入,从另一个 50Ω 电阻流出,而共模电流通过两个 50Ω 电阻流入。由于每个电流的作用是加到 $\hat{V}_P$ 中和从 $\hat{V}_N$ 中减去,因此,如果共模电流和差模电流具有相同的幅度,则相线电压和中线电压将不相同。通常,某个分量占主要因素,那么相线电压和中线电压的大小近似相等,即

$$\hat{V}_P = 50\hat{I}_C, \quad \hat{I}_C \gg \hat{I}_D \tag{5-9}$$

$$\hat{V}_N = 50\hat{I}_C, \quad \hat{I}_C \gg \hat{I}_D \tag{5-10}$$

或

$$\hat{V}_P = 50\hat{I}_D, \quad \hat{I}_D \gg \hat{I}_C \tag{5-11}$$

$$\hat{V}_N = -50\hat{I}_D, \quad \hat{I}_D \gg \hat{I}_C \tag{5-12}$$

阻断共模电流路径的两种常用方法如图 5-8 所示。在许多电子设备中,电感放置在绿线上进入产品的入口处,如图 5-8(a)所示。电感对在传导发射规则限制的频率范围内的共模电流呈高阻抗,但故障电流的通路仍然存在,用于给绿线提供雷击防护。出于安全原因,不希望在绿线中焊接电感,因为焊点可能变得有缺陷,导致绿线断开而留下潜在的电击危险。为了防止这种情况发生,把绿线在铁氧体环形线圈周围缠绕若干圈构造电感器(在传

导发射极限频率范围内具有合适的特性)。这种绿线电感的典型值为 0.5mH,在规定限值 (150kHz)的较低频率下具有约 471Ω 的阻抗。人们可能会认为这种阻抗会在 30MHz 的频率上限时增加,但实际上并非如此。磁环线圈之间的分布电容会导致其高频性能变差。

另一种方法是构造所谓的双线产品。电源线仅包含相线和中线,不存在安全线。双线产品具有潜在的电击危险,因为配电系统的中线直接连接到地面(在配电面板入口处),并且相线与地面相比很"热"。因为无法保证用户会将产品插头插入电源插座的正确孔中,所以不可能把中线与机壳相连。如果消费者将产品插入电源插座的错误孔中,则机箱相对于地面会"热",从而产生明显的电击危险。双线产品通过在产品的电源入口处放置一个 60Hz 的变压器解决这个问题,如图 5-8(b)所示。机壳可以连接到变压器的次级侧,不直接连接到相线或中线。在这种类型产品中去掉绿线通常被认为可以消除共模电流。但由于图 5-8(b)所示的原因,这不一定是正确的。产品机壳和测试场的金属墙之间的分布电容提供了返回 LISN(必须与测试场的接地平面相连)的等效绿线。产品电子元件和产品框架之间的任何共模电压都会使共模电流通过该路径,而且还存在变压器的初级和次级之间的分布电容。

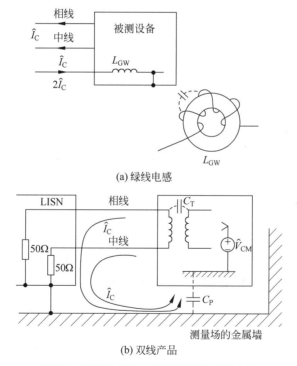

(a) 绿线电感

(b) 双线产品

图 5-8 阻断共模电流路径的两种常用方法

例 5-2 如图 5-9 所示,试求流经地回路的电流表示式和接地阻抗 Z_c 上产生的共模干扰电压表示式。

解 由图 5-9 可知,接地阻抗上的地电流形成一个共模噪声电压 U_c,此电压如同一个

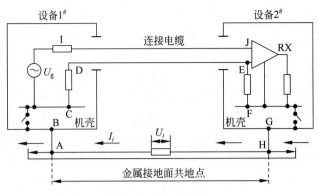

图 5-9 例 5-2 图示

电磁干扰源使回路 ABCDEFGHA 及 ABCIFGHA 上流动着噪声电流,此噪声电流会在放大器或逻辑电流输入端产生一个电位差,而此电位差即为电磁干扰的来源。

这两个设备的接地电阻可以为金属接地面(如船舶、飞机等)、安全地线或自来水管,也可能是数个放大器的共同接地回路。

流经这些共用阻抗的电流可能源自一个独立的信号源。地面电流 I_g 包括电流中性线上的电流和已接地负载时的地电流,其表示式为

$$I_g = \frac{U_g}{Z_g + Z_L + Z_w + Z_c} \tag{5-13}$$

其中,$U_g = U_{gu}$ 为激励电流电压;Z_g 为电源阻抗;Z_L 为负载阻抗;Z_w 为电源至负载间导线阻抗;Z_c 为接地阻抗。

电流 I_g 流经接地阻抗 Z_c 产生的共模干扰电压表示式为

$$U_c = I_g Z_c \tag{5-14}$$

直流或 $50\mathrm{Hz}$、$60\mathrm{Hz}$、$400\mathrm{Hz}$ 时,因 $Z_c \ll Z_g \ll Z_L$ 与 Z_w,I_g 可以化简为

$$I_g \approx \frac{U_g}{Z_L + Z_w} \tag{5-15}$$

例 5-3 $60\mathrm{Hz}$,$115\mathrm{V}$ 交流电源中性地线与其负载地线都接于 $1\mathrm{mm}$ 厚钢板中,试计算其接地阻抗上的电流及其共模干扰电压。负载的消耗功率为 $1\mathrm{kW}$,电源的第 10 次谐波约为基频的 2%。

解 负载阻抗

$$Z_L = \frac{U^2}{P_L} = \frac{115^2}{1000} = 13.225\Omega$$

根据

$$I_g \approx \frac{U_g}{Z_L + Z_w}$$

因为 $Z_w \ll Z_L$,所以

$$I_{\text{g}} = \frac{U_{\text{g}}}{Z_{\text{L}}} = \frac{115}{13.225} \approx 8.7\text{A}$$

查得 1mm 钢板在 60Hz 时 Z_{c} 约为 $108\mu\Omega$，在 600Hz 时 Z_{c} 约为 $300\mu\Omega$。所以在 60Hz 时共模干扰电压为

$$U_{\text{c}} = I_{\text{g}}Z_{\text{c}} = 8.7 \times 108 = 939.6\mu\text{V}$$

第 10 次谐波，在 600Hz 时：

$$U_{\text{c}} = I_{\text{g}}Z_{\text{c}} = 8.7 \times 2\% \times 300 = 52.2\mu\text{V}$$

5.2 电源滤波器

电源滤波器又叫电源 EMI 滤波器、EMI 电源线滤波器等，是由电容、电感和电阻组成的滤波电路，是一种无源双向网络，其一端是电源，另一端是负载。其原理是一种阻抗适配网络：电源滤波器输入侧、输出侧与电源和负载侧的阻抗适配越大，对电磁干扰的衰减就越有效。电源滤波器可以对电源线中特定频率的频点或该频点以外的频率进行有效滤除，得到一个特定频率的电源信号，或消除一个特定频率后的电源信号。从频率选择的角度看，电源滤波器实际上是一种低通滤波器，它能毫无衰减地把直流电源和低频电源的功率输送到用电设备上去；同时又能抑制经电源线的高频率干扰信号，以保护设备免受损害。另外，它也能抑制设备本身产生的干扰信号，防止其进入电源，污染电网中的电磁环境，危害其他设备。

实际上，如果不在电源线出口处添加某种形式的电源滤波器，那么目前几乎没有任何电子产品能够符合传导发射规定的要求。某些设备看上去可能并不包含电源过滤器，但实际上存在。所有产品都包含一个电源滤波器，作为噪声电流通过电源线进入产品之前最后一个电路，然后通过 LISN。将总电流分解为共模电流和差模电流是为了便于滤波器元件的实现，这两种分量中只有其中一种是设计电源滤波器的关键。

5.2.1 常见滤波器电路

一般电源滤波器由 LC 低通网络构成，针对不同性质的干扰，分为共模滤波网络和差模滤波网络。共模滤波器由电源的相线和中线上分别串接一个电感 L_1 和 L_2，再分别对地线并接一个电容 C 构成。差模滤波器则由电源的相线和中线间跨接一个电容 C，同时在相线和中线中分别串接一个电感 L_1 和 L_2 构成。实际上在电源线中往往共模干扰和差模干扰并存，因此实用的电源滤波器均由共模滤波网络和差模滤波网络综合构成。

最常见的电源滤波器结构类似于 π 结构，如图 5-10 所示。产品输出端的差模电流和共模电流（通常是产品电源的输入）表示为 $\hat{I}_{\text{D}}$ 和 $\hat{I}_{\text{C}}$，而在 LISN 输入端（在滤波器输出端）表示为 $\hat{I}'_{\text{D}}$ 和 $\hat{I}'_{\text{C}}$。

滤波器的目的是减小 $\hat{I}_{\text{D}}$ 和 $\hat{I}_{\text{C}}$ 相对于初级电流的电平。初级电流电平所对应的测量

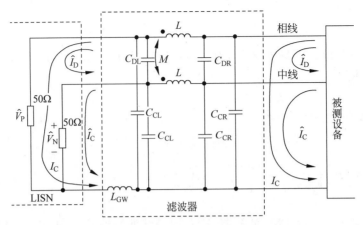

图 5-10 典型的电源滤波器结构

电压为

$$\hat{V}_P = 50(\hat{I}_C + \hat{I}_D) \tag{5-16}$$

$$\hat{V}_N = 50(\hat{I}_C - \hat{I}_D) \tag{5-17}$$

二者必须在规定限值频率范围内的所有频点上都小于传导发射限值。

5.2.2 插入损耗

滤波器的典型特征在于其插入损耗(Insertion Loss, IL),其通常以分贝表示。现在考虑向负载提供信号的问题,如图 5-11(a)所示。为防止源的某些频率分量到达负载,在源和负载之间插入一个滤波器,如图 5-11(b)所示。没有插入滤波器的负载电压用 $\hat{V}_{L,wo}$ 表示,插入滤波器的负载电压用 $\hat{V}_{L,w}$ 表示,滤波器的插入损耗定义为

$$IL_{dB} = 10\lg\left(\frac{P_{L,wo}}{P_{L,w}}\right) = 10\lg\left(\frac{\dfrac{V_{L,wo}^2}{R_L}}{\dfrac{V_{L,w}^2}{R_L}}\right) = 20\lg\left(\frac{V_{L,wo}}{V_{L,w}}\right) \tag{5-18}$$

式(5-18)中的电压只表示电压的幅度。由于滤波器的插入,插入损耗会减小某频率处的负载电压。通常,插入损耗表现为频率的函数。

一些简单的过滤器如图 5-12 所示。例如,可以确定图 5-12(a)简单低通滤波器的插入损耗。没有滤波器的负载电压可以很容易地确定为

$$\hat{V}_{L,wo} = \frac{R_L}{R_S + R_L}\hat{V}_S \tag{5-19}$$

插入滤波器的负载电压为

$$\hat{V}_{L,w} = \frac{R_L}{R_S + j\omega L + R_L}\hat{V}_S = \frac{R_L}{R_L + R_S}\frac{1}{1 + \dfrac{j\omega L}{R_S + R_L}}\hat{V}_S \tag{5-20}$$

(a) 没有滤波器的负载电压

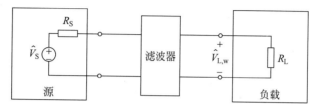

(b) 插入过滤器

图 5-11　滤波器插入损耗的定义

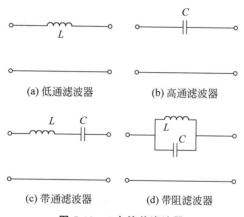

(a) 低通滤波器　　　　　(b) 高通滤波器

(c) 带通滤波器　　　　　(d) 带阻滤波器

图 5-12　4 个简单滤波器

插入损耗是式(5-19)和式(5-20)之比,即

$$\mathrm{IL} = 20\lg \left| 1 + \frac{\mathrm{j}\omega L}{R_S + R_L} \right| = 20\lg \left[\sqrt{1 + (\omega\tau)^2} \right] = 10\lg \left[1 + (\omega\tau)^2 \right] \tag{5-21}$$

其中,τ 为电路的时间常数。

$$\tau = \frac{L}{R_S + R_L} \tag{5-22}$$

插入损耗曲线将显示从直流的 0dB 到 $\omega_{3\mathrm{dB}} = 1/\tau$ 的 3dB 点,并且之后以高于此值的 20dB/10 倍程频的速率增加。因此,低通滤波器能通过直流到 $\omega_{3\mathrm{dB}}$ 的频率分量,其他较高的频率分量衰减很快。对于高于 3dB 点的频率,插入损耗表达式简化为

$$\mathrm{IL} \cong 10\lg \left[(\omega\tau)^2 \right] = 20\lg\omega\tau = 20\lg\left(\frac{\omega L}{R_S + R_L} \right), \quad \omega \gg \frac{1}{\tau} \tag{5-23}$$

其他过滤器可以用类似的方式进行分析。

　　由以上举例可知,特定滤波器的插入损耗取决于源和负载阻抗,因此无法独立于终端阻抗进行说明。大多数滤波器制造商都提供了滤波器插入损耗的频率响应曲线图。由于滤波器的插入损耗取决于源和负载阻抗,在这些规范中假设源和负载阻抗的值是 $R_S = R_L = 50\Omega$。这种基于 50Ω 源和负载阻抗的插入损耗指标在传导发射测试中起什么作用呢? 考虑在该测试中使用滤波器,负载阻抗对应于相线和绿线之间以及中线和绿线之间的 LISN 的 50Ω 阻抗。然而,在典型的配置中,R_L 是从电网中看过去的阻抗,是 50Ω。源阻抗 R_S 是多少不得而知,因为源阻抗需要从设备电源输入端看过去,如果在传导发射测试的频率范围内保持 50Ω 恒定不变,是令人怀疑的。因此,使用制造商提供的插入损耗数据评估产品中滤波器的性能可能无法在典型应用中得到实际结果。

　　共模电流和差模电流必须减小,滤波器制造商通常为这些电流提供不同的插入损耗数据。对于绿线端差模插入损耗的测量,绿线不连接,相线和中线形成待测电路,如图 5-13(a)所示,因为差模电流定义为经相线流出并通过中线返回,所以绿线上没有差模电流。对于共模电流的测试,将相线和中线连接在一起,并用绿线形成测试电路,如图 5-13(b)所示。再次假设每个测试的源阻抗和负载阻抗为 50Ω。

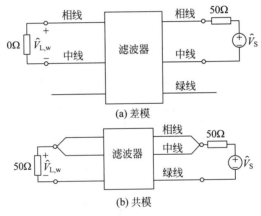

图 5-13　插入损耗测试

5.2.3　滤波器元件对电流的影响

　　本节设计了等效电路研究滤波器对共模和差模电流的影响。假设滤波器关于相线和中线对称,这意味着相线-绿线电路和中线-绿线电路是相同的,通常情况就是如此,因为构建不对称滤波器没有优势。

　　首先考虑对共模电流的影响。将共模电流模拟为电流源,由于结构的对称性,假设共模电流相同,写出网孔电流方程,可以证明每个共模电流的等效电路如图 5-14 所示,扼流圈表现为电感 $L+M$,线间电容不起作用,由于 $2I_C$ 流过绿线,可知绿线电感为原来的 2 倍。

　　假设左侧的线地电容不存在,$C_{CL}=0$。图 5-14 中的等效电路表明,等效绿线电感 $2L_{GW}$ 将与共模扼流圈等效电感 $L+M$ 和 LISN 串联。这些电感的典型值为 $2L_{GW}=2\text{mH}$ 和 $L+M=55\text{mH}$。这表明相比于绿线电感的阻抗,共模扼流圈的阻抗起主要作用,因此绿线电感几

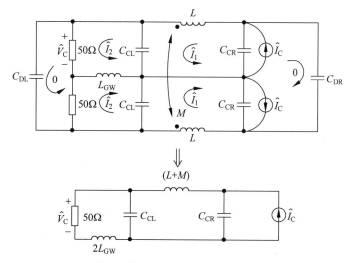

图 5-14 针对共模电流的滤波器和 LISN 的等效电路

乎不起作用或作用很小。为了使绿线电感产生影响,左侧的线地电容必须存在,$C_{CL} \neq 0$。为了说明这一点,计算通过 LISN 50Ω 电阻的电流与通过扼流圈 $L+M$ 的电流之比为

$$\frac{I_{LISN}}{I_{Choke}} = \frac{\dfrac{1}{j\omega C_{CL}}}{50 + j\omega 2L_{GW} + \dfrac{1}{j\omega C_{CL}}} = \frac{1}{1 - \omega^2 2L_{GW} C_{CL} + j\omega 50 C_{CL}} \tag{5-24}$$

画出其随频率变化的曲线可知,它从直流到截止频率,由 0dB/10 倍程频 $\left(\dfrac{I_{LISN}}{I_{Choke}} = 1\right)$ 斜率的曲线构成。

$$f_0 = \frac{1}{2\pi\sqrt{2L_{GW} C_{CL}}} \tag{5-25}$$

高于此频率时,曲线斜率为 -40dB/10 倍程频,绿线电感有明显作用。对于 $L_{GW} = 1$mH 和 $C_{CL} = 3300$pF 的典型值,该截止频率为 $f_0 = 62$kHz,远低于 15kHz 的传导发射下限。假设绿线电感不存在,即 $L_{GW} = 0$,但左边的线地电容存在,$C_{CL} \neq 0$。通过 LISN 50Ω 电阻的电流与通过扼流圈等效电路 $L+M$ 的电流之比为

$$\frac{I_{LISN}}{I_{Choke}} = \frac{\dfrac{1}{j\omega C_{CL}}}{50 + \dfrac{1}{j\omega C_{CL}}} = \frac{1}{1 + j\omega 50 C_{CL}} \tag{5-26}$$

画出其随频率变化的曲线可知,它从直流到截止频率范围内由 0dB/10 倍程频 $\left(\dfrac{I_{LISN}}{I_{Choke}} = 1\right)$ 斜率的曲线构成。

$$f_1 = \frac{1}{2\pi \cdot 50 C_{CL}} \tag{5-27}$$

高于此频率时,曲线斜率为-20dB/10 倍程频。对于$C_{CL}=3300$pF,断点频率为$f_1=$965kHz 或低于 1MHz。因此,当没有绿线电感时,左侧线地电容C_{CL}在高于约 1MHz 时起作用。这些结果表明,只有当滤波器 LISN 一侧存在线地电容C_{CL}时,绿线电感才能在传导发射的频率范围内显著降低传导发射。如果没有滤波器 LISN 一侧的线地电容,绿线电感将不起作用。如果滤波器 LISN 一侧的线地电容存在但绿线电感不存在,则线地电容仅在低于 1MHz 时起作用,且作用不大。

接下来考虑对差模电流的影响。将差模电流模拟为电流源,写出网孔电流方程,表明差模电流的等效电路如图 5-15 所示。注意,线间电容对差模电流表现为 2 倍,同时也存在线地电容,因此除了共模电流外,C_{CL}和C_{CR}也会影响差模电流。这通常不明显,因为线地电容通常远小于线间电容。然而,如果不存在线地电容并联的线间电容,则线地电容将影响差模电流。理想的共模扼流圈$L=M$,其对差模电流完全透明。这说明仔细设计共模扼流圈的重要性。

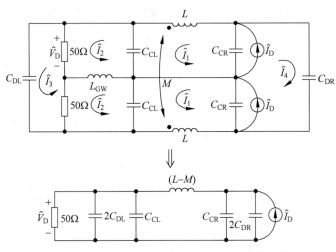

图 5-15 针对差模电流的滤波器和 LISN 的等效电路

5.3 电源

传导发射的主要来源通常是产品的电源。电源内有许多点会在 LISN 测量时产生噪声。每种特定类型的电源都具有其独特的噪声特性。前面讨论了使用电源滤波器减少传导发射的问题,这是一种方法。但是,电源滤波器仅仅能够在一定程度上减少传导发射。减少传导发射最有效的方法是在噪声源内部将其抑制。但噪声只能在一定程度上降低,并仍能保持电源的正常功能。上升/下降沿尖锐的脉冲具有高频分量,某些电源(如开关模式电源)依靠快速上升/下降脉冲操作减少电源中的能量损耗。这些类型的噪声源只能在某些频点上减少噪声,因此必须在保持所需的功能性能和降低噪声源之间进行折中。

采用线性电源将市电转换为电子器件所需的直流电压是主要方法。典型的线性稳压电源如图 5-16 所示。忽略双极性晶体管,输入端的变压器用来升高或降低市电电压幅度。然后使用形成全波整流器的两个二极管进行整流。整流器将正弦市电电压转换为脉动直流电压。这种脉动直流类似于输入的交流波形,只是负半周期变为正的,其直流分量为 V_{dc}。电容 C_B(表示"大容量电容")用于平滑该脉动直流电压,给出基本恒定的波形 V_{in},其直流电平为 V_{dc}。

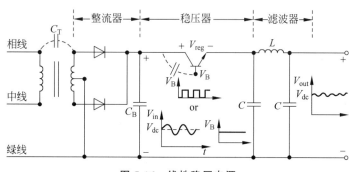

图 5-16　线性稳压电源

如果满足这个直流波形的电平,并且电源上的负载保持不变,那么就不需要晶体管。在存在电源负载变化的情况下,晶体管用于维持输出电压电平。随着电源(负载)的输出电流变化而保持恒定输出电压的过程称为调节。为了在变化的负载条件下保持所需的输出电压,晶体管充当可变电阻器,以在其集电极-发射极端降低一定电压。直流输出电压的样本被反馈到晶体管的基极端。

如果由于负载增加而使该直流输出电压变低,则晶体管导通更强,导致较低的 V_{reg} 在其端子上下降。电源的输出电压 V_{out} 和整流器的输入电压 V_{in} 相关,即

$$V_{out} = V_{in} - V_{reg} \tag{5-28}$$

因此,通过调节晶体管上降低的电压补偿输出电压的降低。如果由于负载较小而电源的输出电压增大,则晶体管在其端子上降低更多电压,从而将输出电压降低到其所需值。因此,在变化的负载条件下完成调节。这代表线性电源的一个不良特征——在调节晶体管中不断消耗功率,以保持电源的恒定直流输出电压。

正如前面所指出的,减少传导发射的最有效方法是在源头控制。例如,增大如图 5-17 所示的初级侧开关中栅极电阻 R_G 的值,将增大开关波形的上升/下降时间,从而降低其频谱成分。然而,这些上升/下降时间只能增大到一定程度,因为开关器件将在其有源区域中花费更多时间,这增加了其功耗。

开关中还有其他噪声源应该被控制。其中一个主要来自用于整流的二极管,特别是用于整流开关信号的二极管,如图 5-17 中初级变压器次级上的二极管。当二极管正向偏置时,电荷存储在结电容的结点处,而且一个区域中的电荷载流子被注入另一个区域。当二极管改变方向时,必须清除这些电荷。当电荷连接处移除时,二极管电流经过零值。一些二极管,如快速恢复的二极管可快速切换,这指的是硬恢复,如图 5-18(a)所示。其他一些类型的二极管恢复较慢,二极管电流逐渐回到零值。很明显,当二极管电流回到零值时,由于电流

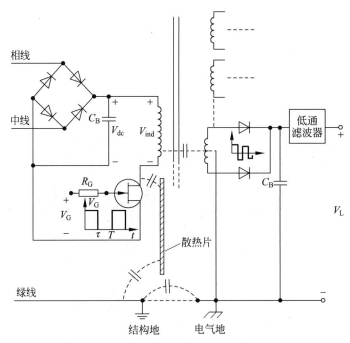

图 5-17 典型的反馈或初级开关电源

波形的尖锐边沿,硬恢复二极管将会产生比软恢复二极管更高的电流频谱分量。从有效性角度出发,硬恢复二极管比软恢复二极管更合适。为了减小不需要的由二极管关断所产生的噪声,如图 5-18(b)所示的 RC 缓冲电路常与二极管并联放置。缓冲电路由电容、电阻的串联构成,作为当二极管关断时存储在二极管结电容中的电荷的放电电路,能平滑二极管电流波形,从而减小高频分量。

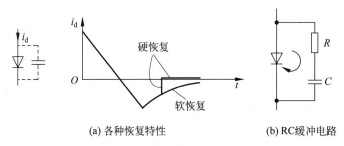

(a) 各种恢复特性   (b) RC 缓冲电路

图 5-18 二极管中非理想效应的说明

5.4 传导抗扰度

对传导发射的监管要求旨在控制噪声电流的辐射发射,这些噪声电流通过产品的交流电源线传导到当地的电网。通常这些信号很小,不会通过交流电源线从电网直接传导到其他产品而造成干扰。但是,由雷击等现象引起的配电网络上大的瞬时信号可能会直接传导到产品的交流电源线中,从而导致电磁兼容问题。设备制造商意识到这一点,并通过直接在产品的交流电源线上注入典型的此类干扰测试其产品的传导抗扰度,以确保产品能够在这些干扰下令人满意地运行。

本章小结

　　本章研究传导发射的产生及其沿着产品的交流电源线传导出产品的原理。因为产品安装在市电中,所以管理机构规定强制性传导发射限值。一个设备的电力分配系统是一个庞大的网络,连接着各种电能输出装置,这个设备的其他电子系统通过这些输出装置获取交流电,因此形成了一个巨大的天线系统,使得这些传导发射能有效地辐射出去,对该设备中的其余电子系统形成干扰。因此,传导发射能够引起辐射发射,从而引起干扰。通常来说,减少传导发射比减少辐射发射稍微简单一些,因为只需要控制这些发射的一条路径,即电源线。然而,一个产品不能符合传导发射限值时,却能符合辐射发射限值,意识到这一点很重要。因此,控制产品的传导发射和辐射发射同等重要。

　　电子产品生产商还意识到,仅仅满足规定的传导发射和辐射发射限值不能达到理想的电磁兼容状态。一个产品必须能够抵抗来自电网的干扰,确保产品能正常运行。例如,闪电会袭击给设备供电的电能传输线,这可能产生一系列的干扰,以及市电的完全中断(所有产品都不能承受)、由于电力系统开关试图闭合而导致瞬间电能中断(产品能承受,数据和功能不丢失)。传导发射限值是为了控制存在于商业电网中且沿商业电网传播的噪声电流引起的辐射发射的干扰电压而制定的。通常这些噪声电流很小,不会通过设备的电源线传入设备而产生直接干扰。这种干扰反映了一个传导抗扰度问题,生产厂商意识到并且努力让产品能够承受这种干扰。

习题 5

　　1. 设备抗扰度测试时,设备性能下降的判据是什么?

　　2. 浪涌和振铃波浪涌如何加入 EUT 的电源线和信号线中? 加入的方式是什么?

　　3. 连续骚扰功率测量时,为什么被测设备的电源线长度要大于 6m? 功率吸收钳为什么要沿电源线移动?

　　4. 什么是电压波动及闪烁?

　　5. 传导干扰测试用什么设备? 画出系统组成框图。

第 6 章

辐射发射与辐射抗扰度

辐射发射是物质吸收能量后产生电磁辐射的现象,其实质为辐射跃迁,即当物质的粒子吸收能量被激发至高能后,瞬间返回基态或低能态,多余的能量以电磁辐射的形式释放出来。辐射抗扰度又称为辐射敏感度,是最基本的 EMS 测试项目之一,是指各种装置、设备或系统在存在辐射的情况下抵抗辐射的一种能力。敏感度越高,抗干扰的能力越低。

6.1 导线和 PCB 的简单发射模型

辐射发射有两种基本类型:共模和差模。共模辐射或单极天线辐射是由无意的压降引起的,它使电路中所有地连接抬高到系统电地位之上。就电场大小而言,差模辐射是比共模辐射更严重的问题。为使共模辐射最小,必须用切合实际的设计使共模电流降到零。

6.1.1 共模电流和差模电流

如图 6-1 所示,假设两根导线放置于 xOz 平面上且平行于 z 轴,电流 $\hat{I}_1$、$\hat{I}_2$ 同向向右。

图 6-1 总电流分解共模电流和差模电流

此时 $\hat{I}_1$、$\hat{I}_2$ 可以被分解为共模部分和差模部分,即

$$\begin{cases} \hat{I}_1 = \hat{I}_C + \hat{I}_D \\ \hat{I}_2 = \hat{I}_C - \hat{I}_D \end{cases} \tag{6-1}$$

其中,$\hat{I}_C$ 为共模部分;$\hat{I}_D$ 为差模部分。可以得到

$$\begin{cases} \hat{I}_{\mathrm{D}} = \dfrac{\hat{I}_1 - \hat{I}_2}{2} \\[3mm] \hat{I}_{\mathrm{C}} = \dfrac{\hat{I}_1 + \hat{I}_2}{2} \end{cases} \tag{6-2}$$

在导线中,差模电流 $\hat{I}_{\mathrm{D}}$ 是有用的电流,其大小相等,方向相反;共模电流是无用的电流(不期望的电流),其大小相等,方向相同。共模电流产生的辐射发射常常要比差模电流大,其原因如图 6-2 所示。离中心处为 d 的辐射场,差模电流电场相互抵消,但由于导线并不是平行放置,所以电场并不能完全抵消;而共模电流电场为两个电场相互叠加。

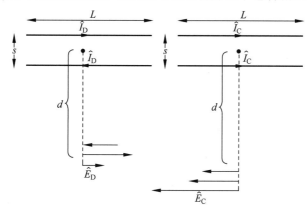

图 6-2　差模电流和共模电流的辐射发射

6.1.2　总辐射电场

为求解两个导体总的辐射电场,假设两根导线如图 6-3 所示,导线沿 x 轴放置,电流方向沿 z 轴方向,其最大值位于 xOy 面(垂直于天线方向),即 $\theta = 90°$,因此,总辐射场为各个辐射电场之和,即

$$\hat{E}_{\theta} = \hat{E}_{\theta,1} + \hat{E}_{\theta,2} \tag{6-3}$$

其中,每根导线的远场形式为

$$\hat{E}_{\theta,i} = \hat{M}\hat{I}_i \frac{\mathrm{e}^{-\mathrm{j}\beta_0 r_i}}{r_i} F(\theta) \tag{6-4}$$

其中, $\hat{I}_i$ 表示中心的电流; $F(\theta)$ 表示随参数 θ 变化的天线的方向性图; $\hat{M}$ 为天线类型函数; β_0 为相位常数,单位为 rad/m。对于赫兹偶极子,其电场强度分量为

$$\hat{E}_{\text{far-field}} = \mathrm{j}\eta_0\beta_0 \sin\theta \frac{\mathrm{e}^{-\mathrm{j}\beta_0 r}}{r}\alpha_\theta = \mathrm{j}\frac{f\mu_0}{2} I\,\mathrm{d}l\sin\theta \left\langle \frac{\mathrm{e}^{-\mathrm{j}\left[2\pi\left(\frac{r}{\lambda_0}\right)\right]}}{r} \right\rangle \tag{6-5}$$

通过与式(6-4)联立,可以得出

$$\hat{M} = \mathrm{j}\frac{\eta_0\beta_0}{4\pi}L = \mathrm{j}2\pi \times 10^{-7} fL \tag{6-6}$$

$$F(\theta) = \sin\theta$$

同理,对于半波偶极子,有

$$\hat{E}_\theta = \frac{\eta_0 \hat{I} e^{-j\beta_0 r_i}}{2\pi r} F(\theta) = j\frac{60\hat{I} e^{-j\beta_0 r_i}}{r} F(\theta) \tag{6-7}$$

可以得出

$$\hat{M} = j\frac{\eta_0}{2\pi} = j60$$

$$F(\theta) = \frac{\cos\left(\frac{1}{2}\pi\cos\theta\right)}{\sin\theta} \tag{6-8}$$

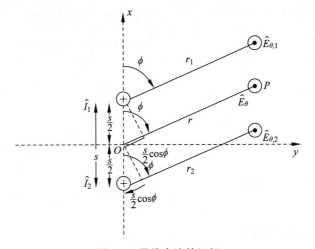

图 6-3 导线电流的远场

当 $\theta = 90°$ 时,辐射电场达到最大值,此时 $F(\theta) = 1$。同时,r_1 和 r_2 的距离与其中点 P 到导线中点的距离关系为

$$r_1 = r - \frac{s}{2}\cos\phi, \quad r_2 = r + \frac{s}{2}\cos\phi \tag{6-9}$$

$$\hat{E}_\theta = \hat{M}\left(\hat{I}_1 \frac{e^{-j\beta_0 r_1}}{r_1} + \hat{I}_2 \frac{e^{-j\beta_0 r_2}}{r_2}\right) \tag{6-10}$$

假设两根导线是同一种类型,并利用 r 代替 r_1 和 r_2,可以得出

$$\hat{E}_\theta = \hat{M}\frac{e^{-j\beta_0 r}}{r}\left(\hat{I}_1 e^{\frac{j\beta_0 s}{2\cos\phi}} + \hat{I}_2 e^{-\frac{j\beta_0 s}{2\cos\phi}}\right) \tag{6-11}$$

6.1.3 差模电流辐射模型

差模电流辐射模型是一种极端情况,即 $\hat{I}_1 = \hat{I}_D$ 且 $\hat{I}_2 = -\hat{I}_D$。此外,为了简化模型,提出以下 3 个假设。

（1）导体长度 L 足够短且测量点足够远,使天线上每个点到测量点之间的距离矢量平行。

（2）电流分布(幅度和相位)沿导线是常数。

（3）测量点位于每根导线的远场中。

假设每根导线是赫兹偶极子时,如图 6-4 所示,将式(6-6)的 $\hat{M}$ 代入式(6-11)。当 $\phi=0$ 时,此时 $\cos\phi=1$,辐射电场有最大值。可得

$$\hat{E}_{\mathrm{D,max}} = \mathrm{j}2\pi \times 10^{-7} \frac{f\hat{I}_{\mathrm{D}}L}{d} \mathrm{e}^{-\mathrm{j}\beta_0 d} \left(\mathrm{e}^{\frac{\mathrm{j}\beta_0 s}{2}} - \mathrm{e}^{-\frac{\mathrm{j}\beta_0 s}{2}} \right) \tag{6-12}$$

将 $\mathrm{e}^{\mathrm{j}A} - \mathrm{e}^{-\mathrm{j}A} = 2\mathrm{j}\sin A$ 以及 $\frac{1}{2}\beta_0 s = \pi s/\lambda_0 = \pi s f/v_0 = 1.05 \times 10^{-8} sf$ 代入可得

$$\hat{E}_{\mathrm{D,max}} = -4\pi \times 10^{-7} \frac{f\hat{I}_{\mathrm{D}}L}{d} \mathrm{e}^{-\mathrm{j}\beta_0 d} \sin\left(\frac{1}{2}\beta_0 s\right) \tag{6-13}$$

假设两根导线间距 s 极小,因此 $\sin\left(\frac{1}{2}\beta_0 s\right)$ 可以近似为 $\frac{1}{2}\beta_0 s$,则辐射场的幅度可以简化为

$$|\hat{E}_{\mathrm{D,max}}| = 1.316 \times 10^{-14} \frac{|\hat{I}_{\mathrm{D}}| f^2 Ls}{d} \tag{6-14}$$

例 6-1 如图 6-4 所示,假设有间距为 50mil(密尔)的带状传输线,导线的长度为 1m,有频率为 30MHz 的差模电流,能够在导线所在平面和在与导线相垂直的平面(最坏的情况)上产生与 FCC 规定的 B 级限值($d=3$m,30MHz 时为 40dBμV/m 或 100μV/m)相等的辐射发射的差模电流值为多少?

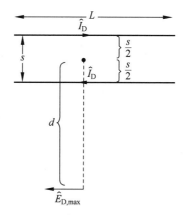

图 6-4 差模电流辐射发射的最大值

解 根据题意可知,$f=30$MHz$=3\times10^7$Hz,$s=50$mil$\approx1.27\times10^{-3}$m,$L=1$m,$E=100$μV/m。

在 FCC 规定的 B 级限值情况下,$d=3$m,将以上数值代入式(6-14)可得

$$100\mu\text{V/m}=1.316\times10^{-14}\frac{|\hat{I}_D|\,(3\times10^7)^2\times1\times(1.27\times10^{-3})}{3}$$

解得 $I_D=19.94\mu\text{A}$。

在以梯形波（如时钟信号和数据信号）为驱动的双导线的情况下，可以将公式改写为

$$\left|\frac{\hat{E}_{D,\max}}{\hat{I}_D}\right|=Kf^2A \tag{6-15}$$

通过式（6-15）可以看出，接受电场的最大值与电流相联系的传输函数随着环路面积 $A=Ls$ 和频率的平方而变化。

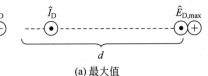

(a) 最大值

通过对差模模型的推导，可以发现：

（1）辐射场的最大值出现在与导线垂直的平面上，如图 6-5(a) 所示；在与两导线距离相等的点处辐射场相互抵消，如图 8-5(b) 所示。

（2）辐射场的最大值受以下几个因素的影响：①频率的平方；②环路面积；③电流值 I_D。

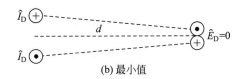

(b) 最小值

图 6-5　差模电流的辐射场最大值与最小值

因此，在特定的频率下减小辐射发射有以下两个办法。

（1）减小电流值：①减小时域的峰值，该方法并不实用，因为电流在确定功能时已经确定；②减小脉冲的上升/下降时间或降低脉冲的重复率。

（2）减小环路面积，这是在设计过程中需要考虑的。

6.1.4　共模电流辐射模型

共模电流辐射模型是另一种极端情况，即 $\hat{I}_1=\hat{I}_C$ 且 $\hat{I}_2=\hat{I}_C$。为了简化模型，该模型提出与差模电流相同的 3 条假设。假设每根导线是赫兹偶极子，如图 6-4 所示，将式（6-6）的 $\hat{M}$ 代入式（6-11）。当 $\phi=0$ 时，$\cos\phi=1$，辐射电场有最大值。可得

$$\hat{E}_{C,\max}=\text{j}2\pi\times10^{-7}\frac{f\hat{I}_CL}{d}\text{e}^{-\text{j}\beta_0 d}\left(\text{e}^{\frac{\text{j}\beta_0 s}{2}}+\text{e}^{-\frac{\text{j}\beta_0 s}{2}}\right) \tag{6-16}$$

将 $\text{e}^{\text{j}A}+\text{e}^{-\text{j}A}=2\cos A$ 代入式（6-16）可得

$$\hat{E}_{C,\max}=\text{j}4\pi\times10^{-7}\frac{f\hat{I}_CL}{d}\text{e}^{-\text{j}\beta_0 d}\cos\left(\frac{1}{2}\beta_0 s\right) \tag{6-17}$$

假设两根导线间距离 s 极小，因此 $\cos\left(\frac{1}{2}\beta_0 s\right)$ 近似为 1，则辐射场的幅度可以简化为

$$|\hat{E}_{C,\max}|=1.257\times10^{-6}\frac{|\hat{I}_C|fL}{d} \tag{6-18}$$

由于 $\hat{I}_1=\hat{I}_C$ 且 $\hat{I}_2=\hat{I}_C$，所以可以用 $\hat{I}_{\text{probe}}=2\hat{I}_C$ 来代替，从而可得

$$|\hat{E}_{C,\max}| = 6.283 \times 10^{-7} \frac{|\hat{I}_{probe}| fL}{d} \qquad (6\text{-}19)$$

在赫兹偶极子情况下,式(6-11)与 $\cos(\beta_0(s/2)\cos\phi) = \cos(\pi(s/\lambda_0)\cos\phi)$ 成正比,而无论 ϕ 取多少,$\cos(\pi(s/\lambda_0)\cos\phi)$ 都约等于 1。所以,对于共模电流,辐射电场方向性实际上在导线周围是全向性的。

例6-2　如图6-4所示,假设有间距为 50mil(密尔)的带状传输线,导线的长度为 1m,再有频率为 30MHz 的共模电流,能够在导线所在平面和在与导线相垂直的平面(最坏的情况)上产生与 FCC 规定的 B 级限值($d=3$m,30MHz 时为 40dBμV/m 或 100μV/m)相等的辐射发射的共模电流值为多少?

解　根据题意可知,$f=30$MHz$=3\times10^7$Hz,$s=50$mil$\approx1.27\times10^{-3}$m,$L=1$m,$E=100\mu$V/m。

在 FCC 规定的 B 级限值情况下,$d=3$m,将以上数值代入式(6-18)可得

$$100\mu\text{V/m} = 1.257 \times 10^{-6} \frac{|\hat{I}_C|(3\times10^7)\times1}{3}$$

解得 $I_C = 7.96\mu$A。

在以梯形波(如时钟信号和数据信号)为驱动的双导线的情况下,可以将公式改写为

$$\left| \frac{\hat{E}_{C,\max}}{\hat{I}_C} \right| = KfL \qquad (6\text{-}20)$$

由式(6-20)可以看出,传输函数只与导线长度和频率有关。

通过对差模模型的推导,可以发现:

(1) 辐射场的最大值与电缆的旋转无关;

(2) 辐射场的最大值受以下几个因素的影响:频率、导线长度、电流值 I_C。

6.1.5　电流探头

理想模型对于依赖于非理想情况因素的计算是非常困难的,然而,利用电流探头测量将会大大降低得到结果的难度。电流探头利用了安培定律,即

$$\oint_C \boldsymbol{H} \cdot \mathrm{d}\boldsymbol{L} = \int_S \boldsymbol{J} \cdot \mathrm{d}\boldsymbol{S} + \frac{\mathrm{d}}{\mathrm{d}t}\varepsilon \int_S \boldsymbol{E} \cdot \mathrm{d}\boldsymbol{S} \qquad (6\text{-}21)$$

其中,C 为开放表面 S 的周线。安培定律表明时变电场产生位移电流。如图6-6所示,电流探头的原理是当没有变化的电场通过时,磁场只与穿过环路的传导电流有关。电磁探头实物如图6-7所示。

通过流过电流探头的电流的幅度和频率就可以测出最终电压。电压 $\hat{V}$ 和电流 $\hat{I}$ 的校准曲线为

$$|\hat{Z}_T| = \frac{\hat{V}}{\hat{I}} \qquad (6\text{-}22)$$

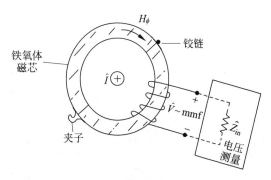

图 6-6　电流探头原理

图 6-7　电流探头实物

其中，$\hat{Z}_{\mathrm{T}}$ 为电流探头的转移阻抗，单位为 Ω，表示转移阻抗与频率的关系。转换为分贝 (dB) 相关的表达式为

$$|\hat{Z}_{\mathrm{T}}|_{\mathrm{dB}\Omega} = |\hat{V}|_{\mathrm{dB}\mu\mathrm{V}} - |\hat{I}|_{\mathrm{dB}\mu\mathrm{A}} \qquad (6\text{-}23)$$

如图 6-8 所示，转移阻抗从 10MHz 到 100MHz 一直保持在 12dB 左右。确定电流探头的转移阻抗时需要使用电压测量仪器测量电压，因此探头终端阻抗为测量仪的输入阻抗。所以，校准曲线仅在电流探头的终端阻抗等同于校准阻抗时才有效。

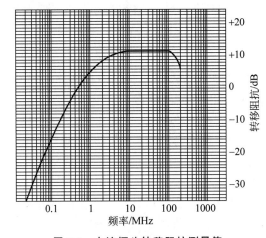

图 6-8　电流探头转移阻抗测量值

当确定与电缆上的共模电流相对应的探测电压水平的问题时，该电缆将给出刚好符合规定限制的辐射发射，电流探头可以测量出总电流或净共模电流。而差模电流产生的磁通在芯体中被相互抵消，所以无法测出差模电流。只有逐根测量导线时才可测出单根的差模电流。式(6-19)可以用可测得的和已知的 $\hat{Z}_{\mathrm{T}}$ 和 $\hat{V}_{\mathrm{SA}}$ 来表示，即

$$|\hat{E}_{\mathrm{C,max}}| = 6.283 \times 10^{-7} \frac{|\hat{V}_{\mathrm{SA}}| f L}{|\hat{Z}_{\mathrm{T}}| d} \qquad (6\text{-}24)$$

将其单位转换为分贝后并求解电压可得

$$|\hat{V}_{SA}|_{dB\mu V} = |\hat{E}|_{limit,dB\mu V/m} + |\hat{Z}_T|_{dB\Omega} + 20\lg d - 20\lg f_{MHz} - 20\lg L + 4.041$$

6.2 辐射抗扰度

辐射抗扰度又称为辐射敏感度,是最基本的 EMS 测试项目之一,指各种装置、设备或系统在存在辐射的情况下抵抗辐射的一种能力。辐射敏感度越高,抗干扰的能力越低。

6.2.1 辐射干扰

辐射电磁场对设备的干扰主要来自周围空间的电磁场辐射,如变电所开关操作、高频步话机、附近的无线电发射台、汽车无线电发送器以及其他工业干扰源。电磁干扰则会带来严重危害。例如,美国航空无线电委员会文件中指出,在没有采取电磁干扰防护的情况下,旅客在飞机上使用调频收音机将导致导航系统指示偏离 10° 以上。1969 年 11 月,美国利用土星 V 运载火箭发射阿波罗 12 号宇宙飞船,在起飞后发生雷击事故。1971 年 11 月 5 日,欧罗巴 2 型运载火箭首次发射(代号 F-11),发射后 105s,高度约 27km,制导计算机发生故障,约 1min 后火箭炸毁。事故发生的原因是火箭在主动段飞行中产生了静电荷。火箭在飞行中产生高温,导致绝缘性能变差,外部电荷会转移到内部电路产生电磁干扰,从而导致火箭爆炸。为减少事故发生,提高设备抗干扰能力,有必要对设备进行抗扰度试验。

6.2.2 导线和 PCB 连接盘的简单抗扰度模型

如图 6-9(a)所示,考虑有均匀平面波入射的长为 l 的平行传输线,传输线的间距为 s,负载电阻分别为 R_S 和 R_L。为了量化所得结果,将两条传输线放置于 xy 平面上,R_S 位于 $x=0$ 处,R_L 位于 $x=l$ 处,两条传输线平行于 x 轴。人们感兴趣的是,在已知均匀平面波的正弦稳态入射电场幅度 $\hat{E}_i$、极化方式和波的传播方向的条件下,预测终端电压 $\hat{V}_S$ 和 $\hat{V}_L$。入射波的两个分量感应出电压。入射电场分量沿坐标轴的切向方向,即 $\hat{E}_t^i = \hat{E}_y^i$(位于传输线所在的平面和与它们相垂直的平面内);入射磁场分量沿导线所在平面的法向,即 $\hat{H}_n^i = -\hat{H}_z^i$(垂直于导线所在的平面),如图 6-9(b)所示。

如同在第 4 章中所讨论的,传输线上具有单位长度的电感参数 L 和电容参数 C。平行传输线的导线半径为 r_w,可得单位长度的参数为

$$L = \frac{\mu_0}{\pi} \ln\left(\frac{s}{r_w}\right) \tag{6-25}$$

$$C = \frac{\pi \varepsilon_0 \varepsilon_r}{\ln\left(\dfrac{s}{r_w}\right)} \tag{6-26}$$

其中,μ_0 为自由空间磁导率,值为 $4\pi \times 10^{-7}$ H/m;s 为两根传输线之间的距离,单位为 mil;r_w 为导线半径,单位为 mil;ε_0 为真空中的介电常数,值为 $1/3.6\pi \times 10^{-10}$ F/m;ε_r 为周围

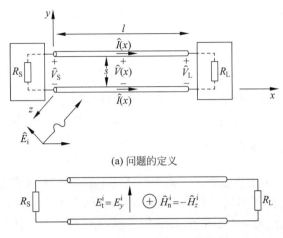

(a) 问题的定义

(b) 切向电场分量和法向磁场分量的影响

图 6-9   求解由入射电磁场感应的终端电压的双导体传输线模型

介质的相对介电常数(假设为均匀的和非铁磁性的),单位为 F/m。

传输线某一位置上的入射场可能是由一些远处的天线所产生的。传输线附近的入射场可以使用 FRIIS 传输方程求解。假设产生入射场的天线的辐射功率为 P_T,距离为 d,在传输线方向上的功率增益为 G,则入射电场为

$$|\hat{E}^i| = \frac{\sqrt{60P_TG}}{d} \tag{6-27}$$

假设为均匀平面波,则入射磁场可以通过电场除以自由空间的波阻抗($n_0 = 120\pi \approx 377$)得到,即

$$|\hat{H}^i| = \frac{|\hat{E}^i|}{n_0} \tag{6-28}$$

考虑如图 6-10 所示的情况,其中电波沿传输线传播,但电场矢量垂直于环路,而磁场矢量与环路相切。在这种情况下,感应电压源和感应电流源都为 0,传输线两端没有感应干扰电压。该模型说明了传输线的定位(这是可行的),可以使入射磁场中没有垂直于环路的分量,入射电场中没有与传输线相切的分量,从而消除传输线两端感应的任何干扰电压。

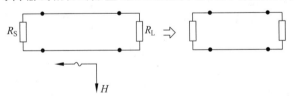

图 6-10   沿传输线传播,电场垂直于传输线所在平面——不存在感应源

例 6-3   考虑如图 6-11 所示的 1m 长的带状电缆。导线半径 $r_w = 7.5\text{mil}$,导线间距 $s = 50\text{mil}$。终端阻抗 $R_S = 50\Omega$,$R_L = 150\Omega$。电缆的特性阻抗为

$$Z_C = \sqrt{\frac{L}{C}} = \frac{1}{\pi}\sqrt{\frac{\mu_0}{\varepsilon_0}}\ln\left(\frac{s}{r_w}\right) = 20\ln\left(\frac{s}{r_w}\right) = 228\,\Omega$$

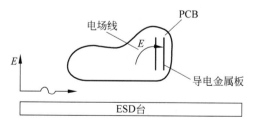

图 6-11　计算电缆特性阻抗

例 6-4　考虑具有主瓣增益为 2.15dB(1.64) 的半波偶极子,在 100MHz 时辐射功率为 1kW。如果传输线位于距离天线 3000m 处的地方,则在传输线附近最大的电场和磁场强度为

$$|\hat{E}^i|_{\max} = \frac{\sqrt{60 \times 1000 \times 1.64}}{3000} \approx 0.105\,\mathrm{V/m}$$

$$|\hat{H}^i|_{\max} = \frac{|\hat{E}^i|_{\max}}{120\pi} \approx 0.279\,\mathrm{mA/m}$$

例 6-5　由 ESD 产生的在桌面传播的电场与 PCB 的连接盘相切,因此在由两平行连接盘构成的电路中会感应出电压源或电流源(这种情况下为电流源),从而产生干扰。为了消除干扰,将一块导电金属板放在 PCB 的后面且非常靠近 PCB,如图 6-12 所示。根据电磁场的边界条件,因为与理想导体表面平行的电场必须为零,所以电场必须垂直于良导体。将金属导电板平行于 PCB 且靠近 PCB 放置,导致 PCB 附近的入射电场被迫满足导体表面的边界条件,因此电力线与 PCB 上的电路环路垂直(或接近于垂直),而不再是与其相切。现在,感应电流源为零(或近似为零),ESD 敏感度问题也消除了。

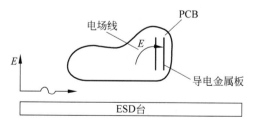

图 6-12　将金属导电板放在 PCB 的后面并靠近 PCB 以改变电场的方向和减小 ESD 的感应

6.2.3　屏蔽电缆和表面转移阻抗

同轴电缆是由屏蔽层及被屏蔽层所包围的位于屏蔽层轴心上的内部导线所构成。屏蔽层的任务是将整个电路完全包围以防止屏蔽层外部的入射场耦合到电缆终端。

如图 6-13 所示,由固体的理想导电材料构成屏蔽层。需要保证在屏蔽层上没有裂口或没有不连续的地方,因为这些不连续的地方可能会使入射场入射到内部的导线上并且在导线中感应出信号。这就要求屏蔽电缆两端的连接器必须与包围整个终端的屏蔽层完全相连。要保证在屏蔽层上不存在"猪尾巴效应"或其他裂口,这样可使外部的场强只能通过屏蔽层渗透入内部。

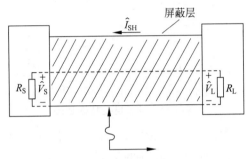

图 6-13 屏蔽电缆接收到的入射场举例说明

"猪尾巴效应"通常指电缆屏蔽层与设备金属外壳之间没有 $360°$ 搭接。

外部场强可以通过电流的散射进入非理想的屏蔽层,这个电流是由屏蔽层的外表面上的场所感应出来的。计算这种干扰的一种典型方法是计算由外部入射场在屏蔽层外部感应出的电流。假设屏蔽层是理想导体并且完全包围内部电路。在计算中忽略了屏蔽层内部和外部的相互影响。

先计算出外部屏蔽层上的电流 $\hat{I}_{SH}$,然后计算终端的感应电压 $\hat{V}_S$ 和 $\hat{V}_L$。屏蔽层电流通过屏蔽层进入内部并在屏蔽层的内表面产生电压降,即

$$d\hat{V} = \hat{Z}\hat{I}_{SH}dx \qquad (6-29)$$

屏蔽层内表面的电压降可以看作沿屏蔽层内表面轴向的大小为 $\hat{Z}_T\hat{I}_{SH}\Delta x$ 的电压源。其中,屏蔽层每单位长度的表面转移阻抗为

$$\hat{Z}_T = \frac{1}{\sigma 2\pi r_{SH}t_{SH}} \cdot \frac{\gamma t_{SH}}{\sinh \gamma t_{SH}} \qquad (6-30)$$

屏蔽材料的传播常数 γ 为

$$\gamma = \frac{1 + j1}{\delta} \qquad (6-31)$$

当 $t_{SH} \ll \delta$ 时,屏蔽层每单位长度的直流电阻为

$$r_{dc} = \frac{1}{\sigma 2 r_{SH}t_{SH}} \qquad (6-32)$$

其中,t_{SH} 为屏蔽层的厚度;r_{SH} 为屏蔽层内半径;δ 为集肤深度,值为 $1/\sqrt{\pi f \mu_0 \sigma}$。当屏蔽层的厚度小于集肤深度时,屏蔽层外部的电流完全通过屏蔽层扩散;而当屏蔽层的厚度大于集肤深度时,外部电流只有部分通过屏蔽层传播。因此,可以得到传输阻抗随着集肤深度的减小(频率的升高)而降低。

屏蔽层一般是由一系列的导线编织而成的,形状为箭尾形,以增加灵活性。这种屏蔽层的阻抗为

$$\hat{Z}_{\text{T}} = \frac{1}{\sigma \pi BW \cos\theta_{\text{w}}} \frac{\gamma t_{\text{SH}}}{\sin(\gamma \cdot 2r_{\text{bw}})} \tag{6-33}$$

其中,r_{bw} 为编织导线的直径;B 为屏蔽编织线中编织带的数量;W 为每个带中编织导线的根数;θ_{w} 为编织带的编织角度。

通过将编织导线看作简单的平行相连(电气连接),可计算这些编织屏蔽层每单位长度的直流电阻,得

$$R_{\text{dc}} = \frac{r_{\text{b}}}{BW \cos\theta_{\text{w}}} \tag{6-34}$$

当 $r_{\text{bw}} \ll \delta$ 时,r_{b} 表示编织导线每单位长度的直流电阻,有

$$R_{\text{b}} = \frac{r_{\text{b}}}{\sigma \pi r_{\text{bw}}^2} \tag{6-35}$$

本章小结

本章介绍了在电子设备中所产生的电磁场传播到用于验证是否满足政府规定限值的符合性测试中的测量天线上的重要机理。国内产品辐射发射测量的频率范围为 30MHz 到 1GHz 以上。FCC 规定:对于 B 类产品,测试距离为 3m;对于 A 类产品,测试距离为 10m。而 CISPR 22(ENS 5022)规定:对于 B 类产品,测试距离为 10m;对于 A 类产品,测试距离为 30m。30MHz 信号的波长为 10m,而 1GHz 信号的波长为 30cm。因此,被测产品在测量频率范围的低端处于天线的近场区中,而在测量频率范围的高端处于远场区。发射器的近场发射场结构要比远场复杂得多。虽然某些在远场情况下的有效简化被频繁使用,但它们并不适用于近场情况。例如,与距离成反比的规则经常用于将在某个测试距离上的辐射发射测试结果转换为另一个距离上的结果。这就要假设场会随着测试距离的减小(增大)而线性增大(减小),这在远场情况下是正确的。本章建立了一些简单模型进行导线和 PCB 上连接盘的辐射发射的第 1 步预测。为了简单起见,在这些模型中都假设测量天线处于辐射(产品)的远场区,虽然在整个规定限值的频率范围内这个条件并不一定成立。

同时,本章也通过导出的简单模型研究产品对辐射发射的抗扰度,这些模型给出了由入射均匀平面波在平行双线传输线中感应出的电压和电流。入射波是由远处的天线所产生的,如调频广播站。辐射发射的这一方面也符合企业想生产高质量产品的目的。例如,如果一个产品符合相关的规定要求,但却不满足干燥气候条件下对静电放电(ESD)的抗扰度,或者在被安装在机场雷达附近而不能正常工作时,公司生产合格产品的声誉将会极大受损。

习题 6

1. 辐射发射测试时,如要进行 $30\sim1000\text{MHz}$ 的全频段扫频测量,峰值检波需要多长时间? 准峰值检波需要多长时间?

2. 请指出常用测试天线的频率范围。为什么测试应在天线垂直位置和水平位置分别进行?

3. 辐射发射测试时,若接收天线是对数周期天线,试问被测设备和天线间的距离应如何确定? 为什么?

4. 常用的抗扰度试验有哪些? 有什么特点?

5. 辐射发射干扰测试使用什么设备? 画出系统组成框图。

6. 辐射发射测量时,为什么标准要对测量距离作出规定(如 3m 法、10m 法、30m 法等),而传导干扰却无相应的距离规定?

第7章

电磁兼容测试

电磁兼容测试是指对设备或系统在其电磁环境中符合要求运行并不对其环境中的任何设备产生无法忍受的电磁干扰的能力的测试。本章将对电磁兼容测试的概念、设备、场地和项目进行详细介绍。

7.1 电磁兼容测试综述

电测兼容测试包括测试方法、测量仪器和测试场地。测试方法以各类标准为依据,测量仪器以频域为基础,测试场地是进行电磁兼容测试的先决条件,也是衡量电磁兼容性(EMC)工作水平的重要因素。

7.1.1 电磁兼容测试的重要性

电磁兼容主要研究电磁干扰和抗干扰的问题,目的是使在同一电磁环境中的各种电子电气器件、电路、设备和系统都能正常工作,互不干扰,达到兼容状态。干扰源、传输途径和敏感设备构成电磁干扰的三要素。干扰源发出的电磁能量有两条传输途径,可以通过空间辐射以电磁波的形式向外传输,也可以通过连接导线的传导以电压和电流的形式向外传输,即辐射发射和传导发射。敏感设备从空间和连接导线上接收到这些电磁干扰能量以后,可能引起设备性能的下降甚至设备损坏,产生干扰。因此,如何降低干扰源的发射水平、切断干扰的传输途径、提高敏感设备的抗干扰能力是电磁兼容的主要研究课题。

干扰源可以是有用的功能性信号,也可以是无信息的电磁噪声。电磁干扰源分为自然干扰源和人为干扰源。自然干扰源是由自然界的电磁现象产生的电磁噪声,如雷电和静电放电(ESD)。特别应该指出的是,任何电子电气设备都是人为干扰源,同时也可能是敏感设备。因此,电子电气设备的电磁兼容性(EMC)应包括它作为干扰源的电磁干扰(Electromagnetic Interference,EMI)和作为敏感设备的电磁敏感性(Electromagnetic Susceptibility,EMS)。设备的抗干扰能力可用敏感度(军标)或抗扰度(民标)表示,对干扰的敏感度越低,则抗扰度越高。

干扰源的研究包括干扰源的定位、干扰发生的机理、干扰的时域定量描述——波形、干扰的频域定量描述——频谱,以及如何从源端抑制干扰的发射。

敏感设备的研究包括敏感点的定位、干扰发生的机理、干扰的时域定量描述——波形、干扰的频域定量描述——频谱,以及如何提高设备的抗扰度。

传输途径的研究包括干扰传输途径的确认、切断干扰传输途径的方法,以及最常用的屏蔽、滤波、接地等方法的抑制效果。

以上对干扰三要素的研究必须通过电磁兼容测试实现,因此可以说电磁兼容测试是使设备达到电磁兼容性要求必不可少的手段,贯穿于产品的设计、开发、生产、使用和维护的整个生命周期。

电磁兼容测试按照其目的可分为诊断(预)测试和符合性(一致性)测试。

诊断(预)测试包括产品在研发阶段和送权威实验室检测之前进行的预测试、生产线上的质量控制测试、送检产品不合格后的整改测试等,其目的是调查是否存在电磁兼容问题和产生的原因,确定产生干扰和被干扰的具体部位,在采取抑制措施后查看有否改进。诊断(预)测试并不要求完全按标准在正规实验室中进行。

产品在定型和进入市场之前必须进行符合性(一致性)测试,即根据有关电磁兼容标准规定的方法对设备进行测试,评估其是否达到标准提出的要求。国家产品强制认证制度(3C 认证)规定的电磁兼容测试就属于符合性测试。

7.1.2　电磁兼容测试标准

电磁兼容测试标准制定的目的是保证测试结果的可重复性、一致性、精确性。标准的内容一般包含以下内容。

(1)测试场地。各项测试必须在标准规定的场地进行,如开阔场地、半电波暗室、全电波暗室、屏蔽室、横电磁波室(Transverse Electromagnetic Wave Cell,TEM Cell)、吉赫兹横电磁波室(Gigahertz Transverse Electromagnetic Wave Cell,GTEM Cell)、混响室等。这些场地为测试提供了一个稳定的可靠的测试环境,并尽量避免了测试环境和周围环境的相互影响。有些标准还规定了这些场地的性能指标和测试方法。

(2)被测设备(EUT)的配置和工作状态。EUT 的配置指主机以外的负载、外设、辅助设备等;工作状态指 EUT 可能存在的各种各样的工况。配置和工作状态的选择应能代表实际中的典型应用情况。并且,对于 EMI 测试,EUT 应为发射最大的状况;对于 EMS 测试,EUT 应为最敏感的状况。

(3)测量仪器和设备。各项测试必须使用标准规定的测量仪器和设备进行,如测量接收机、频谱分析仪以及天线、人工电源网络、功率吸收钳、耦合去耦网络(Coupling Decoupling Network,CDN)等。有些标准还规定了这些测量仪器和设备的性能指标和测试方法。

(4)测量方法。测量方法包括测量布置、试验程序、注意事项。测量布置指 EUT 的安放和布线、测量仪器和设备的安放和布线、二者之间的相互位置。试验程序包括 EUT 和测量仪器的开机、状态设定、校准、测量步骤、数据记录等全过程。

（5）数据处理和试验报告。根据标准规定的统计方法对实测数据进行处理，并对试验结果作出评估。试验报告应给出各项测试的不确定度。不确定度的评定比较复杂，牵涉到很多理论问题，有些标准对此做了相应的规定。

（6）限值。标准分别规定了 EMI 测试限值和 EMS 测试限值。

① EMI 测试是测量被测设备向外界发射的干扰，EMI 测试限值用频域值表示，即限值是针对每个频率而言的，所有频率点的干扰测试结果必须低于限值才能判为合格。限值有准峰值限值、平均值限值、峰值限值等。辐射发射限值用场强或功率表示，传导发射限值用电压、电流或功率表示。

② EMS 测试是给被测设备外加标准规定的各种干扰，测试设备的抗扰度，EMS 测试限值用试验等级和性能判据表示。测试结果必须满足限值要求的试验等级和性能判据才能判为合格。

试验等级表示所加干扰的严酷程度，分为 $1,2,3,\cdots,X$ 级，等级越高，强度越大。

性能判据反映加入干扰后 EUT 性能下降的情况，可分为 A、B、C、D 共 4 级。

A 级为 EUT 工作完全正常。

B 级为 EUT 工作指标或功能出现非期望偏离，但仍在允许的范围之内，并且当干扰去除后可自行恢复。

C 级为 EUT 工作指标或功能出现较大的非期望偏离，干扰源去除后不能自行恢复，必须依靠操作人员的介入，如复位或重启（不包括技术人员进行的硬件维修和软件重装）方可恢复。

D 级为 EUT 的元器件损坏、数据丢失、软件故障等。

电磁兼容测试的标准可分为以下几类。

（1）基础标准。例如，CISPR 16-2（GB/T 6113）关于无线电干扰和抗扰度测量方法、IEC 61000-4-1（GB/T 17626）关于电磁兼容试验和测量技术抗扰度试验总论等标准。

（2）通用标准。例如，A 类（工业环境）、B 类（居民区、商业区及轻工业环境）等标准。

（3）产品类标准。例如，信息技术设备、家用电器/电动工具、工科医设备、声音和电视广播接收机等标准。

（4）产品标准。

基础标准的内容包括测试场地、被测设备（EUT）的配置和工作状态、测量仪器和设备、测量方法、数据处理和试验报告等基础规定，但不包括限值。限值由产品标准、产品类标准和通用标准规定。这些标准都采用了基础标准，并在此基础上针对产品的实际情况作出了进一步的规定。对产品进行电磁兼容测试时，如果没有专门的产品标准可以遵循，则一般按产品类标准测试；如果产品类标准也不适合，则可按通用标准测试。

应该指出的是，电磁兼容测试并不仅仅是根据标准的规定进行的简单操作。同样的测量仪器、场地和测试步骤，不同的人操作得出的结果可能大相径庭，这主要取决于操作人员的素质。电磁兼容测试人员应该是有理论、善操作、懂标准、会分析的技术人才。

7.1.3 设备的等效天线

电磁兼容标准规定的测试方法是根据电子电气设备作为干扰源的干扰发射方式和作为敏感设备的接收干扰的方式制定的,因此有必要先对这种干扰发射方式和干扰接受方式进行简要的阐述。

在考查干扰通过空间的传输途径进行相互干扰时,电子电气设备可以等效成磁场天线和电场天线。这些天线既可以向周围空间发射干扰电磁波,在空间产生的总场强是这些等效天线发射的场强的矢量叠加,即考虑幅度、相位、方向后的叠加;也可以接收周围空间的干扰电磁波,从而引起干扰,如图 7-1 和图 7-2 所示。

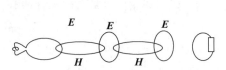

图 7-1 磁场发射天线和接收天线

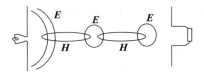

图 7-2 电场发射天线和接收天线

1. 设备可以等效成磁场天线

电子电气设备内部存在大量的信号回路。无论是数字电路还是模拟电路,只要电路中有交变的电流流过,在电路周围就会产生交变的磁场。根据麦克斯韦方程,交变的磁场会产生交变的电场,交变的电场又会产生交变的磁场,如此周而复始,电磁能量就会以电磁波的方式向外辐射传播。因此,每个信号回路都构成一个交变电流的环路,就都可以看作一个磁场天线。供电环路(即使是直流供电环路)也可等效为磁场天线,因为直流供电的电压虽然是直流,但是电源电流中不仅有直流成分,也含有负载的影子,除非采取了滤波去耦等干扰抑制措施。如果负载是数字芯片,则电源电流中也含有数字信号成分;如果负载是模拟芯片,则电源电流中也含有模拟信号成分。在大规模集成电路芯片中集成了大量的电路,故而集成电路芯片也可等效为大量磁场天线的总和。磁场天线(如图 7-3 所示的平行双线环路)的发射场强为 $E(\text{V/m})$,可表示为

$$E = \frac{120\pi^2 IA}{r\lambda^2} \tag{7-1}$$

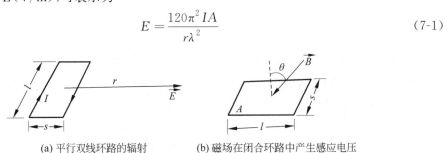

(a) 平行双线环路的辐射 　　　(b) 磁场在闭合环路中产生感应电压

图 7-3 平行双线环路的磁场发射天线和磁场接收天线

$E(\text{V/m})$ 与环路中的电流强度 $I(\text{A})$、环路面积 $A(\text{m}^2)$、频率的平方 $f^2(\text{Hz}^2)$ 成正比,与距离 $r(\text{m})$ 成反比。当一个环路的 $A = 1\text{cm}^2$,$I = 100\text{mA}$,$f = 50\text{MHz}$,$r = 3\text{m}$ 时,环路产

生的场强 $E=40.8\text{dB}(\mu\text{V/m})$ 超过了信息技术设备标准规定的 B 级产品的辐射限值 40dB $(\mu\text{V/m})$。此例说明了电磁兼容问题的严峻性。因此,尽量减小环路面积是电磁兼容设计中的重点,特别是对于高频高速电路尤为重要。

2. 设备可以等效成电场天线

这里先举一个例子。在测量台式计算机的辐射发射时发现:如果计算机是标准配置(主机、CRT 显示器、键盘、鼠标),测量结果是合格的,如图 7-4 所示,横坐标表示测试频段,纵坐标表示辐射骚扰场强;但一旦插上一根打印机电缆(另一端悬空,未接打印机),辐射发射测量结果就会在相当多的频率点超标,如图 7-5 所示。

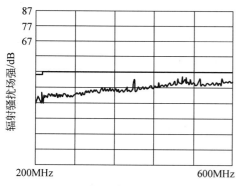

图 7-4　标准配置的辐射发射测量结果

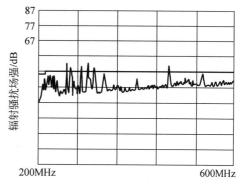

图 7-5　标准配置加打印机电缆的辐射发射测量结果

这种现象不仅计算机有,在其他电子电气设备中也相当普遍。很多设备都有外部连接线,包括信号线、控制线、I/O 线、电源线等,这些外部连接线就构成了电场天线的一部分。电场天线的另一部分往往是金属机箱和与之相连的印刷电路板(PCB)的地线、散热片、金属支撑架等。这两部分等效于一副不对称的振子天线。机箱本来是起屏蔽作用的,此时

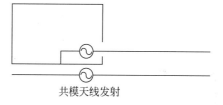

共模天线发射

图 7-6　外接电缆和机箱构成的电场发射天线

却变成了电场天线的一部分,一起参与辐射发射,如图 7-6 所示。当未接外接电缆时,电场天线缺了一部分,发射效率差,所以辐射发射可能不超标;但接上外接电缆后电场天线的发射效率大大增加,从而使辐射发射超标。

连接电缆(短于 $\lambda/4$)的辐射场强为

$$E=\frac{60\pi Il}{r\lambda} \tag{7-2}$$

其中,E 为电场强度,单位为 V/m;I 为电缆上的共模电流,单位为 A;l 为电缆长度,单位为 m;r 为距离,单位为 m;λ 为波长,单位为 m。

设备外接电缆作为等效电场天线的一部分,其上流过的共模电流并非处处相等,而是以驻波形式分布的,即天线顶端的电流为零,与频率无关。顶端指向源端的幅度以正弦形式变化,峰值-峰值和谷值-谷值之间的长度为 $\lambda/2$,峰值-谷值之间的长度为 λ,因此不同频率的电

流分布也不一样。

等效电场天线是由共模干扰源驱动的。在电路原理图上该共模干扰源并不存在,它是在产品设计时没有充分考虑电磁兼容设计原则而产生的。有用的信号源可以通过电流驱动模式或电压驱动模式产生共模干扰源。

当电路的频率高、电流大、设计环路面积过大时,回流地的分布电感量大,大信号电流就会在回流地上产生电压降,该电压降就是共模干扰源。若回流地有外连接线,它就构成了天线的一部分,就会有高频共模电流在该线上流出。通常该线往往是一匝线缆中的一根或是某条多芯电缆中的一根芯线,该匝电缆中还有其他线,通过线与线间的分布电容,高频共模电流就会耦合到该匝电缆的其他线上,因而整个外接电缆都有高频共模电流流过。这种驱动方式是由于大信号电流在回流地的分布电感上产生共模干扰源,称为电流驱动模式。

当有用信号源的高电位端与 PCB 上方的悬空金属体(如散热片、金属支架、集成电路的空管脚等)直接连接或通过分布电容形成高频连接时,该有用信号源就变成共模干扰源。此时,天线的一部分是 PCB 上方的这些悬空金属体,由于有用信号源的低电位端一般是接地的,所以天线的另一部分为回流地及其延伸到机箱外的电缆,这种驱动方式称为电压驱动模式。

设备的等效电场天线也是互易的,既可发射,也可接收。外部连接电缆(电源线、信号线、控制线)作为等效电场天线也可接收空间干扰电磁场,产生感应电流(或电压)通过传导方式侵入设备内部,如图 7-7 所示。

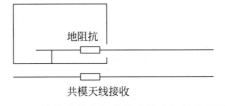

图 7-7 外接电缆和机箱构成的电场接收天线

电场天线的接收电压 e(场-电缆的干扰)为

$$e = El \tag{7-3}$$

其中,l 为有效长度,单位为 m。

7.1.4 共模电流和差模电流

传输线对上的电流形式可以方便地用电流钳来判定。电流钳由一个分成两半环的高磁导率磁芯组成,磁芯上绕有若干匝线圈作为接收线圈。当电流钳卡到被测导线上时,被测导线上的电流在磁芯上产生磁通,磁通在接收线圈上产生感应电压,把这个感应电压接到频谱仪或示波器上就可以测得被测电流的幅度、波形、频谱等,一般电磁兼容用的电流钳都具有很宽的频带。如图 7-8 所示,若把电流钳卡在单根导线上,测到的是该根导线上所有电流的矢量叠加结果,包括工作电流、干扰差模电流和干扰共模电流。若把电流钳卡在导线对上,测到的仅是导线对上的共模电流,因为差模电流同时穿过电流钳时在磁芯上产生的磁通大小相同,方向相反,互相抵消。

如果没有电流钳,用磁场探头也可判别是否有共模电流,如图 7-9 所示。磁场探头实际上就是一个多匝线圈,当磁力线穿过线圈环面时线圈产生感应电压,测量该电压就能计算出磁场。实际应用时导线对往往是紧靠在一起的,差模电流在周围产生的场很小甚至互相抵消,因此把磁场探头靠在导线对的旁边,若能测得较强的磁场,说明导线对上肯定有共模电流。磁场探头应该放在导线对旁边,不能放在导线对上面,因为这样放置,将会有等量但方向相反的磁力线穿过探头。

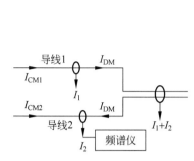

图 7-8　电流钳判定电流形式

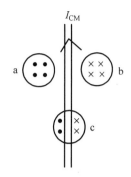

图 7-9　磁场探头判定共模电流

7.1.5　电磁兼容测试项目

电磁兼容(EMC)测试按照其内容可分为电磁干扰(EMI)发射测试和设备的抗扰度(EMS)测试。一般包括以下测试项目。

(1) EMI 测试:辐射发射(RE)、传导发射(CE)、干扰功率、断续干扰喀呖声、电源工频谐波、电源电压波动和闪烁等(保留指标在测试方法中给出)。

(2) EMS 测试:辐射抗扰度(Radiate Susceptibility,RS)、传导抗扰度(Conducted Susceptibility,CS)、静电放电(ESD)、电快速瞬变脉冲群(Electrical Fast Transient,EFT)、浪涌、振铃波浪涌、电源电压暂降及其短时中断和电压变化、工频磁场、脉冲磁场等。

电源电压暂降及其短时中断和电压变化、工频磁场、脉冲磁场是设备对供电系统本身干扰的抗干扰能力。

民用设备的电磁兼容测试一般按以下频率段进行。

A 频段:9～150kHz;

B 频段:0.15～30MHz;

C 频段:30～300MHz;

D 频段:300～1000MHz;

E 频段:1GHz 以上。

7.2　测试设备

电磁兼容测试设备包括干扰测量仪和测量用天线。

7.2.1　干扰测量仪

干扰测量仪实际上是一台超外差式选频电压表。干扰波形通常是由很多频率组成的,干扰测量仪可用来测量这些频率的电压幅值。

　　干扰测量仪的电路框图如图 7-10 所示,电路结构与半导体收音机类似。测量时先将测量仪调谐,对准某个频率 f_i。该频率经高频衰减器和高频放大器后进入混频器,与本地振荡器的频率 f_1 混频,产生很多混频信号。经过中频滤波器以后仅得到中频信号 $f_o = f_1 - f_i$。中频信号经中频衰减器、中频放大器后,由包络检波器进行包络检波,滤去中频,得到其低频包络信号 $A(t)$。$A(t)$ 再进一步进行加权检波,可根据需要获得 $A(t)$ 的峰值、有效值、平均值或准峰值,这些值经低频放大后可推动电表指示。测量前如果用校准信号发生器的信号进行预先校准,则可以直接读数。需要注意的是,干扰信号无论采用何种检波方式,其电表的读数都等效于正弦信号的有效值。

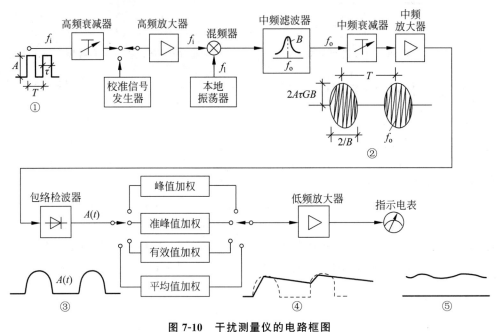

图 7-10　干扰测量仪的电路框图

　　干扰测量仪能测量脉冲信号,同时也能测量正弦波。为了适应测量脉冲信号的需要,标准规定干扰测量仪必须具有四大指标和两个脉冲特性,即统一的中频带宽、检波器充放电时间常数、电表机械时间常数、过载系数、绝对脉冲特性和相对脉冲特性,这样才能保证不同品牌的干扰测量仪在测量同一脉冲信号时得到一致的结果。表 7-1～表 7-3 为《无线电骚扰和抗扰度测量设备和测量方法规范》规定的干扰测量仪在各频率段的指标。下面对这些指标进行较详细的分析。

　　设输入信号是周期性的脉冲信号,幅度为 A,宽度为 τ,周期为 T,重复频率为 $f_{PR} = 1/T$。该信号是宽带信号,频谱包括直流到很高的频率。经混频器的频谱搬移和中频滤波器的选择后,输出中频信号的频谱是以中频 f_o 为中心,带宽为中频滤波器带宽 B 的频谱,带宽内有很多条谱线,谱线间隔为 f_{PR},对应的中频信号波形见图 7-10②点,是载波频率为中频 f_o 的调幅信号,其包络幅度为 $2A\tau GB$,与脉冲强度 $A\tau$ 成正比。其中,G 为中频放大器和以前各级电路的增益,可以通过校准进行归一化处理;B 为中频带宽,包络主瓣宽度为

$2/B$,两个主瓣之间间隔为脉冲周期 T,重复频率为 f_{PR}。由于包络的宽度和幅度都与中频带宽 B 有关,因此测量仪的中频带宽一定要有统一的规定,如表 7-2 所示,否则对于同一脉冲信号,由于中频带宽不同,测量结果也不会相同。

表 7-1　干扰测量仪指标

指标名称	数值		
	A 频段	B 频段	C 和 D 频段
6dB 处的带宽	200Hz	9kHz	120kHz
准峰值电压表的充电时间常数	45ms	1ms	1ms
准峰值电压表的放电时间常数	500ms	160ms	550ms
临界阻尼指示仪器的机械时间常数	160ms	160ms	100ms
检波器前电路的过载系数(高于使指示器产生最大偏转的正弦波信号的电平)	24dB	30dB	43.5dB
接入检波器与指示仪器之间直流放大器的过载系数(高于相应于指示仪器满刻度偏转的直流电压电平)	6dB	12dB	6dB

表 7-2　干扰测量仪的绝对脉冲特性

频段	$a/\mu Vs$	b/MHz	c/Hz	频段	$a/\mu Vs$	b/MHz	c/Hz
A	13.5	0.15	25	C	0.044	300	100
B	0.316	30	100	D	0.044	1000	100

表 7-3　干扰测量仪的相对脉冲特性

重复频率 /Hz	脉冲的相对等效电平/dB			重复频率 /Hz	脉冲的相对等效电平/dB		
	A 频段	B 频段	C 和 D 频段		A 频段	B 频段	C 和 D 频段
1000	—	-4.5 ± 10	-8.00 ± 1.0	10	$+4.0\pm1.0$	$+10.0\pm1.5$	$+14.0\pm1.5$
100	-4.0 ± 1.0	0(基准)	0(基准)	5	$+7.5\pm1.0$	—	—
60	-3.0 ± 1.0	—	—	2	$+13.0\pm2.0$	$+20.5\pm2.0$	$+26.0\pm2.0$
25	0(基准)	—	—	1	$+17.0\pm2.0$	$+22.5\pm2.0$	$+28.5\pm2.0$
20	—	$+6.5\pm1.0$	$+9.0\pm1.0$	孤立脉冲	$+19.0\pm2.0$	$+23.5\pm2.0$	$+31.5\pm2.0$

　　包络检波器后的波形(图 7-10 ③点)只不过是滤去中频载波后的低频包络信号。对该信号再次检波,控制检波电路的充放电时间常数,即可获得各种形式的加权值,一般包络的峰值≥准峰值≥有效值≥平均值,脉冲的重复频率越低,宽度越窄,差别就越大,如表 7-4 所示。

表 7-4　峰值、准峰值、有效值与平均值检波的充放电时间常数对比

时间常数	峰值检波	准峰值检波	有效值检波	平均值检波
充电时间常数	非常快	很快	快	较快
放电时间常数	非常慢	很慢	慢	较慢

　　干扰测量中标准规定的发射限值绝大多数都是准峰值,因为准峰值可以反映人耳或人眼对脉冲干扰的响应。当脉冲很快上升时,人耳不能立即反应;当脉冲跌落后,人耳的感觉

仍有滞留效应。图 7-10 ④点的波形是准峰值加权波形,准峰值检波电路的充放电时间常数如表 7-1 所示。

图 7-10 ⑤点是电表读数的波形。由于电表具有一定的惯性(即电表机械时间常数 t),电表读数与之有关,因此标准规定电表应处于临界阻尼状态,并具有确定的机械时间常数 t,如表 7-1 所示。虽然现在大多使用数字化电表,但该指标仍然要保留,否则无法读数。方法是在 A/D 转换器前加一个二阶低通滤波器,品质因素 $Q=1/2$,截止频率 $f_s=1/t$。A/D 转换器后用最大值显示器读数,组成数字电表显示系统,相当于一个线性平均值检波器。

干扰测量仪过载系数的规定基于以下事实:当输入正弦波时,信号幅度越高,电表读数越大;当输入脉冲信号时,如果脉冲很稀疏(重复频率 f_{PR} 很低),即使脉冲幅度很高,准峰值加权后的电表读数也可能较低。因此,对于同样的电表读数,测量脉冲时放大器的动态范围应比测量正弦波时大很多,才能保证不把脉冲顶部削掉。过载系数规定如表 7-1 所示。检波器前电路的过载系数主要是输入端的宽带高频放大器的动态范围,要求很高,又是宽带和高频,实现难度较大。检波器后电路的过载系数主要是加权检波后的低频放大器,要求不高,容易实现。

上述四大类指标除带宽外,校准比较困难,因此标准又进一步规定了干扰测量仪的绝对脉冲特性(见表 7-2)和相对脉冲特性(见表 7-3)。只要这两个脉冲特性都符合表 7-2 和表 7-3 的要求,则说明该干扰测量仪的四大类指标也符合表 7-1 的要求。

绝对脉冲特性指输入规定的周期脉冲信号时干扰测量仪的读数应达到规定的值。如表 7-2 所示,在 A、B、C、D 各频段内,各自的标准周期脉冲要求脉冲强度 $A\tau$ 等于 $a(\mu Vs)$,重复频率 f_{PR} 为 $c(Hz)$;$b(MHz)$ 是各频段的频率上限,要求标准周期脉冲的频谱在 $b=1/\pi\tau$ 以下是均匀的。脉冲信号发生器的源阻抗应和干扰测量仪输入阻抗相等。输入标准周期脉冲信号后,干扰测量仪在该频段的任何频率上的读数都应该等于 $60dB\mu V$。

相对脉冲特性指输入周期性脉冲信号时,脉冲的重复频率越高,其读数越高;重复频率越低,读数越低。当读数不变时,输入脉冲的幅度和重复频率的关系应符合表 7-3 的规定。表 7-3 中各频段的输入脉冲的相对等效电平,以绝对脉冲特性中的该频段的标准周期脉冲的幅值为基准(定义为 0dB)。

干扰测量仪除了具有准峰值测试功能外,一般还具有峰值测试功能。峰值检波器的放电时间常数(Discharge Time Constant,TD)与充电时间常数(Charge Time Constant,TC)的比值要远远大于准峰值检波器,各频段的 TD/TC 值如表 7-5 所示。

表 7-5　干扰测量仪峰值测量时的指标

指　　标	A 频段	B 频段	C 和 D 频段
TD/TC	1.89×10^4	1.25×10^6	1.67×10^7
B_6 带宽	100～300Hz	8～10kHz	100～500kHz
优选带宽	200Hz	9kHz	120kHz

峰值测量时中频带是可以选择的,其选择范围和优选值如表 7-5 所示,在给出干扰电平时应标明所选带宽。非重叠干扰指中频段输出波形中的各个主瓣不重叠,由于峰值测量结

果和带宽成正比,所以测量结果也可用对于 1MHz 带宽的归一化值 V1MHz（dBμV/MHz）来表示。

$$V1MHz（dBμV/MHz）=V（dBμ）+20lg（1MHz/Bimp） \tag{7-4}$$

其中,Bimp 为脉冲带宽,与 6dB 带宽 B_6 的关系为 $Bimp=1.05B_6$；$V（dBμ）$ 为使用 Bimp 带宽时的峰值测量读数；$20lg（1MHz/Bimp）$ 为 1MHz 和 Bimp 的比值的对数。峰值测量所需的过载系数比峰值测量小得多,检波器前电路的过载系数比 1 稍大些即可。

峰值测量时的绝对脉冲特性的含义和准峰值测量是相同的,只不过输入的标准脉冲强度（mVs）不同,标准规定为脉冲幅度×宽度=1.4/Bimp,Bimp 的单位为 Hz,具体数值如表 7-6 所示。对于标准脉冲输入,测量仪在该频段任何频率上的测量结果均应该等于 60dBμV。

表 7-6 峰值测量时的绝对脉冲特性

频段	脉冲重复频率/Hz	脉冲强度/mVs	脉冲带宽 Bimp /Hz	峰值与准峰值 表头指示比值
A	25	$6.67×10^{-3}$	$0.21×10^3$	6.1
B	100	$0.148×10^{-3}$	$9.45×10^3$	6.6
C 和 D	100	$0.011×10^{-3}$	$126.0×10^3$	12

干扰测量仪在进行平均值测量时,带宽的选择同峰值测量方法。检波器前电路对于脉冲重复频率为 f_{PR} 的脉冲过载系数应该为 $Bimp/f_{PR}$,但实际上当 f_{PR} 很低时,接收机不可能提供足够的过载系数。平均值测量时要求的绝对脉冲特性和峰值基本一样,但各频段的重复频率不同,即输入标准强度（mVs）为 1.4/Bimp,重复频率为:A 频段 25Hz；B 频段 500Hz；C 和 D 频段 5kHz。对于标准脉冲输入,测量仪在该频段上的任何频率上的测量结果均应该等于 60dBμV。

综上所述,干扰测量仪可以进行准峰值测量、峰值测量和平均值测量。当输入信号是正弦波时,由于频谱仅有一条谱线,其中频输出波形的包络是直流,因此其峰值、准峰值、有效值、平均值都是相等的,等于该正弦波的有效值,精度应优于±2dB。但是,如果输入的是周期脉冲信号,则各种测量方法得到的读数是不同的,如表 7-7 所示。

表 7-7 峰值、准峰值和平均值测量的结果比较

信 号 类 型	峰 值 测 量	准峰值测量	平均值测量
正弦波	E	E	E
周期脉冲	$\sqrt{2}\delta Bimp$	$\sqrt{2}\delta BimpP（\alpha）$	$\sqrt{2}\delta f_{PR}$

表 7-7 中,E 为正弦波的有效值；δ 为脉冲强度,等于脉冲幅度×脉冲宽度,单位为 mVs；Bimp 为脉冲宽度,$Bimp=1.05B_6$；f_{PR} 为脉冲重复频率；$P（\alpha）$ 为准峰值检波效率,与检波器的充/放电时间常数、脉冲重复频率和带宽有关,$P（\alpha）≤1$。

由表 7-7 可知,峰值测量结果≥准峰值测量结果。表 7-6 中列出了输入标准脉冲在标准宽带情况下峰值与准峰值表头指示比值。表 7-8 列出了具有相同带宽的准峰值与平均值表头指示比值,可知准峰值≥平均值。对于规则的周期性脉冲,可以根据表 7-8 进行峰值、

准峰值、平均值之间的转换。但是,一般干扰都是随机的,很难进行彼此间的换算,因此有些标准同时规定了发射测量的准峰值限值和平均值限值。

表 7-8　在相同带宽条件下准峰值和平均值表头指示比值

频段	准峰值与平均值表头指示比值			
	25Hz	100Hz	1000Hz	10000Hz
A	12.4	4.5	—	—
B	—	32.9	17.4	—
C 和 D	—	50.1	38.1	20.8

在测量准峰值时,如想要在某个频率点得到较稳定的测量值,则测量时间应大于检波器充放电时间和电表机械时间常数之和,并且测量不止一个周期,所以一般准峰值测量时间要求比较长。而峰值测量时充电时间常数非常快,当电压充到顶峰后,不必等待漫长的放电时间就可以立即跳到下一个频率点测量,所以峰值测量时间很短。如果测量仪具有扫频测量功能,为了不丢失数据,频率扫描间隔应小于半个带宽,则设置的扫描时间应符合表 7-9 的规定。由表 7-9 可见,在 C 和 D 频段从 30~1000MHz 的全程扫描,准峰值检波需要 5h 以上,峰值检波只需要不到 1s。所以在实际测量中,往往先用峰值进行全频段的测量,然后再对超过准峰值限值的频率点进行准峰值测量,这样可以大大节省测量时间。

表 7-9　最小扫频时间

频　　段	峰　值　检　波	准峰值检波
A(9~150kHz)	20ms/200Hz,1.41s	4s/200Hz,2820s(0.78h)
B(0.15~30MHz)	0.9ms/9kHz,2.99s	1.8s/9kHz,5790s(1.7h)
C 和 D(30~1000MHz)	0.12ms/120kHz,0.97s	2.4s/120kHz,19400s(5.4h)

7.2.2　测量用天线

电磁兼容测量中常用的天线有双锥天线(30~300MHz)、对数周期天线(200~1000MHz)、复合天线(30~1000MHz)、喇叭天线(1GHz 以上)和对称振子天线,如图 7-11 所示。前 4 种是宽带天线,适合进行自动化扫频测量。对称振子天线是窄带天线,长度等于被测频率的半波长,常作为标准天线。天线具有互易性,理论上既可发射,也可接收。天线的以下特性与电磁兼容测量密切相关。

1) 天线系数

天线可用来接收干扰电磁场,把场强转换为电压,干扰测量仪测量的是转换后的电压值,所以测量仪的读数只有加上天线系数后才能得到干扰场强,如果连接天线和测量仪的同轴电缆有损耗,则还应加上损耗值,即

干扰场强[dB(μV/m)]＝测量仪读数[dBμV]＋天线系数(dB)＋电缆损耗(dB)

每副天线都有天线系数,该系数与频率有关,最初由天线制造商给出,之后由权威校准

机构提供的校准报告给出。

自由空间天线系数对天线而言是唯一的,但当天线使用在不同的场合,如开阔试验场、半电波暗室、全电波暗室、屏蔽室、3m 法、10m 法、垂直极化、水平极化、不同高度时,天线系数可能发生不同的变化。

2）天线阻抗和驻波比

图 7-11 中各种天线的阻抗理论值是 50Ω,实际上是有偏差的,偏差的程度可用驻波比来衡量,驻波比越小越好。驻波比大,阻抗不匹配,产生反射,天线接收时读数误差大,天线发射时功率发不出去。对于宽带天线,各个频率的阻抗和驻波比可能不一样。

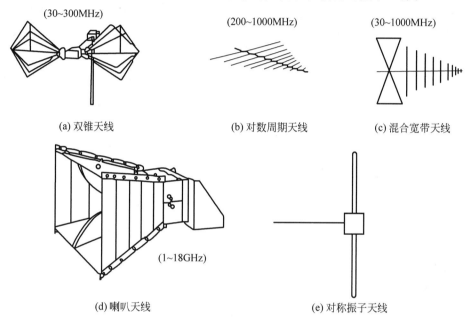

(30~300MHz)

(200~1000MHz)

(30~1000MHz)

(a) 双锥天线　　　　(b) 对数周期天线　　　　(c) 混合宽带天线

(1~18GHz)

(d) 喇叭天线　　　　　　　(e) 对称振子天线

图 7-11　EMI 测量用的天线

3）天线方向性和增益

天线在各个方向上的发射和接收是不一样的,可用方向性图表示。对称振子天线和双锥天线在 E 面上的方向图是 8 字形,在 H 面上的方向图是圆形,即全向型的。对数周期天线在 E 面和 H 面上的方向图是棒槌形的,主瓣指向尖角方向,反向的副瓣小。喇叭天线具有很强的方向性,前向的主瓣更窄,反向的副瓣更小。所谓增益,不是天线有放大作用,而是指最大发射方向的功率密度与全向天线的功率密度之比。

7.3　测试场地

测试场地是电磁兼容测试的重要的一部分,主要包括开阔试验场、屏蔽室、电波暗室3 种类型。

7.3.1　开阔试验场

由于 30~1000MHz 高频电磁场的发射与接收完全是以空间直射波与地面反射波在接收点相互叠加的理论为基础的,如果测试场地存在不理想因素,测试结果会有较大误差。开阔试验场作为电磁兼容测试场地中常见且重要的组成部分,在国内外对于电磁兼容场地的理论研究和实际建造中占据重要地位。本节介绍开阔试验场的构造特征、归一化场地衰减及其测试,并指出测试中应注意的问题。

1. 开阔试验场的构造特征

ANSIC 63、CISPR 16 标准和《信息技术设备、多媒体设备和接收机　电磁兼容》(GB/T 9254—2021)中规定了开阔试验场的构造特征。开阔试验场必须是一个平坦的、空旷的、电导率均匀良好的、无任何反射物的椭圆形场地。椭圆形的几何参数设定如下:长轴是两焦点距离的 2 倍;短轴是焦距的 $\sqrt{3}$ 倍,发射天线(或被试设备)与接收天线分别置于椭圆的两焦点上,如图 7-12 所示。

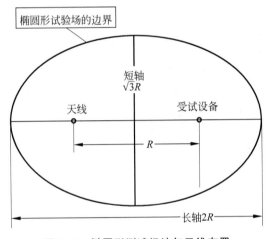

图 7-12　椭圆形测试场地与天线布置

目前,在众多电磁兼容性标准中,对电子设备辐射干扰的测试及对开阔试验场的校验有 3 种方法,分别是在 3m 法、10m 法和 30m 法。3m 法、10m 法和 30m 法以椭圆形场地长轴上两个焦点的间距来区分。若需满足 30m 法试验,则场地应为 60m×52m;若只要满足 10m 法试验,则场地只需 20m×18m 就可以了。

CISPR 标准推荐用导电材料或金属板建造用于干扰场强测量的试验场。考虑到钢板相比铝板、铜板耐腐蚀、价格低,通常都采用花纹钢板建造试验场,如图 7-13 和图 7-14 所示。

开阔试验场宜选择电磁环境干净、本底电平低的地方建造,以免周围环境中的电磁干扰给 EMI 试验带来影响和误判。

试验场应设有转台及天线升降杆,便于全方位的辐射发射及天线升降测试。此外,还应有单独的接地系统和避雷系统。通常采用单点接地。避雷系统与接地系统应是隔开的。

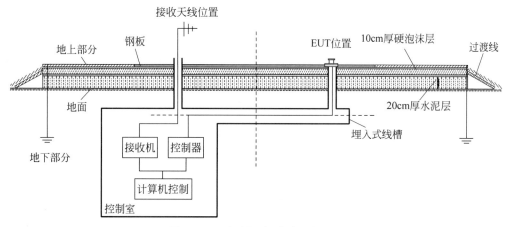

图 7-13　钢板开阔试验场剖面图

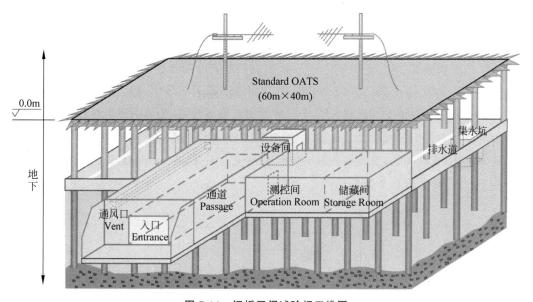

图 7-14　钢板开阔试验场三维图

2．开阔试验场的归一化场地衰减

了解开阔试验场的概况后,下面介绍用于衡量开阔试验场性能的技术指标。在 CISPR 标准中,归一化场地衰减(Normalized Site Attenuation,NSA)被用来评定金属接地平板试验场的质量。NSA 是衡量开阔试验场能否作为合格场地进行 EMC 测试的关键技术指标。

NSA 通常定义为在自由空间放置一块平直的无限延伸的导电平面所形成的半自由空间在标准测试距离(3m、10m 或 30m)的场地衰减,通常用 A_N 表示。

$$A_N = L/(F_R^2 F_T^2) \tag{7-5}$$

$$L = P_T/P_R \tag{7-6}$$

其中，F_R 为接收天线系数；F_T 为发射天线系数；L 为场地衰减；P_T 为发射天线端口输入功率；P_R 为接收天线端口输出功率。

由式(7-5)和式(7-6)可见，场地衰减不仅取决于场地本身特性和接收、发射天线的几何位置，还与接收、发射天线本身的特性有关；而 NSA 仅仅取决于场地特性和测试几何位置，与接收、发射天线本身特性无关。

自由空间的 NSA 和传输衰减表达式为

$$A_N = \left(\frac{Z_0}{120\pi}\right)^2 d^2\lambda^2 \tag{7-7}$$

$$L_{dB} = 20\lg f + 20\lg d - G_T - G_R - 27.56 \tag{7-8}$$

其中，Z_0 为自由空间中的特征阻抗；f 为电磁波频率，单位为 MHz；d 为接收、发射天线间距离，单位为 m；λ 为波长，单位为 m；G_T 为发射天线增益，单位为 dB；G_R 为接收天线增益，单位为 dB。

理想的开阔试验场是在自由空间内放置一个平直的、无限延伸的金属导电子面所形成的半自由空间。如图 7-15 所示，发射天线(或被试设备)和接收天线架设在开阔试验场上，接收天线处的场强 E 是空间直射波、地面反射波和地表波的合成，表示为

$$E = E_0[1 + \Gamma e^{j\varphi} + (1-\Gamma)A e^{j\varphi}] = E_0 + E_0\Gamma e^{j\varphi} + E_0(1-\Gamma)A e^{j\varphi} \tag{7-9}$$

其中，E_0 为直射波自由空间场强；$E_0\Gamma e^{j\varphi}$ 为地面反射波场，Γ 为地面反射系数，φ 为直射波和反射波路径差产生的相位差；$E_0(1-\Gamma)A e^{j\varphi}$ 为地表波场强，A 为地表波衰减因子。当 h/λ 较大时，地表波随收、发天线间距增加衰减很快。因此，在 30MHz 以上频率，可忽略地表波影响，仅考虑直射波和反射波。

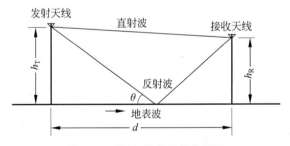

图 7-15 发射、接收天线布置图

水平极化波和垂直极化波经过地面反射之后形成的效果是不同的。用镜像原理分析可得水平极化时开阔试验场的 NSA 为 A_{NH}，即

$$A_{NH} = \frac{396d^2}{f^2 \sin^2\left(\dfrac{0.021\pi h_R h_T f}{d}\right)} \tag{7-10}$$

垂直极化时，开阔试验场地的 NSA 为 A_{NV}，即

$$A_{NV} = \frac{396d^2}{f^2 \cos^2\left(\dfrac{0.021\pi h_R h_T f}{d}\right)} \tag{7-11}$$

其中，d 为收发天线间水平距离，单位为 m；h_R 为接收天线离地高度，单位为 m；h_T 为发射天线离地高度，单位为 m；f 为电磁波频率，单位为 MHz。

式(7-10)和式(7-11)是在 $h_T \ll d$、$h_R \ll d$ 的情况下导出的，因此由它们算得的 NSA 值与标准值相比，在接收、发射天线距离较大时(如 $d=20\text{m}$，30m)很接近，而在 d 较小时则误差较大。此时，可采用式(7-12)计算 NSA(单位为 dB)。

$$A_N = -20\lg f + 48.9 - E_{max} \tag{7-12}$$

其中，f 为频率，单位为 MHz；E_{max} 为发射天线为理想半波振子，发射功率为 10^{-12} W，接收天线在两个选定的高度之间(如 $1\sim4\text{m}$)改变时收到的最大场强，单位为 dB(μV/m)。

水平极化时，最大场强由式(7-13)计算。

$$E_{Hmax} = \frac{\sqrt{49.2}\left\{d_1^2 + d_2^2 + 2d_1 d_2 \cos\left[\beta(d_2 - d_1)\right]\right\}^{\frac{1}{2}}}{d_1 d_2} \tag{7-13}$$

垂直极化时，最大场强由式(7-14)计算。

$$E_{Vmax} = \frac{\sqrt{49.2}\,d^2\left\{d_1^2 + d_2^2 + 2d_1 d_2 \cos\left[\beta(d_2 - d_1)\right]\right\}^{\frac{1}{2}}}{d_1^3 d_2^3} \tag{7-14}$$

其中，$d_1 = \left[d^2 + (h_T - h_R)^2\right]^{1/2}$；$d_2 = \left[d^2 + (h_T + h_R)^2\right]^{1/2}$；$\beta = \lambda/2\pi$；$d$ 为接收、发射天线的距离，单位为 m；h_T 为发射天线离地高度，单位为 m；h_R 为接收天线离地高度，单位为 m。

3. 开阔试验场归一化场地衰减的测试

开阔试验场地建成后，要进行归一化场地衰减的测试，用以衡量建成开阔试验场的性能指标是否达到要求。而且，在以后的长期使用过程中，还要进行定期检测。

测量 NSA 的方法有两种：一种是离散频率法，即使用调谐偶极子天线，针对所需频率调整其长度进行测量；另一种是扫描频率法，用宽带天线进行扫频测量。本书以离散频率法为重点，介绍针对开阔试验场 NSA 的测试。

测量布置如图 7-16 和图 7-17 所示，前者适用于水平极化，后者适用于垂直极化。

接收天线安装在一根可在一定高度范围内升降的天线杆上。它距发射天线为 3m、10m 和 30m，并用电缆连接到频谱仪(如 10kHz～40GHz)或测量接收机(20～18000MHz)上。使其极化方向与发射天线相同。发射源为合成信号发生器(0.1～3200MHz)和功率放大器(1～1000MHz)。

NSA 的测量值 A_N 按式(7-15)计算。

$$A_N = V_T - V_R - F_T - F_R - \Delta A_F \tag{7-15}$$

其中，V_T 为发射天线输入电压，单位为 dBμV；V_R 为接收天线输出电压，单位为 dBμV；F_T 为发射天线系数，单位为 dB；F_R 为接收天线系数，单位为 dB；ΔA_F 为互阻抗修正系数，单

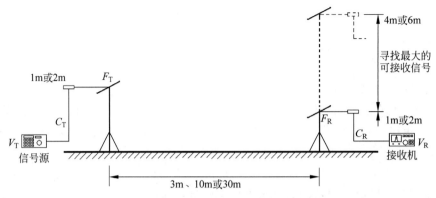

图 7-16 测量水平极化场地衰减的测量设备布置图

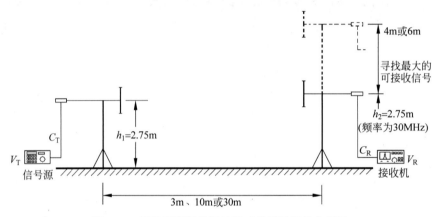

图 7-17 测量垂直极化场地衰减的测量设备布置图

位为 dB。

对于半波振子,天线系数 F_A 由式(7-16)计算。

$$F_A = 20\lg\left(\frac{2\pi}{\lambda}\right) + 10\lg\left(\frac{73}{50}\right) = 20\lg f - 31.9 \tag{7-16}$$

其中,λ 为波长,单位为 m;f 为频率,单位为 MHz。

对于设计良好的偶极子天线,其平衡-不平衡变换器的平均损耗大约为 0.5dB,故式(7-16)变为

$$F_A = 20\lg f - 31.4 \tag{7-17}$$

例 7-1 标准规定测量距离 30m 时,某类设备的辐射发射限值为 30dB(μV/m)。试计算测量距离为 3m 时的限值。

解

$$L_2 = L_1 + 20\lg\frac{d_1}{d_2} = 30 + 20\lg\frac{30}{3} = 30 + 20\lg 10 = 50$$

因此,测量距离为 3m 时的限值为 50dB(μV/m)。

7.3.2 屏蔽室

专门设计用于对射频电磁能量起衰减作用的封闭室称为屏蔽室。按照相关电磁兼容性标准的规定,许多试验项目必须在具有一定屏蔽效能和尺寸大小的电磁屏蔽室内进行,由它提供符合要求的试验环境。因此,屏蔽室是电磁兼容性试验中除开阔试验场外的另一个重要设施。

1. 屏蔽室的种类

屏蔽室通常由金属材料围绕构成,屏蔽室是一个用金属材料制成的大型六面体房间。其四壁和天花板、地板均采用金属材料(如铜网、钢板或铜箔等)制造。屏蔽室的屏蔽作用来源于金属板(网)对入射电磁波的吸收损耗、界面反射损耗和板中内部反射损耗。

屏蔽室从不同角度可以进行不同分类。

(1) 按功能分类,屏蔽室可以分成两大类。一类称为有源屏蔽或主动屏蔽,用来防止电磁波泄漏出去,在这类屏蔽室中,场源或泄漏源是在屏蔽室内。另一类称为无源屏蔽或被动屏蔽,用来防止外部电磁干扰进入室内,使室内电子设备工作不受外界电磁场影响,场源或泄漏源在屏蔽室外,故称为无源屏蔽或被动屏蔽。

(2) 按屏蔽材料分类,有钢板或镀锌钢板式、铜网式、铜箔式。

(3) 按结构型式分类,有单层铜网式、双层铜网式、单层钢板式、双层钢板式以及多层复合式等。

2. 屏蔽室的屏蔽效能

屏蔽是阻止或减少电磁能量传输的一种措施。屏蔽体则是为达到屏蔽目的而对装置进行封闭或遮蔽的一种阻挡层。通常屏蔽体的屏蔽性能以屏蔽效能进行考量,其定义为没有屏蔽体时空间某点的电场强度 E_0(或磁场强度 H_0)与有屏蔽体时被屏蔽空间在该点的电场强度 E_1(或磁场强度 H_1)之比,即

$$S = \frac{E_0}{E_1} = \frac{H_0}{H_1} \tag{7-18}$$

在屏蔽效能的计算与测试中,往往会遇到场强相差非常悬殊(甚至达千百万倍的信号)的情况。为了便于表达、叙述和运算(变乘除为加减),常采用对数单位——分贝(dB)进行度量,定义为

$$S_E = 20\lg \frac{E_0}{E_1} \tag{7-19}$$

$$S_H = 20\lg \frac{H_0}{H_1} \tag{7-20}$$

在实际测量中,对于 1GHz 以上微波频段,由于测量功率比测量 E 和 H 方便,屏蔽效能也可定义为

$$S_P = 10\lg \frac{P_0}{P_1} \tag{7-21}$$

其中，P_0 为无屏蔽体时的功率；P_1 为有屏蔽时被屏蔽空间内该点的功率。

屏蔽壁材料、拼板接缝、通风窗、门以及室内供电用的电源滤波器等都会影响屏蔽室的屏蔽效能。

3. 屏蔽室的接地

通常设备接地有两个目的：一是为了安全，即"安全接地"，这时"地"电位必须是大地电位；二是给信号电压提供一个基准电位，并给高频干扰电压提供低阻通路，即"工作接地"，这时"地"电位可以是大地电位，也可以不是大地电位。从安全角度考虑，屏蔽室都应接地。

接地对屏蔽室的屏蔽效能是否有影响呢？就电磁屏蔽机理而言，屏蔽室对接地是没有要求的。但屏蔽室是一个轮廓尺寸很大的导体，若屏蔽室浮地，周围环境中的各种辐射干扰会在屏蔽壳体上感应电压。由于屏蔽壳体不是一个完整的封闭体，就可能把室外电磁干扰感应耦合到室内；也可能把室内的强电磁场感应耦合到室外，从而降低屏蔽室的屏蔽效能。这种现象在较低频率（如中波、短波）较为严重。屏蔽室接地能消除在屏蔽壁上的感应电压，明显提高低频段的屏蔽效能。对于高频段，由于屏蔽室与大地间的分布电容几乎把屏蔽室与大地短路，安装在地面上的屏蔽室接地与否对屏蔽效能影响不大。甚至当接地线长度为1/4工作波长的奇数倍时，这时接地线呈现高阻抗，可能反而使屏蔽效能大大降低。

通常对屏蔽室接地有以下要求。

（1）屏蔽室宜单点接地，以避免接地点电位不同造成屏蔽壁上的电流流动。这种电流流动会在屏蔽室内引起干扰。

（2）为了减小接地线阻抗，接地线应采用高导电率的扁状导体，如截面为 $100\text{mm}\times1.5\text{mm}$ 的铜带。

（3）接地电阻应尽可能小，一般应小于 1Ω。

（4）接地线应尽可能短，最好小于 $\lambda/20$。对于设置在高层建筑上的微波屏蔽室，可采用浮地结构。

（5）必要时对接地线采取屏蔽措施。

（6）严禁接地线和输电线平行敷设。

4. 屏蔽室的谐振

任何的封闭式金属空腔都可产生谐振现象。屏蔽室谐振是有害的。当激励源使屏蔽室产生谐振时，会使屏蔽室的屏蔽效能大大下降，导致信息的泄露或造成很大的测量误差。屏蔽室可视为一个大型的矩形波导谐振腔，根据波导谐振腔理论，其固有谐振频率为

$$f_0 = 150\sqrt{\left(\frac{m}{l}\right)^2+\left(\frac{n}{w}\right)^2+\left(\frac{k}{h}\right)^2} \tag{7-22}$$

其中，f_0 为屏蔽室的固有谐振频率（单位为 MHz）；l、w、h 分别为屏蔽室的长、宽、高；m、n、k 分别为 $0,1,2,\cdots$ 等整数，但不能同时取3个或两个为0。对于 TE 型波，m 不能为0。

由式(7-22)可见，m、n、k 取值不同，谐振频率各异，也即同一屏蔽室有很多个谐振率，分别对应不同的激励模式（谐振波型）。对于一定的激励模式，其谐振频率为定值。TE

型波的最低谐振频率对应 TE10 模(即 $m=1,n=1,k=0$),其谐振频率为

$$f_{\text{TE10}} = 150\sqrt{\left(\frac{1}{l}\right)^2 + \left(\frac{1}{w}\right)^2} \tag{7-23}$$

由于屏蔽室中场激励方向的任意性,若要 f_{TE10} 为屏蔽室的最低谐振频率,l 和 w 必须是屏蔽室 3 个尺寸中较大的两个。

《电磁屏蔽室屏蔽效能的测量方法》(GB/T 12190—2021)规定了 20～300MHz 频率范围内的标准测试程序。因为大多数屏蔽室的最低谐振频率都在该频段内,所以在测试时要尽量避开这些频率点。屏蔽室的所有者如果出于某种目的或其他原因,要求获得屏蔽室在本频段的性能,则不管潜在谐振是否有影响,测试都必须进行。测试应该在所有者规定的、列入测试计划的频点上进行。应尽可能避免在由式(7-23)所计算出的屏蔽室谐振频率上或接近谐振频率的频点上进行测试。谐振范围内参考测量框图如图 7-18 所示。

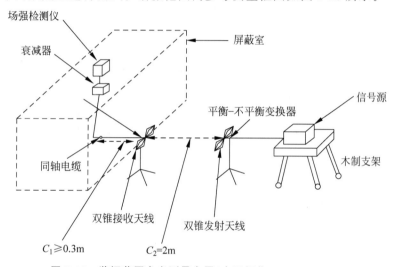

图 7-18　谐振范围参考测量布置(水平极化),20～100MHz

7.3.3　电波暗室

电波暗室(Anechoic Chamber)又称为电波消声室,有两种结构形式:电磁屏蔽半电波暗室(Electromagnetic Shielded Semi-Anechoic Chamber)和微波电波暗室(Microwave Anechoic Chamber,又称为全电波暗室)。

由于开阔试验场造价较高并远离市区,使用不便,或者建在市区,背景噪声电平大而影响 EMC 测试,于是模拟开阔试验场的电磁屏蔽半电波暗室成为应用较普遍的 EMC 测试场地。

1. 半电波暗室的结构设计

半电波暗室的结构设计包含暗室尺寸的确定、吸波材料的选择和布置、地板和电源等内容。

鉴于半电波暗室中的测试环境是要模拟开阔试验场的传播条件,因此暗室尺寸应以开阔试验场的要求为依据:测试距离 R 为 3m、10m 等,测试空间长为 $2R$,宽为 $\sqrt{3}R$,高度应考虑为上半个椭圆的短轴高度 $\sqrt{3}R/2$ 加上发射源的高度。由于今后要对半电波暗室进行归一化场地衰减的测试和评定,要求发射天线的最大高度为 2m,所以暗室高度应考虑为 $\sqrt{3}R/2+2$。进行 3m 法测试时,接收天线的高度要求在 $1\sim4$m 改变;如采用垂直极化天线,还应在 4m 的基础上加上天线上半部尺寸和天线端与暗室顶部吸波材料尖端间的距离 0.25m。因此,3m 法测试空间高度约为 7m。10m 法所需测试空间比较大(因进行测试时,接收天线高度要求在 $2\sim6$m 改变)。尺寸越大,暗室造价越贵。

材料的吸波性能与电磁波的入射角密切相关。垂直入射时,吸波性能最好;斜射时性能降低。对于尖劈型含碳海绵吸波材料,测试证明:30°入射时,性能降低 $1\sim2$dB;45°入射时,性能降低 $3\sim4$dB;60°入射时,性能降低 $8\sim10$dB;入射角不要超过 60°。当暗室装有吸波材料后,因电波到达两端时是直射的,这时吸波材料的吸波效率最高,暗室长度可适当缩短一些,如 10m 法暗室长度可缩短至 $15\sim18$m。暗室宽度与高度也可适当减小。当测试距离为 R,宽度为 $\sqrt{3}R$ 时,则入射角为 30°;若把入射角增至 45°,则宽度可减小为 R,高度可减小到 $R/2+2$。这时,吸波性能虽有明显降低,但尚可容忍。于是 10m 法的测试空间就由 20m(长)×17.3m(宽)×10.7m(高)减小为 $15\sim18$m(长)×10m(宽)×7m(高)。

目前电波暗室生产厂家的标准型半电波暗室,其测试空间和暗室实际尺寸分别为:用于 3m 法的为 9m×6m×6m 和 10m×7m×6m;用于 10m 法的为 20m×13m×9m 和 19m×13m×9m。暗室的实际尺寸为测试空间加吸波材料尺寸,加其他一些工程需要。图 7-19 中建造的半电波暗室测试空间尺寸为 20m×17m×9.7m。

图 7-19　10m 法半电波暗室

2. 吸波材料的选择

材料的吸波性能越好,即入射电波的反射率越小,对暗室中场强测量产生的不确定度就越小。泡沫尖劈型吸波材料的反射率与尖劈长度和使用频率有关,尖劈越长,频率越高,反射率越小。通常根据测量误差要求确定材料的反射率,然后再确定吸波材料的类型。目前,暗室中的吸波材料大致分为 3 种类型。

(1)单层铁氧体片。不用尖劈吸波材料,直接将铁氧体片粘贴于暗室墙壁及天花板上,微波暗室地板也贴。工作频率范围为 $30\sim1000$MHz,满足 IEC 61000-4-3、ANSI C63.4、CISPR 11 标准的测试要求。FT-100 与 FT-100i 两种型号铁氧体片实物及二者的反射率频响曲线分别如图 7-20 和图 7-21 所示。

(2)角锥形含碳海绵复合吸波材料。角锥形含碳海绵吸波材料由聚氨酯类泡沫塑料在碳胶溶液中浸泡而成。这种材料具有较好的阻燃特性。吸波材料通常设计成角锥形或楔形,主要是使其传输阻抗尽可能与周围空气介质的阻抗相接近。角锥长度与欲吸收的电磁

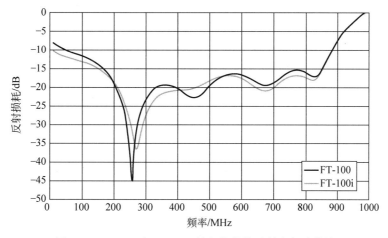

图 7-20　FT-100 和 FT-100i 铁氧体片实物图

图 7-21　FT-100 和 FT-100i 铁氧体片的反射率频响曲线

波频率有关,频率越低,则角锥长度越长,通常应大于或等于最低吸收频率的 1/4 波长。频率为 30MHz 时,角锥长度达 2.5m。

由于吸波材料太长,既占空间,又易变形,因此,近年流行角锥形吸波材料粘贴在双层铁氧体砖上构成复合吸波材料。双层铁氧体砖指一层铁氧体和一层特殊介质材料。此材料起阻抗过渡的作用。铁氧体的应用,补偿吸波材料低频端的性能,使角锥形吸波材料长度可缩短至 1m 以内,半电波暗室的测试空间大大增加。

（3）角锥形含碳苯板复合吸波材料。此角锥由数块含碳苯板拼组而成,粘贴于铁氧体砖上,如图 7-22 所示。含碳苯板即加入碳粉（或碳纤维）和阻燃剂制成的灰黑色泡沫塑料板,具有良好的吸波特性和阻燃特性,质轻且不易变形。另一个突出的优点是在拼组而成的尖锥顶部有一突台,可将一块配套的白色泡沫塑料板戴在突台上,使得电波暗室就像贴白色瓷砖的房间一样,既美观又明亮。而且,粉尘被隔离在白色苯板与墙壁之间的尖劈空隙内并被抽掉,避免进入测试空间。

图 7-22　角锥形含碳苯板复合吸波材料

3．吸波材料的布置

发射天线发出的电波经各金属反射面反射到接收天线处，可以认为是发射天线对各金属面的镜像天线辐射空间波直达接收天线。理论分析与实践证明，电波传播时起主导作用的费涅尔空间区是以镜像天线和接收天线为焦点的旋转椭球体。此椭球与金属面相交的截面也是一个椭圆，称为实效反射区。该区的中心位置、椭圆的长轴、短轴均可由公式计算。公式中包括参数 $n=1,2,3,\cdots$ 表示有 n 个反射区。通常取 $n=1$ 的反射区为主反射区。在主反射区内，应粘贴吸波性能较好的材料。

门、通风波导窗、监视器、照明灯、电源箱等辅助设备都应尽可能设计在主反射区之外，并覆盖吸波材料，避免任何金属部件暴露在主反射区。

4．地板和电源

暗室的地板是电磁波唯一的反射面。对地板的要求是平整无凸凹。金属板焊接时，焊缝高度不得超过 1mm，平面不平度应小于 3mm/2m。不能有超过 1/10 最小工作波长的缝隙，以便保持地板的导电连续性。

接地线和电源线要靠墙脚布设，不要横越室内。电线应穿金属管，并保持金属管与地板良好搭接。

金属地板上最好不要再铺木地板或塑料地板。测试表明，木地板对暗室的归一化场地衰减有一定影响，特别是 100MHz 以下影响较大。

暗室和控制室要各自采用独立的供电系统，使用不同相的电源，经过各自的滤波器，以避免控制室的干扰通过电源线进入暗室内。

5．半电波暗室的测试

暗室在完成屏蔽壳体的建造后，应按《电磁屏蔽室屏蔽效能的测量方法》（GB/T 12190—2021）进行屏蔽效能的测试。在粘贴吸波材料后，则应进行归一化场地衰减和测试面场均匀性的测试。

1）归一化场地衰减测试

既然半电波暗室是为模拟开阔试验场面建造，暗室中的 NSA 就应和开阔场相一致，测试值与标准值之差小于 ±4dB。ANSIC 63.4—1992 和 CISPR 22—1997 对半电波暗室这个模拟开阔场的 NSA 测量作了如下规定。

（1）用双锥天线和对数周期天线等宽带天线进行测量，而不用调谐偶极子天线。估计是由于前者低频端几何尺寸较后者更小，又便于扫频测试。

（2）考虑到受试设备具有一定体积，设备上各点与周边吸波材料距离不同，应对受试设备所占空间进行多点 NSA 测量。具体是在发射天线所处中心位置及前、后、左、右各移动 0.75m 等 5 个点，以及发射天线在不同高度（垂直极化时为 1m 和 1.5m，水平极化时为 1m 和 2m）下进行。

因此，总共要进行 20 种组合情况下的 NSA 测量，包括 5 个位置、两个高度、两种极化。CISPR 22—1997 标准给出了使用宽带天线和推荐尺寸的半电波暗室归一化场地衰减标准值，如表 7-10 所示，供读者参考。天线布置如图 7-23 和图 7-24 所示。

表 7-10 使用宽带天线和推荐尺寸的归一化场地衰减

极化	水 平 极 化				垂 直 极 化			
R/m	3	3	10	10	3	3	10	10
h_1/m	1	2	1	2	1	1.5	1	1.5
h_2/m	1～4	1～4	1～4	1～4	1～4	1～4	1～4	1～4
f/MHz	A_N/dB							
30	15.8	11.0	29.8	24.1	8.2	9.3	16.7	16.9
35	13.4	8.8	27.1	21.6	6.9	8.0	15.4	15.6
40	11.3	7.0	24.9	19.4	58	7.0	14.2	14.4
45	9.4	5.5	22.9	17.5	4.9	6.1	13.2	13.4
50	7.8	4.2	21.2	15.9	4.0	5.4	12.3	12.5
60	5.0	2.2	18.0	13.1	2.6	4.1	10.7	11.0
70	2.8	0.6	15.5	10.9	1.5	3.2	9.4	9.7
80	0.9	−0.7	13.3	9.2	0.6	2.6	8.3	8.6
90	−0.7	−1.8	11.4	7.8	−0.1	7.3	7.6	
100	−2.0	−2.8	9.7	6.7	−0.7	1.9	6.4	6.8
120	−4.2	−4.4	7.0	5.0	−1.5	1.3	4.9	5.4
125	−4.7	−4.7	6.4	4.6	−1.6	0.5	4.6	5.1
140	−6.0	−5.8	4.8	3.5	−1.8	−1.5	3.7	4.3
150	−6.7	6.3	3.9	2.9	−1.8	−2.6	3.1	3.8
160	−7.4	−6.7	3.1	2.3	−1.7	−3.7	2.6	3.4
175	−8.3	−6.9	2.0	1.5	−1.4	−4.9	2.0	2.9
180	−8.6	−7.2	1.7	1.2	−1.3	−5.3	1.8	2.7
200	−9.6	−8.4	0.6	0.3	−3.6	−6.7	1.0	2.1
250	−11.7	−10.6	−1.6	−1.7	−7.7	−9.1	−0.5	0.3
300	−12.8	−12.3	−3.3	−3.3	−10.5	−10.9	−1.5	−1.9
400	−14.8	−14.9	−5.9	−5.8	−14.0	−12.6	−4.1	−5.0
500	−17.3	−16.7	−7.9	−7.6	−16.4	−15.1	−6.7	−7.2
600	−19.1	−18.3	−9.5	−9.3	−16.3	−16.9	−8.7	−9.0
700	−20.6	−19.7	−10.8	−10.6	−18.4	−18.4	−10.2	−10.4
800	−21.3	−20.8	−12.0	−11.8	−20.0	−19.3	−11.5	−11.6
900	−22.5	−21.7	−12.8	−12.9	−21.3	−20.4	−12.6	−12.7
1000	−23.5	−22.7	−13.8	−13.8	−22.4	−21.4	−13.6	−13.6

ANCI 标准还允许在下列情况下将检测点减少至 8 个点。

(1) 当受试设备高度≤1.5m 时,可省略高度 1.5m 的垂直极化检测点。

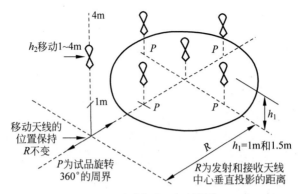

图 7-23 垂直极化 NSA 测试（1）

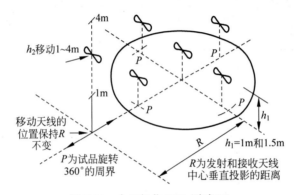

图 7-24 水平极化 NSA 测试（1）

（2）若天线水平极化放置，其投影可覆盖受试设备直径的 90％，则可省略左、右两个检测点。

（3）若受试设备后沿与吸波材料间距＞1m，则后面的测试点可省略，如图 7-25 和图 7-26 所示。

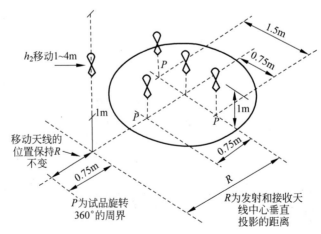

图 7-25 垂直极化 NSA 测试（2）

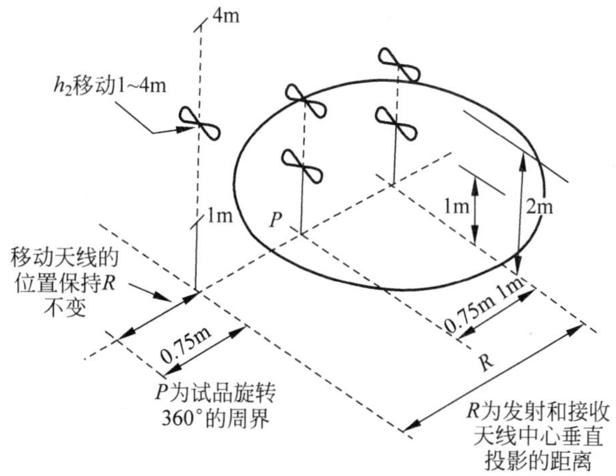

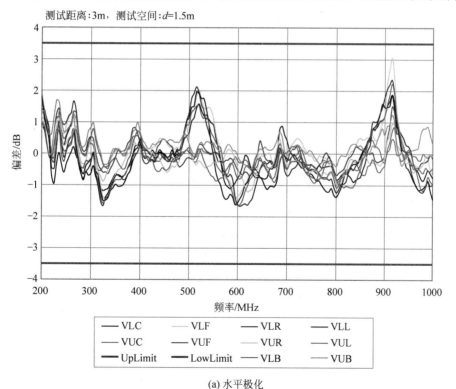

图 7-26　水平极化 NSA 测试（2）

测量结果如图 7-27 所示，将其与表 7-10 中的理论值比较，若误差在±4dB 以内，则认为其 NSA 指标合格。可以在暗室中进行电磁辐射干扰和辐射敏感度的认证检测。实践中，通常 NSA 在水平极化时对测试几何条件的变化不像垂直极化时那样敏感，测量值比较容易落入理论值的±4dB 范围，建议先测试。测试位置示意图如图 7-28 所示，如果出现较大

测试距离：3m，测试空间：d=1.5m

(a) 水平极化

图 7-27　NSA 测试结果

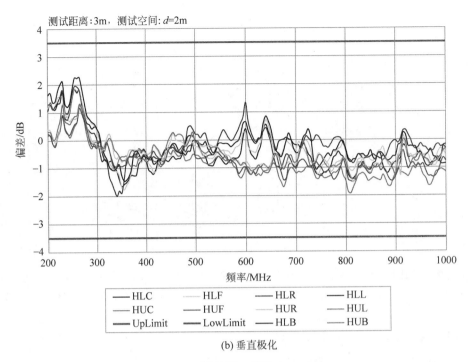

(b) 垂直极化

图 7-27　（续）

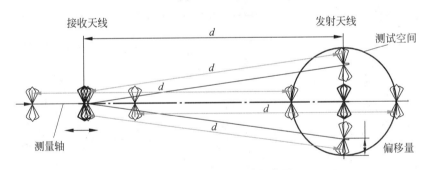

图 7-28　NSA 测试位置示意图

偏差,则应首先排除由仪器、天线系数、测量方法带来的问题。若仍不符合要求,则再用垂直极化测试确定不规范点,以此分析暗室的结构布置是否存在问题。

2) 测试面场的均匀性

进行电磁辐射敏感度测量时,需在被测设备(EUT)处产生规定的场强(3～10V/m),考查是否会引起 EUT 工作性能下降。由于 EUT 表面有一定范围,所以在 EUT 区域内规定了一个 1.5m×1.5m 的垂直平面,要求该平面上场强均匀。这就是测试面场的均匀性。具体做法是在该平面上均匀划分 16 个点,按图 7-29 布置,用各向同性探头测量每个点的场强,取数值最接近的 12 个值,剔除另外 4 个。12 个值中,若最大值和最小值的差值小于 6dB,则认为该测试面场是均匀的,可以进行电磁辐射敏感度的检测。

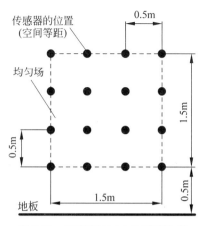

图 7-29 垂直平面 16 点测试位置

在均匀性测试时,要求在发射天线与受试设备间的地面上铺设吸波材料,防止地面反射影响场的均匀性,如图 7-30 所示。此外,各向同性探头应采用光缆与场强计相连,不能用普通金属屏蔽电缆,否则会产生很大的误差。

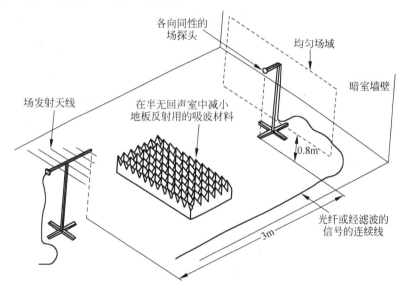

图 7-30 辐射场均匀性测试示意图

同样地,场均匀性测量应是多频率(80MHz~1GHz,步长不大于 10%)、多位置(16 个点)、多极性(垂直极化、水平极化)的测量。建议采用自动测量系统,既省时又省力,数据重复性也好。

应该指出,暗室的性能极大地依赖于其设计与建造。一旦建造完成,很难进行大的修改。因此,设计阶段应尽量考虑周全合理。建造时应精心施工,保证质量,才能使暗室最终具有良好的性能。

7.4　测试项目

测试项目的种类繁多,但在电磁兼容测试中最重要的有 3 部分,分别是干扰的辐射发射测试、干扰的传导发射测试、设备的抗扰度测试。

7.4.1　干扰的辐射发射测试

在 30MHz～18GHz 频段测量干扰的电场强度,1GHz 以下使用开阔场地或半电波暗室,模拟半自由空间;1GHz 以上使用全电波暗室,模拟自由空间。若采用替代法测量,则测试场地可采用开阔场地、半电波暗室或全电波暗室,测量结果用发射功率表示。

在 9kHz～30MHz 频段测量干扰的磁场强度,如果 EUT 较小,则将其放在大磁环天线(Large Loop Antenna,LLA)中测量干扰磁场的感应电流;如果 EUT 较大,则采用远天线法,用单小环在规定距离测量干扰的磁场强度。

1. 30～1000MHz 频段的辐射发射测试

为了对辐射干扰有一个统一的度量,标准不但对测量布置、测量方法作了规定,而且对干扰测量仪、天线和测量场地都作了严格的规定,现分别加以讨论。

1)测量布置和测量方法

标准要求测试在开阔场地或半电波暗室内进行,场地必须符合归一化场地衰减 NSA≤±4dB 的要求。测试布置如图 7-31 所示。

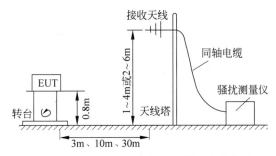

图 7-31　30～1000MHz 辐射发射测试的布置

接收天线和受试设备(EUT)之间的距离应符合远场条件,标准规定为 3m、10m 或 30m。远场的场结构比较简单,电场方向、磁场方向和电波传播方向三者互相垂直,波阻抗(即电场强度与磁场强度之比)为 377Ω,场强随距离衰减。近场的场结构比较复杂,在电波传播方向存在电场或磁场的分量,三者不一定互相垂直,波阻抗不为常数,而是随距离变化,场强随距离的平方或三次方衰减。

比较近场和远场的特性可知,在远场条件下测量场强一致性和重复性较好,测量误差较小。在远场条件下,测试距离 d 应满足以下情况。

(1) $d \geqslant \lambda/2\pi$,若 EUT 被看作偶极子天线,则与理论值相比,误差为 3dB。

（2）$d \geqslant \lambda$，可看作平面波，若 EUT 被看作偶极子天线，则与理论值相比，误差为 0.5dB。

（3）$d \geqslant 2D^2/\lambda$，其中 D 为 EUT 的最大尺寸，该条件仅适用于 $D \gg \lambda$ 的情况。

在 $30\sim1000$MHz 频段，λ 为 $10\sim0.3$m，$d=3$m，10m，30m 时都符合上述远场条件。

标准中给出的限值是针对 10m 法测试的，如果用 3m 法测试，则应该将它们转换为 3m 法的限值，转换公式为

$$L_2 = L_1(d_1/d_2)$$

或

$$L_2(\mathrm{dB}) = L_1(\mathrm{dB}) + 20\lg(d_1/d_2) \tag{7-24}$$

其中，L_1 和 L_2 分别为测试距离为 d_1 和 d_2 时的辐射限值。例如，标准中仅规定了信息技术设备在 10m 测量距离处的辐射干扰限值，由此可转换为 3m 处限值，如表 7-11 所示。

表 7-11　B 级 ITE 在 10m 和 3m 处的辐射限值

频率范围/MHz	准峰值限值/dB(μV/m)	
	10m	3m
$30\sim230$	30	40
$230\sim1000$	37	47

一般不同频段的限值是不一样的，过渡频率点应该采取较低的限值，表 7-11 中 230MHz 的限值应取较低值：10m 法为 30dB(μV/m)，3m 法为 40dB(μV/m)。

需要注意的是，10m 法是标准测试方法，3m 法是替代方法。一是理论误差较大；二是限值转换按自由空间进行，没有考虑地面影响。如果在半电波暗室中测试，3m 法暗室可测试较小的设备，较大的设备应在 10m 法暗室中测试。

在确定测试距离时，常遇到起始点和终止点的问题。起始点是被测设备（EUT）的边框，EUT 应放置在转台的中心，尽量减小由于转台的转动引起的距离误差。终止点应该在天线的相位中心，对称振子天线或双锥天线的相位中心在天线的中间部位，喇叭天线的相位中心在喇叭口面。但是，对数周期天线和混合宽带天线的相位中心是随频率变化的，频率较高时在短振子处，频率较低时在长振子处。如果把终止点定在对数天线的顶端，则高频测量时距离约为 3m，而低频测量时距离偏移较大。由于天线接收的场强 $E \propto f/d$，而由距离引起的测量误差为 $\Delta E \propto f\Delta d/d^2$。显然，对于同样的距离偏移，频率越高，场强的测量误差就越大，所以终止点放在对数周期天线的顶端比较合适。如果天线上已有天线中心的标记，则终止点放在天线中心的标记处，这样的天线在校准时已将距离引起的误差包含在天线系数中了。

考虑到实际使用情况，台式 EUT 放在木桌上，离地面高度通常为 0.8m，立式 EUT 则直接放置在地面，接触点与地面应绝缘。由于达标测试是测量 EUT 可能辐射的最大值，所以 EUT 应放在转台上（可 360°旋转），以便寻找 EUT 的最大干扰辐射方向。接收天线的高度应该在 $1\sim4$m（若测试距离为 3m 或 10m）或 $2\sim6$m（若测试距离为 30m）扫描，记录最大辐射场强。原因是 EUT 的辐射电磁波到达天线有两条途径（见图 7-32），一条是直达波 E_A，一条是通过地面的反射波 E_B，天线接收到的总场强为直达波和反射波的矢量和，即

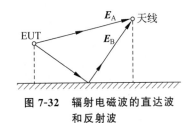

图 7-32 辐射电磁波的直达波
和反射波

$$E = E_A + E_B \qquad (7\text{-}25)$$

由于两条路径长度不同,电磁波到达天线所需时间不同,因此 E_A 和 E_B 有一定的相位差 $\Delta\phi$,总场强与 $\Delta\phi$ 有关。如果 E_A 和 E_B 同相,则两者相加,总场强最大;如果 E_A 和 E_B 反相,则两者相减,总场强最小。$\Delta\phi$ 与天线高度有关,当接收天线高度在 $1\sim4$m 移动时,接收到的场强也以驻波方式变化,波峰和波谷间的高度差约为 $\lambda/4$,因此可以保证在 30MHz 仍能找到最大场强。

测试时,电波暗室内除了 EUT 和接收天线外不能有其他金属物体存在,因为金属物体会反射干扰电磁波,影响测量结果。放置 EUT 的桌子和天线塔必须是非金属的,因为绝缘体对电磁波是透明的。

由于干扰场强的方向是未知的,但总可以分解成水平极化分量和垂直极化分量,所以测量时应把天线水平放置测量水平极化分量,垂直放置测量垂直极化分量。因为测量时接收天线高度要在 $1\sim4$m 移动,所以二次测量所得的最大值不一定发生在同一个位置上,把它们合成起来是没有意义的,应该把两个最大值分别与限值比较,只要有一个超标就算不合格。

应特别注意分布参数对测试的影响。任何金属体之间都存在分布电容和分布电感,与金属体的形状和相对位置有关。分布参数很小,不易计算和测量,但对高频测量有很大的影响,下面举例说明。

(1) 由于整个测试系统是同轴传输系统,天线和电缆都有分布参数,所以应该保持阻抗匹配,即天线的阻抗、同轴电缆的特性阻抗和干扰测量仪的输入阻抗都应相等,一般为 50Ω。阻抗不匹配将引起反射,产生驻波,从而影响读数的准确性。要获得良好的阻抗匹配,一方面,要选择驻波比低的天线、电缆和接收机;另一方面,要确保三者之间的良好连接。

(2) 接收天线周围不能有金属或人体,垂直放置时天线的最低端离地应大于 25cm,以免影响天线的性能。

(3) 接收天线的电缆应与振子垂直,并且在天线架上走一段以后再垂地,以减小电缆的屏蔽层与振子间的分布电容。

(4) EUT 的布置应符合标准要求,不能随意变动。因为位置的变动将引起分布参数的变化,从而改变干扰的辐射场强。

2) 测试不合格后的诊断

设备的电磁辐射发射量超过相关电磁兼容标准规定的限值后,许多人常常想当然地把超标原因归结为屏蔽问题,于是把机箱上所有孔缝都用带导电胶的金属箔封闭,把机箱用导线和测试室的金属地板连接,以加强所谓的"屏蔽接地"效果。但测试结果仍然超标,有时结果甚至更差,超标的频率点也可能发生变化。因此,有必要首先分析一下设备辐射发射的机理。根据以上所述,设备的辐射发射可能由等效磁场天线发射,通过机箱的孔缝泄漏到空间,也可能由等效电场天线通过机箱外接电缆向空间发射。在 RE 测试时,接收天线测到的是这两种天线发出的场强的矢量叠加。所以,当 RE 测试结果超标时,应先判断哪种天线的发射是主要因素。如果外接电缆允许插拔,可以简单地通过插拔外接电缆来判断——如果插拔时干扰强度有明显的变化,则可判断是电场天线起主要作用。但有时外接电缆不允许插拔,如设备正常工作必须依靠外接电缆和辅助设备连接,或者设备的电源线不能拔掉,这时可用电流钳夹住电缆,若电缆上有共模电流,则电流钳就会有电压输出,把输出接到频谱仪上,就可看到共模电流的频谱。大量实践表明,该频谱和 RE 测试时天线接收到的频谱有很强的相关性。如果插拔外接电缆无明显变化,或用电流钳测不到共模电流,则辐射发射主要是由机箱泄漏引起的。这时可用近场磁场探头接频谱仪,探测机箱上的孔缝。若发现某孔缝泄漏较大,可用带导电胶的金属箔封闭该孔缝(注意金属箔应与机箱导电面良好搭接),考查 RE 测试结果是否改善,从而确定泄漏的孔缝。注意,探测孔缝泄漏应该用近场磁场探头,不用近场电场探头,因为孔缝泄漏主要是磁场泄漏。金属体一般是等电位的,电场探头测到的值变化较小,不易判断。

2. 1~18GHz 频段的辐射发射测试

一般采用小口径喇叭天线接收干扰,由于喇叭天线方向性很强,天线不能上下移动,应与 EUT 在同一高度上。为避免地面反射引起的误差,地面上也要铺设吸波材料,构成全电波暗室,标准规定全电波暗室的场地电压驻波比 SVSWR≤4dB。转台仍需 360°转动,以获得最大值。测试距离为 3m。天线的水平极化和垂直极化两种状态都要测试。因为被测设备(如 ISM 设备)在运行期间工作频率可能会有明显变化,所以测试时使用频谱分析仪进行全频段扫描,并且设置为最大保持方式比较适宜。测量结果用电场强度的峰值或平均值表示(不用准峰值),因为在 1GHz 以上运行的大多是数字传输设备,用干扰的准峰值很难判断对误码率的影响。峰值测量时采用 1MHz 的分辨率带宽和视频带宽,平均值测量时仍采用 1MHz 的分辨率带宽,但是视频带宽应缩小至 10Hz,相当于加入一个低通滤波器。

3. 30MHz~18GHz 频段的辐射发射替代法测试

替代法测试的目的是仅测试 EUT 机箱的壳体辐射,所以要求拆除所有可以拆卸的电缆,不能拆卸的电缆上要加铁氧体磁环,并放在不会影响测量结果的位置上。壳体辐射包括两部分,一部分是 EUT 内部的等效磁场天线通过机箱壳体的缝隙向外的辐射,另一部分是机箱壳体作为等效电场天线的一部分向外的共模电流辐射。壳体辐射量用标准发射天线的输入端功率来表示(等效或替代)。手机的杂散辐射就是用替代法测试的。

图 7-33 所示为辐射发射替代法测试的方法和布置。首先用半波振子天线 A(接收)和测量接收机测量出 EUT 的最大干扰值,然后用半波振子天线 B(发射)替代 EUT。调节信号发生器输出功率,直至测量接收机达到同样的值。记录替代天线 B 的输入端功率,即为 EUT 的壳体辐射功率。

由于采用替代法,所以对试验场地的要求比较宽松,只要求替代天线 B 在各方向上移动±10cm,测量值变化不超过±1.5dB 即可。合格的开阔场地、半波暗室和全电波暗室都符合上述要求,都可以进行替代法测试。

接收天线 A 的高度 h 应与 EUT 中心的高度相同,只要求 $h>1m$,接收天线 A 也不需要上下移动。但要求 EUT 在常规放置位置和 90°翻转位置上分别旋转 360°,以便寻找

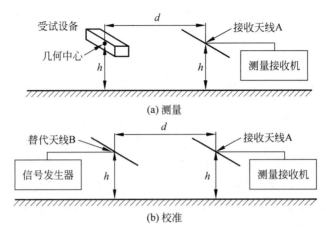

图 7-33　辐射发射替代法测试

EUT 的最大干扰值。

　　测试距离 d 虽然没有明确要求,但最好还应符合远场条件。d 的起始点为 EUT 的几何中心,终止点为接收天线 A 的相位中心。替代试验和校准试验时,替代天线 B 应置于 EUT 的几何中心。

　　对天线的要求:在 30MHz～1GHz 频段,接收天线 A 可采用半波振子天线,也可采用宽带天线;替代天线 B 应使用半波振子天线,也可使用被标准半波振子天线校准过的宽带天线;1～18GHz 用线性极化的喇叭天线。

　　替代法的校准很重要,水平极化和垂直极化状态都要进行校准。校准时发射天线 B 与接收天线 A 平行放置,对于每个频率点,都要记录发射天线的输入功率和测量接收机的接收电压的关系曲线,找出校准系数 $K(f)$。以后测试时就可以不再使用标准发射天线 B,直接测量 EUT 的最大干扰电压,再加入校准系数 $K(f)$,得到 EUT 辐射功率。必须注意,测试时的布置和环境一定要与校准时完全相同,否则校准系数就无法使用了。

4．9kHz～30MHz 频段的磁场辐射发射测试

　　9kHz～30MHz 频段用环形天线测量 EUT 辐射的磁场分量。测量方法有两种:一种是大环天线(LLA)法,如图 7-34 所示;一种是远天线法。采用何种方法主要是由 EUT 的尺寸决定的,如对于 ISM 设备,《工业、科学和医疗设备　射频骚扰特性　限值和测量方法》(GB 4824—2019)规定,直径为 2m 的 LLA 可测量的最大设备的对角线尺寸不应超过 1.6m。大环天线法比较好,因为 EUT 的 3 个正交磁偶极距的磁场分量都可以测量,3 个环上都有电流探头,测量结果用大环上的磁感应电流(dBμA)表示。

　　大环的标准直径为 2m,也可用 1m、1.5m、3m 和 4m 直径的大环,但结果都应转换到 2m 大环上,以便和标准规定的限值比较。大环天线(LLA)测量系统应使用规定的标准天线进行校准,如图 7-35 所示,所以大环天线法也可以视为某种替代法,即 EUT 的磁场辐射强度等效于标准天线的辐射强度。

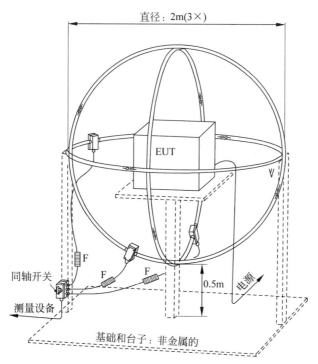

图 7-34　大环天线（LLA）法测量 EUT 辐射的磁场分量

F—铁氧体吸收装置

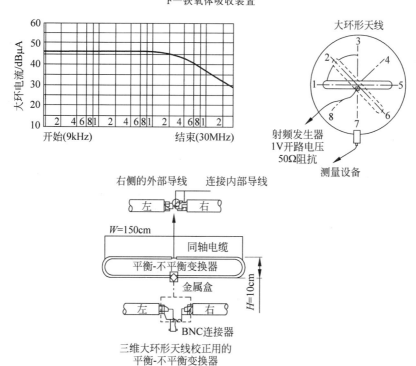

图 7-35　大环天线的校准

如果 EUT 太大,无法使用 LLA 法,则应采用远天线法。例如,GB 4824—2019 规定,尺寸超过 1.6m 的家用感应炊具的辐射磁场测量,使用直径 0.6m 的单小环天线,测量距离为 3m。单小环天线垂直地面放置,最低部高于地面 1m(典型值),转动环天线,记录最大值。由于环平面垂直于地面,所以测量得到的是环天线处磁场的水平分量,但是由于测量处于近场条件,地面又有反射,所以测量值也反映了部分 EUT 的垂直磁场分量。

图 7-36 所示为用小环天线测量电动汽车的磁场辐射。可见干扰的谱线间隔为 10kHz,而电动汽车的 DC-AC 逆变器输出是三相 10kHz 的 PWM 波,供大功率三相交流驱动电机使用,由此可判断干扰源主要是逆变器。

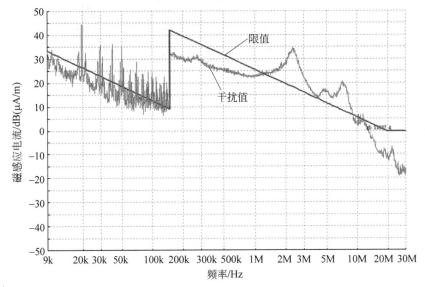

图 7-36　环天线测量电动汽车的磁场辐射(车速为 16km/h 时环天线平面垂直于车身时车辆前端磁场辐射)

7.4.2　干扰的传导发射测试

传导发射测试是测量受试设备(EUT)通过电源线或信号线向外发射的干扰。根据骚扰的性质,传导发射测试可分为连续干扰电压测试、连续干扰功率测试、断续干扰喀呖声测试、谐波测试、电压波动和闪烁测试。

1. 连续干扰电压测试

连续干扰电压测试主要测量 EUT 沿着电源线向电网发射的连续干扰电压,测量频率为 0.15~30MHz,有的设备从 9kHz 开始测量。测量一般在屏蔽室内进行,以避免周围环境电磁场对测量结果的影响。测量时需要在电网和 EUT 之间插入一个人工电源网络(LISN 或 AMN)。

测试时,EUT 和 AMN 的布置、连接线的长度和走向等都应按标准规定的要求进行,不能随意变动。图 7-37 所示为台式设备的传导干扰测量布置图。应特别注意分布参数对测

试的影响,如 AMN 外壳要良好接地,短路外壳与地面的分布参数,否则将影响电网和 EUT
之间的隔离。下垂线离地大于 40cm,因为二者间有分布电容。长线折叠时不能绕成线圈,
用 Z 形折叠,以减少分布电感的影响。便携式设备测试时应加人工手,如图 7-38 所示。

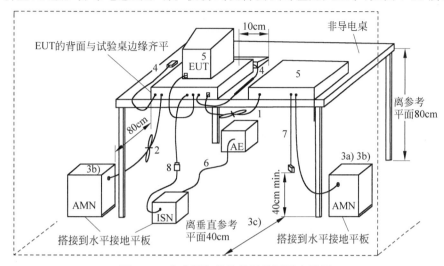

图 7-37 台式设备的传导干扰测量布置图

AMN—人工电源网络;AE—相关设备;EUT—受试设备;ISN—阻抗稳定网络

1 如果悬垂的电缆的末端与水平接地平板的距离不足 40cm,又不能缩短至适宜的长度,那么超长的部分应来回折叠成长 30~40cm 的线束。

2 电源线的超长部分应在其中心折叠成线束或缩短至适宜的长度。

3 EUT 与一个 AMN 相连。所有 AMN 和 ISN 也可与垂直接地平板或金属侧壁相连。

　3a) 系统中所有其他的单元均通过另外一个 AMN 供电。多插座的电源板可供多个电源线使用。

　3b) AMN 和 ISN 与 EUT 之间的距离应为 80cm,AMN 与其他的单元和其他金属平面之间的距离至少为 80cm。

　3c) 电源线和信号电缆的整体应尽量放在离垂直接地平板 40cm 的位置。

4 手动操作的装置(如键盘、鼠标等)应按正常使用时的位置放置。

5 除了监视器,其他外设和控制器之间的距离应为 10cm,如果条件允许,监视器可直接放置在控制器上。

6 用于外部连接的 I/O 信号电缆。

7 如需要,可以使用适当的终端阻抗端接那些不与 AE 相连的 I/O 电缆。

8 如果使用电流探头,应将电流探头放在离 ISN 0.1m 远处。

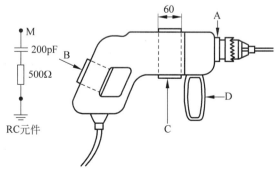

图 7-38 人工手

2. 连续干扰功率测试

连续干扰功率测试主要测量 EUT 沿着电源线向外发射的连续干扰功率,测量频率为 30~300MHz,测量一般在屏蔽室内进行,以避免周围环境电磁场对测量结果的影响。

当测量频率升高到 30MHz 以上时,人工电源网络 AMN 内的电感器、电容器的分布参数影响加大,使其不能起到良好的隔离和滤波作用,所以应采用功率吸收钳进行测量。功率吸收钳的结构如图 7-39(a)所示。其中,C 是电流探头,包括铁氧体磁环和探测线圈,作用是测量电源线上的干扰共模电流;D 是铁氧体环组,作为干扰共模电流的稳定负载,吸收干扰功率,并用于隔离 EUT 和电网,如果在 50MHz 以下铁氧体磁环组 D 不能充分起到射频隔离作用,则应在电网端再加一个辅助吸收钳 F,它也是由铁氧体磁环组成;E 也是铁氧体磁环组,用于吸收外场在电流探头引出电缆上产生的共模电流,以免影响测量结果。

测量布置如图 7-39(b)所示,EUT 的电源线长度应加长到大于 6m,即大于 30MHz 的半波长加上吸收钳的长度。电源线应安置在特制的测试架上,对于每个测试频率点,吸收钳可沿着电源线在测试架上移动,找出最大值,因为共模电流在电源线上是以驻波形式出现的。

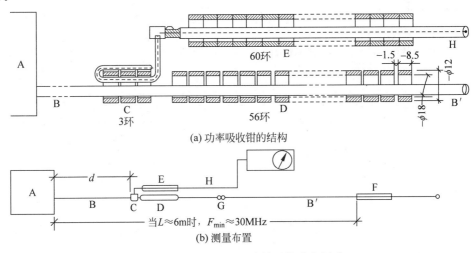

(a) 功率吸收钳的结构

(b) 测量布置

图 7-39　30~300MHz 连续干扰功率测试

需要注意的是,这种测量方法虽然是在电源线上进行的,但是实际上并不是传导发射测试,而是辐射发射测试。这里把 EUT 等效成电场天线,天线的一部分是外接电源线,另一部分则是 EUT 的金属机箱。电场天线由 EUT 内部的共模干扰源驱动,在外接电源线上产生共模干扰电流,从而向周围发射电磁波,该等效的共模干扰源是由于 EUT 内部的电路设计或布线不当形成的。这种方法实际上是想通过用吸收钳测量电源线上的共模干扰电流确定 EUT 内部的共模干扰源的发射量,该发射量用 50Ω 标准信号源的发射功率等效表示。因此,功率吸收钳测量系统应事前进行校准,得到修正因子-频率曲线。校准布置如图 7-40 所示。

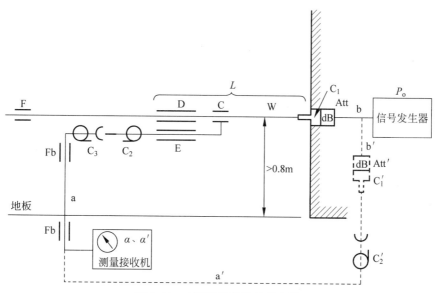

图 7-40　功率吸收钳的校准布置

W—校准线；C—电流变换器；D—功率吸收体和阻抗稳定器部分；E—吸收套筒；F—附加的吸收钳，频率小于 50MHz；C_1—用于连接校准线 W 和衰减器的贯通同轴连接器；C_2—连接到吸收钳内部同轴电缆的同轴连接器；C_3—连接接收机电缆且与 C_2 配套使用的同轴连接器；a—连接吸收钳和测量接收机的同轴电缆；b—连接信号发生器和衰减器的同轴电缆；Att—衰减器；C_1'、C_2'、a'、b'、Att'—分别代表放在虚线位置上的 C_1、C_2、a、b、Att。此时信号发生器和测量接收机直接连接，测量接收机的读数只包括衰减器和同轴电缆上的衰减；L—此位置上仪表指示最大，吸收钳连同被测导线在内的插入损耗；P_o—信号发生器携带 50Ω 负载时的恒定输出；α—连接吸收钳后，测量接收机的最大指示；α'—仅通过衰减器和同轴电缆（按虚线）连接信号发生器时，测量接收机的指示；Fb—多个铁氧体吸收环，即套管

　　校准时先把 50Ω 标准信号源发射的校准信号直接输入测量接收机，记录读数 α'；然后把校准信号输入校准线，移动功率吸收钳，找出第 1 个最大值，记录读数 α；于是得到插入损耗 $L=\alpha'-\alpha$。因为干扰功率用 dBpW 表示，测量接收机的读数用 dBμV 表示，对于 50Ω 系统，二者差 17dB，为了方便起见，厂家直接将 17dB 从插入损耗中减去，给出修正因子。所以，测量时只要将测量接收机的读数加上修正因子就是干扰功率。

　　需要注意的是，厂家给出的功率吸收钳的修正因子是在开阔场地上进行校准得到的，仅在校准线一端有面积较大的金属板，作为等效电场天线的一部分。实际测量时一般在屏蔽室内进行，金属壁有反射，屏蔽腔体中存在谐振，这些都可能影响测量结果，所以建议在实际测试的屏蔽室内进行功率吸收钳的校准，获得修正因子-频率曲线。

　　有些标准用电源线上的连续干扰功率测试替代整个 EUT 的辐射发射测试，但需要考虑以下问题。

　　（1）EUT 除电源线外还可能有其他电缆，其他电缆也可能有辐射发射。

　　（2）EUT 的辐射发射除了等效电场天线作用外，还有等效磁场天线通过机箱壳体的缝隙向外的辐射。

（3）等效电场天线的一部分是外接电缆，另一部分则是 EUT 的金属机箱。

当机箱尺寸接近被测频率的 1/4 波长时，机箱的发射效率将大大提高。所以，用吸收钳法评价 EUT 全部辐射能力的限制条件如下。

（1）单电缆连接。

（2）机箱屏蔽较好。

（3）小型 EUT。

（4）限制在 30～300MHz 频段测试。若频率再提高，一方面，波长变短可与机箱接近；另一方面，电源线上的漏泄增加。

当然，如果用吸收钳法进行诊断测试，上述限制就没有必要。

功率吸收钳法虽然相当于辐射发射测试，但二者是有区别的。辐射发射测试测量的是 EUT 在空间的场强，场强与电源线上的共模电流有关，同一个干扰源发射的共模电流与电源线的长度有关。一般电源线长度为 2m 左右，功率吸收钳法要求电源线长度大于 6m，显然共模电流与实际不符，但干扰源是不变的，所以吸收钳法测量的是共模干扰源的功率，只是通过测量共模干扰电流来实现，这就必须事先进行校准，从某种意义上讲也是一种替代法测试。

由于测试架上的被测电源线相当于辐射天线，所以测试时人应远离测试架，更不允许直接用手移动吸收钳去找驻波的最大值。测量接收机应安放在远离 EUT 的一端，吸收钳和测量接收机之间的连接电缆最好也套上磁环。

3．断续干扰喀呖声测试

相对于连续干扰，断续干扰的发生是间断性的，在自动程序控制的机械和其他电气控制或操作的设备中，开关操作会产生断续干扰，喀呖声属于断续干扰。它产生的危害比连续干扰小一些，因此干扰限值也应适当放宽。

测量时首先要根据干扰发生的持续时间、间隔时间、发生次数等判断其是否为喀呖声，然后确定喀呖声限值的放宽程度，最后判断喀呖声是否超过限值要求。

断续干扰测量布置和连续干扰相同，如图 7-41 所示。图 7-41 中 EUT 发出的干扰经人工电源网络 AMN 送至干扰测量仪，进行幅度测量，同时测量仪的中频输出则送到喀呖声分析仪进行时域分析，判断其是否属于喀呖声。

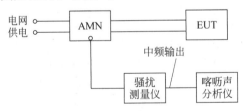

图 7-41　断续干扰测量布置

喀呖声是干扰持续时间小于 200ms 且相邻两个干扰的间隔时间大于 200ms 的断续干扰。图 7-42(a) 列出了喀呖声的例子，这里包括了二次喀呖声。当干扰脉冲间隔较大时

($T \gg 2/B$)，从测量仪的中频输出波形可以清晰地辨别出一个个脉冲，右边的喀呖声就是这种情况。当干扰脉冲间隔很小时($T \ll 2/B$)，测量仪的中频输出脉冲波形叠加在一起，左边的喀呖声就是这种情况。

应该注意的是，并非所有断续干扰都是喀呖声，如图 7-42(b)、图 7-42(c)、图 7-42(d)所示都不能算喀呖声。图 7-42(b)中脉冲串的连续时间太长，超过 200ms；图 7-42(c)中相邻两次干扰的间隔时间小于 200ms；图 7-42(d)虽然是喀呖声，但发生的频度太高，2s 内超过 2 次，总体上看也不属于喀呖声。

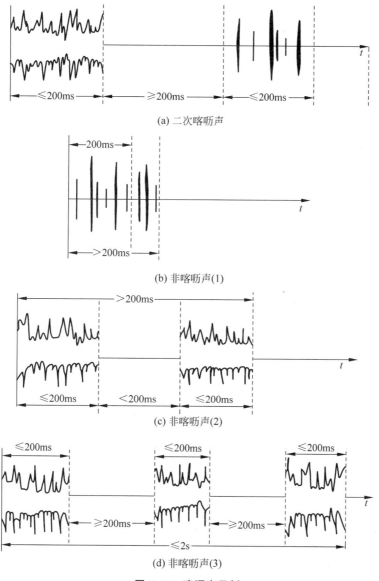

(a) 二次喀呖声

(b) 非喀呖声(1)

(c) 非喀呖声(2)

(d) 非喀呖声(3)

图 7-42　喀呖声示例

喀呖声发生的频率用喀呖声率 N 来表示，N 是 1min 内的喀呖声次数，它决定了喀呖声的危害程度。N 越大，越接近连续干扰，其幅度限值 L_g 应等同于连续干扰的限值 L；N 越小，危害程度越小，其幅度限值 L_g 应该放宽，放宽程度由式(7-26)决定。

$$L_g(\text{dB}) = \begin{cases} L+44, & N<0.2 \\ L+20\lg\left(\dfrac{30}{N}\right), & 0.2\leqslant N<30 \\ L, & N\geqslant 30 \end{cases} \tag{7-26}$$

EUT 产生的喀呖声干扰是否合格，应按"上四分位法"确定，即在观察时间内记录的喀呖声中若有 1/4 以上幅度超过喀呖声限值 L_g，则判定产品不合格。

4. 谐波测试

谐波测试主要测量 EUT 工作时注入电网中的 50Hz 工频谐波，测量电路如图 7-43 所示。EUT 的供电电源 S 要求为纯净电源，纯净电源本身也需电网供电，但可输出频率稳定、幅度稳定、不会产生额外谐波的电源。EUT 产生的谐波电流由分流器 Z_m 取样，送入谐波分析仪 M 进行测量。

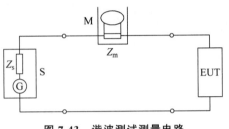

图 7-43　谐波测试测量电路

谐波分析仪采用离散傅里叶变换(Discrete Fourier Transform,DFT)方法分析，即把时域波形通过 A/D 变换，再进行快速傅里叶变换(Fast Fourier Transform,FFT)，得到频谱。该方法快速、准确，用数字芯片即可完成，设备结构简单、体积小。

FFT 把矩形窗口作为一个周期，窗口内包含 10 个完整的 50Hz 基波波形，长度为 200ms，A/D 变换器取样率为 5kHz，一个窗口 1000 点。对此周期性信号进行傅里叶变换得到频谱，谱线间隔为 5Hz，可测量 50Hz 基波、高次谐波和各种谐间波，即使电源电压的幅度和频率有所波动，也能保证足够的精度。

根据傅里叶变换原理，当波形上下完全对称时，偶次谐波分量为零，所以一般奇次谐波分量的限值要大于偶次谐波分量的限值。当谐波电流小于 5mA 或小于输入电流的 0.6% 时可不予考虑。当谐波次数大于 19 次时可考虑其总频谱，如果总频谱的包络线随谐波次数增加而单调下降，则最多只要测到第 19 次谐波。EUT 开关电源瞬时(10s)之内产生的谐波可不作考虑。对其他瞬态谐波电流的限值应等同于稳态谐波电流限值，但如果谐波瞬态仅发生在 2.5min 观察周期的 10% 以内，则限值可放宽为稳态电流的 1.5 倍。

谐波测试是低频测试，40 次工频谐波只有 2kHz，所以不必考虑分布参数的影响。

5. 电压波动和闪烁测试

电压波动和闪烁测试主要测量由 EUT 引起的电网电压的变化。电压变化产生的干扰影响不仅取决于电压变化的幅度，还取决于它发生的频率。电压变化通常用两类指标来评价，即电压波动和闪烁。电压波动指标反映了突然的较大的电压变化程度，而闪烁指标则反映了一段时间内连续的电压变化情况。

1）电压波动测试

电源电压突然发生变化的情况如图 7-44（a）所示，针对这种情况可以画出图 7-44（b），横轴是时间，纵轴 $U(t)/U_n$ 为变动电压的有效值 $U(t)$ 与额定电源电压有效值 U_n 的比值，电压波动的 3 个指标如下。

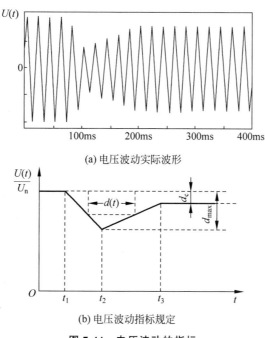

(a) 电压波动实际波形

(b) 电压波动指标规定

图 7-44　电压波动的指标

（1）最大相对电压变化特性 d_{max}：电压变化的最大值和最小值之差相对于额定电压有效值 U_n 的百分比，标准要求 $d_{max} \leqslant 4\%$。

（2）相对稳态电压变化特性 d_c：两个相邻的稳态电压差相对于额定电压有效值 U_n 的百分比，标准要求 $d_c \leqslant 3\%$。

（3）相对电压变化特性 $d(t)$：在处于稳态至少 1s 的两个相邻电压之间，有效值电压（相对于额定电压）随时间的变化特性，如图 7-44（b）中 $t_1 \sim t_3$ 的相对电压变化。标准要求电压变化 $d(t) > 3\%$ 的持续时间应不大于 200ms。

2）闪烁测试

电源电压变化时会对电网中的各种设备产生危害，如引起白炽灯的闪烁刺激人眼等，标准中就以人眼对白炽灯闪烁的感受作为评价电压变化在一段时间内产生的危害程度的指标。规定工作在 50Hz、230V 电网中的 60W 螺旋灯丝的白炽灯，闪烁指标有两个。

（1）短期闪烁（P_{st}）：在短时期（10min 内）估算出的闪烁危害度，标准要求 $P_{st} \leqslant 1$。

（2）长期闪烁（P_{lt}）：利用长时期（2h 内）相继发生的 P_{st} 值，估算出闪烁危害程度，估算方法为

$$P_{lt} = \sqrt[3]{\sum_{i=1}^{N}(P_{st})_i^3 / N} \qquad (7\text{-}27)$$

2h 包括 12 个 P_{st} 的观察周期(10min),所以 $N=12$,标准要求 $P_{lt} \leqslant 0.65$。

电压波动和闪烁的测量布置如图 7-45 所示。

首先需要一个高质量的交流电源 G 给 EUT 供电,额定电压输出应为 230V,要求幅度稳定(±2.0%),频率稳定(50Hz±0.5%),电压总谐波失真≤3%,短期闪烁 $P_{st}<0.4$。电源线路阻抗也要求统一,应为

$$R_A + jX_A = 0.4 + j0.25\Omega \qquad (7\text{-}28)$$

图 7-45 中 M 为电压波动和闪烁测量仪,它实际上是一台专用的幅度调制信号分析仪,把电源频率上调制的电压变化波形解调出来进行分析,得到电压波动的 3 个指标。测量闪烁时,该调制信号送入"白炽灯-人眼-人脑对电压变化的响应"模拟网络,然后再对模拟网络的输出进行概率统计处理,求得 P_{st} 和 P_{lt}。图 7-46 给出了 $P_{st}=1$ 时电压相对变化 $U(t)/U_n$ 与电压变化频率的关系曲线,可以看出在闪烁危害程度不变($P_{st}=1$)的情况下,电压变化越频繁,所需的电压幅值变化越小,而在电压变化不太频繁的情况下则允许较高的电压变化。但是,当电压变化超过每分钟 1000 次以后曲线反而呈上升趋势,因为人眼对快速变化已无法反应了。

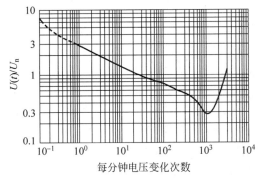

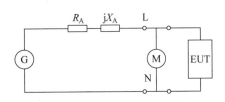

图 7-45　电压波动和闪烁的测量布置

图 7-46　$P_{st}=1$ 时电压相对变化与电压变化频率关系曲线

在电压波动和闪烁测试时,对于一次运行时间超过 30min 的设备需进行 P_{lt} 评估。对于紧急开关或紧急中断,限值不适用,当电压变动是由人为开关引起的,或发生率小于 1 次/h 时,不考虑 P_{st} 和 P_{lt},电压变动的限值可放宽至上述限值的 1.33 倍。

电压波动和闪烁测试是低频测试,所以不必考虑分布参数的影响。

7.4.3　设备的抗扰度测试

设备的抗扰度测试又称为设备的敏感度(EMS)测试,目的是测试设备承受各种电磁干扰的能力。试验结果应标明试验等级和性能判据。以下针对干扰的不同性质、不同传播途径和方式,叙述各种不同的测试方法。

1．辐射电磁场抗扰度试验

辐射电磁场抗扰度试验可评估 EUT 对来自空间的 80～1000MHz 的辐射电磁场的抗扰度。空间的电磁波可以穿过金属机箱上的孔缝,直接作用到各个电路(等效磁场天线)上,也可以被设备的外接电缆(等效电场天线)接收,侵入设备内部。

辐射电磁场抗扰度的试验布置如图 7-47 所示。信号发生器提供一定的功率调幅信号给发射天线,载波频率为 80～1000MHz,调制信号为 1kHz 正弦波或方波,调幅度为 80%,该信号经天线发射后在 EUT 处形成一个规定场强的电磁场,考查 EUT 的工作性能是否下降。试验等级如表 7-12 所示,试验场强指无调制时的载波场强。

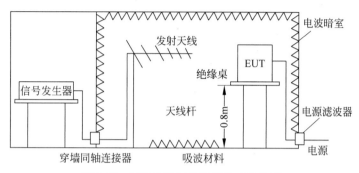

图 7-47　辐射电磁场抗扰度的试验布置

表 7-12　辐射电磁场抗扰度的试验等级(80～1000MHz)

试 验 等 级	试验场强/($V \cdot m^{-1}$)
1	1
2	3
3	10

测试应该在全电波暗室中进行,避免强的试验场强对周围环境的影响。地面上应铺设吸波材料,因为金属地板的反射波将严重影响测试区域的场均匀性。标准规定了测试面场均匀性的校准方法：如图 7-48 所示,把 EUT 移走,在高于地面 0.8m 处的 1.5m×1.5m 的垂直平面内设 16 个点,在每个点上用场传感器测试场强,要求在定义的区域内 75% 表面上场强值的变化在 0～6dB,即 16 个测点中至少有 12 个点的场强互相之间的差值小于 6dB。场传感器应体积小,信号用光纤传输,避免金属电缆对场强的影响。

场均匀性校准结束后,要记录对应于各个试验等级的天线输入信号功率,存入数据库,以便在正式测试时调用。

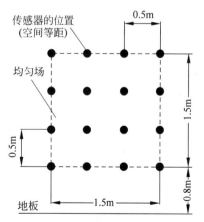

图 7-48　场均匀性的校准点布置

注意事项如下。

（1）测试时，放入 EUT 后很可能会影响场均匀性，而且实际场强也很可能有变化，这是允许的。因为校准时测试面是空的，并且校准信号是不带调制的载波，放入 EUT 后场的分布会发生变化，载波调制后功率也会有所减小，但这些都可以不必理会。

（2）测试面场强的不均匀是由电波暗室的反射和发射天线的方向性引起的，垂直极化和水平极化的方向性图不同，暗室的反射情况也不同，因此两种极化方式都要测试场均匀性。方向性图只在远场条件下适用，近场的场分布复杂，相对位置稍有变动场强变化就很大，所以还应在远场条件下测试。

（3）发射天线应能承受足够的能量，双锥天线的收、发分别是两副天线。天线的驻波比应越小越好，发射用的双锥天线在 80MHz 以下驻波比很差，发射不出功率，所以辐射抗扰度试验只能从 80MHz 开始做，80MHz 以下做传导抗扰度试验。

频率较低的辐射电磁场抗扰度试验可在横电磁波小室（TEM Cell）中进行，如图 7-49（a）所示。横电磁波小室实质上是同轴传输线的一种变形，将同轴线的外导体扩展为矩形箱体，内导体渐变成扁平芯板，当其一端接宽带匹配负载，另一端送入激励功率时，小室内就能建立起横电磁行波。图 7-49（b）为小室横截面上场的分布，实线代表电场，虚线代表磁场。EUT 放在小室中心底部的绝缘座上，有效利用空间（场均匀的空间）约为整个体积的 1/3。小室的最高工作频率取决于小室的体积，体积越大，最高工作频率越低，一般横电磁波小室用于 500MHz 以下的测试。横电磁波小室不但可用于 EUT 的抗扰度测试，也可用于 EUT 的辐射发射测试。

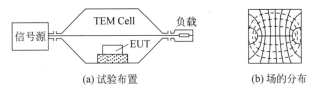

(a) 试验布置　　　　　　　　(b) 场的分布

图 7-49　横电磁波小室（TEM Cell）辐射电磁场抗扰度试验

2. 射频场感应的传导干扰抗扰度试验

射频场感应的传导干扰抗扰度试验可评估 EUT 对来自空间的 150kHz～80MHz 的电磁场的抗扰度。当频率较低，波长大于机箱上的孔缝长度时，空间的电磁波难以穿过金属机箱上的孔缝侵入设备内部。但设备的外接电缆（电源线、信号线、控制线、地线）作为等效场天线可以接收空间的电磁波，感应出干扰电压或电流，以共模传导方式作用在设备的敏感部分。本试验没有采用天线发射空间电磁场的方法，而是把干扰直接注入 EUT 的外接电缆。因为电缆在频率较低时电长度小，若要在电缆上感应出足够的干扰电流，则需要很大的场强，这是很不经济的。此外，若多条电缆平行走线或绑扎在一起，通过电缆间的分布电容和分布电感会发生串扰，在电缆上感应出共模干扰电流，以传导方式侵入设备内部。由于以上原因，有必要做传导干扰抗扰度试验。试验布置如图 7-50 所示。

图 7-50 中的功率射频信号发生器为 EUT 提供所要求的限值电平的干扰信号，如表 7-13

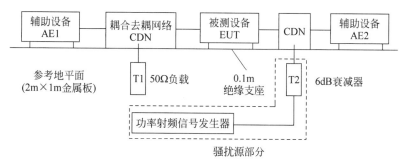

图 7-50 射频场感应的传导干扰抗扰度试验布置

所示。载波频率为 150kHz~80MHz,幅度调制信号为 1kHz 正弦波或方波,调幅度为 80%。

表 7-13 射频场感应的传导干扰抗扰度试验等级(150kHz~80MHz)

试验等级	限值/dBμV	有效电压/V
1	120	1
2	130	3
3	140	10

图 7-50 中衰减器 T2 起隔离和衰减作用,同时减小由于阻抗不匹配带来的影响。EUT 应放在 0.1m 高的绝缘支座上,测试系统的参考地平面为 2m×1m 的金属板。辅助设备 (Auxiliary Equipment,AE)是为保证 EUT 正常工作而提供所需信号、负载、控制等的设备。CDN 是耦合去耦网络,其中的耦合部分是把干扰信号以共模方式耦合到 EUT 的被测端口上,去耦部分(共模流圈和去耦电容组成的低通滤波器)是抑制干扰信号耦合到辅助设备上。CDN 有很多不同的类型,应根据 EUT 和 AE 之间的连接电缆类型来确定,如同轴电缆、屏蔽电缆、非屏蔽平衡电缆和不平衡电缆等,CDN 还包括直接注入装置和夹钳注入装置 (电流夹钳、电磁夹钳)。如果是屏蔽电缆,则干扰电流注入电缆的屏蔽层;如果是非屏蔽电缆,则干扰信号直接注入各条线。图 7-51~图 7-54 为各种 CDN 的例子。标准规定 CDN 由 EUT 端口的共模阻抗应视为 150Ω。试验系统校准时应按图 7-55 进行电平调整,输入无调制载波信号,把 CDN 的 EUT 端口的共模电平调整到表 7-13 要求的限值,记录输入信号电压值。测试时载波信号仍然使用该值,然后加上调制再输出。由于 EUT 的共模阻抗不一

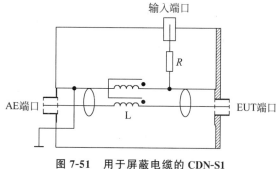

图 7-51 用于屏蔽电缆的 CDN-S1

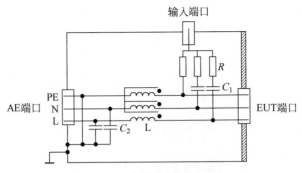

图 7-52　用于未屏蔽电源的 CDN-M3

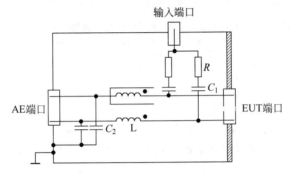

图 7-53　用于未屏蔽不平衡线路的 CDN-AF

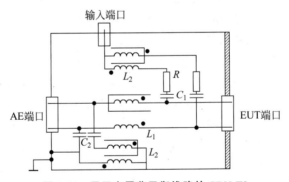

图 7-54　用于未屏蔽平衡线路的 CDN-T2

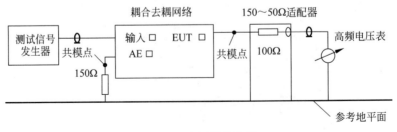

图 7-55　电平调整装置

定为 150Ω，而且是带调制的信号，因此实际加入 EUT 的共模电平可能会有变化，但这是允许的。测试时应注意，CDN 的金属机壳与金属参考地面应良好搭接，EUT 和 AE 都不接地；EUT 和 CDN 间的连接电缆不能放在金属参考地上，应保持标准规定的距离，因为干扰信号是以共模方式加在电缆和地之间的，距离不同，二者间的分布参数也不同，进入 EUT 的干扰量也不同。

3. 静电放电抗扰度试验

静电放电抗扰度试验用于评估 EUT 在遭受静电放电（ESD）时的抗扰度，试验等级如表 7-14 所示。放电部位应是 EUT 上人体能经常接触的地方，如面板、键盘、接插件等，但一般不对接插座内的端子实施放电，这样会损坏设备。

表 7-14 静电放电试验等级

试 验 等 级	接触放电试验电压/kV	空气放电试验电压/kV
1	2	2
2	4	4
3	6	8
4	8	15

静电放电有两种形式：接触放电和空气放电。接触放电时静电枪的电极直接与 EUT 保持接触，然后用静电枪内部的放电开关控制放电，接触放电一般用于对 EUT 的导电表面和耦合板的放电。空气放电是静电枪的放电开关已处于开启状态，把静电枪的电极尽快移近 EUT，从而产生火花放电，移动速度将影响放电电流波形的上升时间和幅度。空气放电一般用在 EUT 的孔缝、键盘和绝缘面处。静电枪应经过专用的电流传感器（靶标）校准后才能使用，标准的放电电流波形如图 7-56 所示。放电器的电极结构如图 7-57 所示。台式设备静电放电试验的布置如图 7-58 所示。

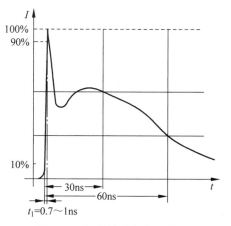

图 7-56 标准的放电电流波形

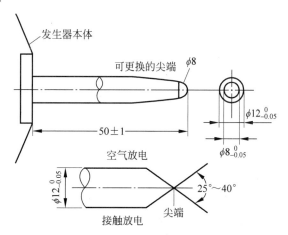

图 7-57 放电器的电极结构

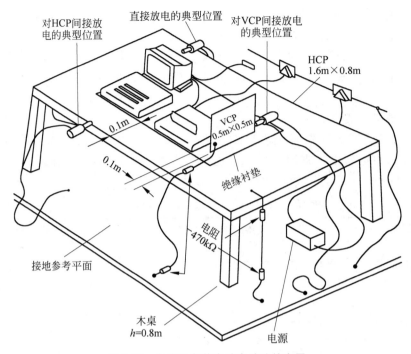

图 7-58 台式设备静电放电试验的布置

直接放电(包括接触放电和空气放电)是对 EUT 放电,间接放电是对 EUT 附近的水平和垂直金属耦合板放电。静电放电试验与环境温度、湿度、操作方式有关,进行高等级的试验时应从低等级一步步往上做。正、负两种极性的静电放电试验都要做。

直接放电时,静电枪的电极应与放电面垂直,保证测试可重复性。放电点的选择,可用 20 次/s 的放电频率确定敏感点。正式测试时应以单次放电方式进行,每次间隔至少 1s,否则静电枪来不及充上足够的电进行下一次放电。每个放电点至少放电 10 次,每次空气放电结束后要移开静电枪,然后再快速接近放电点进行下一次放电。静电放电电流的途径为:静电枪→放电点→机壳→EUT 接地点→EUT 电源的 PE 线或接地线→接地参考平面→静电枪的接地线(放电回流电缆)→静电枪。由于放电电流脉冲是宽带信号,具有可达 1GHz 的高频成分,而且幅度很高,放电回流经过静电枪接地线时周围会产生很强的瞬态电磁场,可能对 EUT 产生额外的附加影响,所以测试时静电枪接地线应离 EUT 至少 0.2m 以上。静电枪接地线的标准规定长度为 2m,由于线上有分布电感,与放电电流波形相关,若长度变化会导致分布电感变化,所以不能轻易改变,测试时若嫌 2m 线太长,不要直接放在金属板上或绕成线圈状,应离开金属板并折叠成无感的 Z 形。

如果 EUT 不接地,如便携式设备,静电放电电流无法直接到达接地参考平面,只能通过 EUT 和水平耦合板之间(中间有 0.5mm 的绝缘层)的分布电容到达水平耦合板,再通过两端带 470kΩ 的泄放电阻线到达接地参考平面。由于分布电容的存在,每次放电后机壳上的电荷不能及时泄放,若 1s 后立即进行下一次放电,由于机壳上的电荷累积,实际放电电压可能超出规定要求。所以,对 EUT 不接地的设备,放电点处的金属面应使用两端带 470kΩ 的泄放电阻线直接连接到水平耦合板,跳过 0.5mm 的绝缘层,加快泄放速度。

间接放电时,静电枪的电极应与耦合板在同一平面内,电极与耦合板边缘线接触并垂直。寻找 EUT 四周的敏感处放电,放电点距 EUT 0.1m,通过耦合板和 EUT 之间的分布电容,把瞬态高场强耦合到 EUT 上。水平耦合板和垂直耦合板都使用两端带 470kΩ 的泄放电阻线连接到接地参考平面。

4. 电快速瞬变脉冲群抗扰度试验

某些设备在执行操作瞬态过程(如断开电感性负荷、继电器接点弹跳等)中会产生瞬态脉冲群(EFT)干扰,通过辐射和传导方式耦合到 EUT 的外接电缆上,产生共模干扰电流,侵入 EUT 内部。进行 EFT 抗扰度测试时,EFT 模拟发生器产生的脉冲群如图 7-59 所示,脉冲群发生 15ms,间隔 300ms,脉冲群中的脉冲重复周期由试验等级决定。单个脉冲的波形如图 7-60 所示。这是一个双指数脉冲,上升时间为 5ns,宽度为 50ns。试验时 EFT 通过耦合去耦器 CDN 直接加到 EUT 的电源线上(见图 7-61),也可利用电容性耦合夹通过分布电容耦合到 EUT 的信号线或控制线上(见图 7-62)。因为 EFT 都是以共模方式进入 EUT 端口的,所以 CDN 外壳应与金属参考地良好搭接。测试时应注意,EUT和 CDN 或电容性耦合夹间的距离应小于1m,它们之间的连接电缆不能放在金属参考地上,应离地 10cm,以免干扰在进入EUT 之前通过分布电容泄漏一部分入地;若电缆过长,应折叠成无感的 Z 形。试验等级如表 7-15 所示。

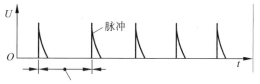

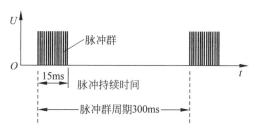

图 7-59 EFT 模拟发生器产生的脉冲群

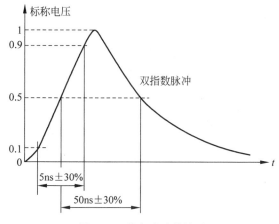

图 7-60 单个脉冲的波形

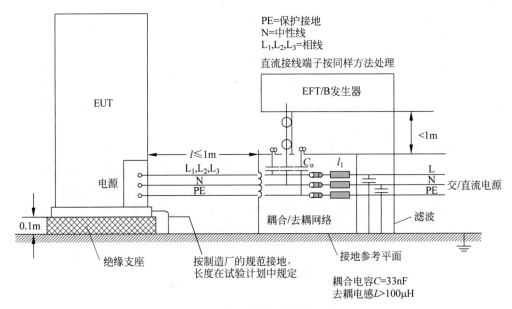

图 7-61 EFT 通过耦合去耦器加到 EUT

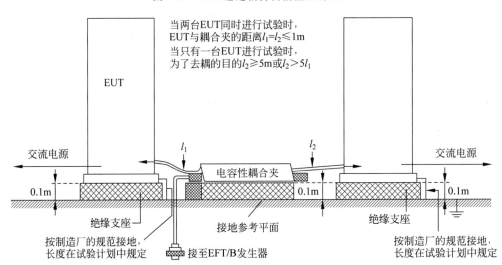

图 7-62 EFT 通过电容性耦合夹耦合到 EUT

表 7-15 电快速瞬变脉冲群抗扰度试验等级

试 验 等 级	电 源 端 口		I/O、信号、数据、控制端口	
	开路输出试验电压峰值 /kV	脉冲重复频率 /kHz	开路输出试验电压峰值 /kV	脉冲重复频率 /kHz
1	0.5	5	0.25	5
2	1	5	0.5	5
3	2	5	1	5
4	4	2.5	2	5

5. 浪涌（冲击）抗扰度试验

浪涌（冲击）抗扰度试验用于评估 EUT 对大能量的浪涌（冲击）干扰的抗扰度，如电力系统的操作瞬态、雷击（不包括直击雷）、瞬态系统故障等。浪涌模拟器的输出波形如图 7-63 所示。此外，通信设备的浪涌常用开路电压波形 $10/700\mu s$。

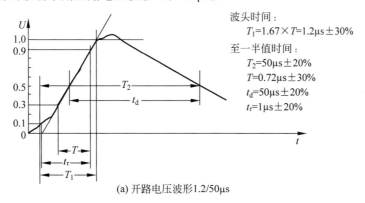

波头时间:
$T_1=1.67 \times T=1.2\mu s \pm 30\%$
至一半值时间:
$T_2=50\mu s \pm 20\%$
$T=0.72\mu s \pm 30\%$
$t_d=50\mu s \pm 20\%$
$t_r=1\mu s \pm 20\%$

(a) 开路电压波形1.2/50μs

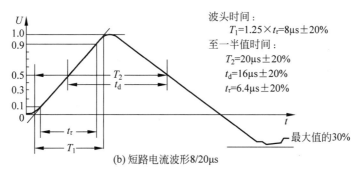

波头时间:
$T_1=1.25 \times t_r=8\mu s \pm 20\%$
至一半值时间:
$T_2=20\mu s \pm 20\%$
$t_d=16\mu s \pm 20\%$
$t_r=6.4\mu s \pm 20\%$

最大值的30%

(b) 短路电流波形8/20μs

图 7-63　浪涌模拟器的输出波形

浪涌可以通过不同的耦合去耦器，以共模形式（线-地）或差模形式（线-线）作用到 EUT 的端口上，如图 7-64 和图 7-65 所示。试验等级如表 7-16 所示。

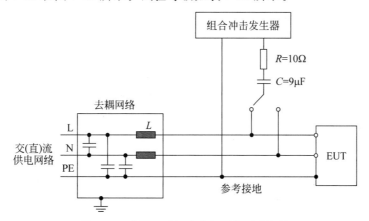

图 7-64　浪涌通过耦合去耦器加到电源线

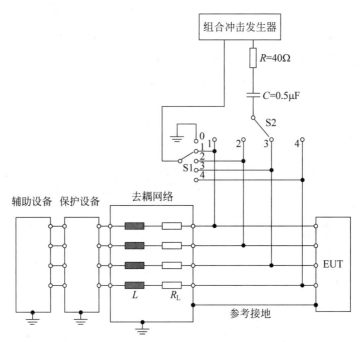

图 7-65 浪涌通过耦合去耦器加到信号线

表 7-16 浪涌抗扰度的试验等级

试 验 等 级	开路试验电压峰值/kV
1	0.5
2	1
3	2
4	4

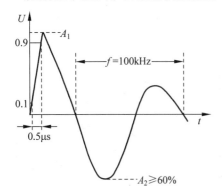

图 7-66 振铃波形(开路电压和短路电流)

浪涌加到电源线时,浪涌模拟器的等效源阻抗为共模 12Ω,差模 2Ω;加到信号线时为 42Ω。浪涌有正、负极性,加入电源时还要考虑电源的相位,以达到最严酷的程度。一般施加 5 次,每分钟 1 次,给受试器件留有散热时间。

6. 振铃波浪涌抗扰度试验

浪涌在传输线上传输时,由于分布参数的影响会产生振荡,本试验评估 EUT 对这种振铃波的抗扰度。振铃波浪涌模拟器的输出波形如图 7-66 所示,一般加在电源线上,通过耦合去耦器送至线-线和线-地之间。试验等级如表 7-17 所示。

表 7-17　振铃波浪涌抗扰度试验等级

试 验 等 级	共模/kV	差模/kV
1	0.5	0.25
2	1	0.5
3	2	1
4	4	2

7. 电压暂降、短时中断和电压变化的抗扰度试验

EUT 由电源试验发生器供电,发生器的电压可按试验等级要求进行变化。电压暂降和短时中断的试验等级如表 7-18 所示。表 7-18 中试验等级为 $40\%U_T$ 时,发生器的输出电压起始时为正常电压 U_T,然后在相位为 0 或 π 时突然下降 $60\%U_T$,即实际输出变成 40% U_T,持续 10、25 或 50 个周期后又上升到正常电压 U_T。其他试验等级与此类似。电压渐变的试验等级如表 7-19 所示。例如,试验等级为 $40\%U_T$ 时,一开始输出正常电压 U_T,然后下降,在 2s 后变为 $40\%U_T$,保持 1s 后电压上升,2s 后恢复正常电压。

表 7-18　电压暂降和短时中断的试验等级

试 验 等 级	电压暂降与短时中断	持续时间/周期
0	$100\%U_T$	0.5、1、5
$40\%U_T$	$60\%U_T$	10、25、50
$70\%U_T$	$30\%U_T$	特定

表 7-19　电压渐变的试验等级

试 验 等 级	电压减小所需时间	减小电压的持续时间	电压增加所需时间
$40\%U_T$	2s±20%	1s±20%	2s±20%
$0\%U_T$	2s±20%	1s±20%	2s±20%

8. 工频磁场抗扰度试验

测试 EUT 对工频 50Hz 交流磁场的抗扰度对带有 CRT 显示器的设备尤为重要。试验电流发生器给感应线圈提供工频电流,感应线圈形成较均匀的磁场,把该磁场加于 EUT 上。用于台式设备的感应线圈为边长 1m 的正方形,其试验区在线圈中部,体积可达 0.6m×0.6m×0.5m。试验时应在 X、Y、Z 3 个方向将磁场加于 EUT 上,如图 7-67 所示。试验等级如表 7-20 所示。

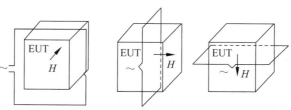

图 7-67　工频磁场抗扰度试验布置

表 7-20　工频磁场抗扰度试验等级

试 验 等 级	稳定磁场磁场强度/(A·m⁻¹)	1～3s 短时磁场磁场强度/(A·m⁻¹)
1	1	—
2	3	—
3	10	—
4	30	300
5	100	1000
×	特定	特定

有些标准要求 EUT 放在铺设金属面的桌子上进行试验,注意该金属不能是铁磁性材料,以免影响感应线圈内的磁场分布。

9.脉冲磁场抗扰度试验

脉冲磁场由雷击建筑物或电力网中故障暂态电流引起。脉冲电流发生器向感应线圈提供脉冲电流,在线圈内部产生脉冲磁场,脉冲电流波形如图 7-68 所示。所用感应线圈和试验方法与工频磁场抗扰度试验相同,试验等级如表 7-21 所示。

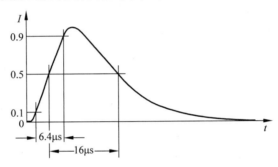

图 7-68　脉冲电流发生器的输出电流波形

表 7-21　脉冲磁场抗扰度试验等级

试 验 等 级	脉冲磁场强度峰值/(A·m⁻¹)
1	—
2	—
3	100
4	300
5	1000

本章小结

本章主要介绍了电磁兼容测试涵盖的重要知识点。首先,从宏观角度总体介绍了电磁兼容测试对于现代电子信息技术的重要性,并着重介绍了电磁兼容测试的标准、常见设备的名称及用途、常见测试项目,起到统领全章的主干作用。接着,从各个测试设备、测试场地、测试项目具体内容3方面对电磁兼容测试进行基础且详细的介绍。在测试设备方面,本章介绍了干扰测量仪与测量用天线。在测试场地方面,以开阔试验场、屏蔽场以及电波暗室为例介绍了测试场地使用的注意事项,以及测试项目中测试场地的布置。最后,结合测试标准、测试设备、测试场地,介绍常见的测试项目实例。通过本章的学习,读者对电磁兼容测试能有大致的了解,对常见的测试指标、测试项目的进程及注意事项有基本的掌握。

习题 7

1. 设备抗扰度测试时,设备性能下降的判据是什么?

2. 浪涌和振铃波浪涌如何加入 EUT 的电源线和信号线中? 加入的方式是什么?

3. 连续干扰功率测量时,为什么被测设备的电源线长度要大于 6m? 功率吸收钳为什么要沿电源线移动?

4. 什么是电压波动及闪烁?

5. 常用的抗扰度试验有哪些? 各自的特点有哪些?

6. 辐射发射测试时,若要进行 30~1000MHz 的全频段扫频测量,用峰值检波需多长时间? 用准峰值检波需多长时间?

7. 请指出常用测试天线的频率范围,为什么测试应在天线垂直位置和水平位置分别进行?

8. 辐射发射测试时,若接收天线是对数周期天线,则被测设备和天线间的距离应如何确定? 为什么?

9. 测试电磁兼容暗室的电气特性,主要测量哪些方面?

10. 什么是归一化场地衰减? 它与场地衰减有何不同?

第8章

电磁干扰的解决措施

随着现代科学技术的迅速发展,电子、电气设备或系统得到了越来越广泛的使用。运行中的电子、电气设备大多伴随着电磁能量的转换,高密度、宽频谱的电磁信号充满整个人类生存空间,构成了极其复杂的电磁环境,从而形成了电磁干扰。因此,使各种电子设备和系统能在这种复杂的电磁环境下不受影响,准确无误地工作是电磁兼容学科研究的根本任务和目的。解决这种干扰是一个复杂的问题,长期以来一直是工程设计人员所关心的重点所在。一般来说,抑制电磁干扰的三大技术是接地、滤波和屏蔽。

8.1 接地技术

在复杂的电磁环境下,使电子设备能够正常运行是一个复杂的问题。接地技术能够保证电子设备正常运行。接下来将对地的概念和种类以及常见的接地技术进行详细介绍。

8.1.1 地的概念和种类

地线通常被定义为电路电位基准点的等位体。但实际地线中存在电位差,由于地线的阻抗总不会是零,当电流通过有限阻抗时就会产生电压降。例如,模拟地(Analog Ground,AGND)也许与数字地(Digital Ground,DGND)完全不同,模拟地又有可能与机壳地不同,这个定义也并没有强调射频电流的往返路径。一个有噪声的电路与接地点之间也许会比此电路与等位体之间有较少的电感,射频电路通常会选择有最小阻抗的路径。在低频条件下,电流会通过有最小电阻的路径,因为电阻在阻抗中起主要作用;而在高频条件下,电感就起主要作用。因此,地线的较好定义为信号流回源的低阻抗路径。由该定义可推出地线干扰的实质,地线是一条低阻抗路径,即其为电流的一条路径,则根据欧姆定律,地线上是有电压的,说明地线不是一个等位体。在设计电路时,关于地线电位一定的假设就不再成立,因而电路会出现各种错误,这就是地线干扰。

由以上分析可知,地为零电位平面的概念只在直流或低频情况下适用,在较高频时不正确,导线具有较显著的阻抗(电感),流经这些阻抗的高频电流会在接地面上产生具有不同高频电位的点。这就强调了两种不同类型地的区别:安全地(大地)和信号地(系统基准地）。

接地是指在系统与某个电位基准面之间建立低阻抗的导电通路。安全地是以地球的电位为基准，并以大地作为零电位，把电子设备的金属外壳、电路基准点与大地相连。由于大地的电容特别大，故认为大地的电动势为零。信号地是电子设备中的接地，通常不是指真实意义上与地球相连的接地，其接地点是电路中的共用参考点，电路中其他各点的电压高低都是以这一参考点为基准的，一般在电路图中标出的各点电压数据都是相对接地端的大小。把接地平面和大地相连接，主要是考虑提高电路工作的稳定性、静电泄放，从而保障工作人员的安全。

接地可以达到以下目的：满足安全的要求、进行雷击保护、降低接收天线/设备的噪声、降低设备外壳/机柜之间的 C/M 电压、防止静电的积聚、形成线对地滤波器回路、降低串扰。

8.1.2 常见的接地方式

常见的接地方式主要包括单点接地、多点接地、混合接地和悬浮接地。通常在设计产品时必须明确接地方式，这是设计一个好的接地系统的前提。

1. 单点接地

单点接地是指在一个电路中只有一个物理点被定义为接地参考点，其他各个需要接地的点都直接接到这一点上。采用单点接地，系统可以阻止两个子系统中的电流从相同的回路流回，从而防止共阻抗耦合。

图 8-1 所示为典型的单点接地系统。3 个子系统具有相同的信号源，图 8-1(a)所示的公用地线串联一点接地方法会在两个子系统的接地点之间产生共阻抗耦合。可见，这种连接方法会将信号源 2 和信号源 3 中的信号加到信号源 1 上。一般来说，理想的单点接地方法为如图 8-1(b)所示的独立地线并联一点接地。

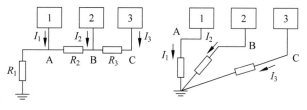

(a) 公用地线串联一点接地   (b) 独立地线并联一点接地

图 8-1 典型的单点接地系统

图 8-1(b)所示的单点接地方法存在以下缺点。

（1）由于各个电路分别采用独立地线接地，需要多根地线，势必会增加地线长度，从而增加了地线阻抗，结构比较笨重。

（2）这种接地方法会造成各地线相互间的耦合，且随着频率增加，地线阻抗、地线间的电感及电容耦合都会增大。

（3）这种接地方法不适用于高频。如果系统的工作频率很高，以致工作波长 $\lambda = c/f$ 缩小到可与系统的接地平面的尺寸或接地引线的长度比拟时，它就像一根终端短路的传输线。由分布参数理论可知，终端短路 $\lambda/4$ 线的输入阻抗为无穷大，即相当于开路，这时地线不但起不到接地作用，而且将有很强的天线效应向外辐射干扰信号。

换句话说，单根接地线的阻抗将取决于单根线的长度。在分布系统中，如果严格服从单点接地系统的原理，那么连接线可能需要很长。这样接地线就会有很大的阻抗，从而消除了它们的正面效应。另外，这些导线上的回路电流有可能向其他接地线进行有效辐射，并在子系统之间产生耦合，类似于串扰，因此产生了辐射发射依从性问题。而这种依从性的程度取决于回路信号的频谱分量，高频分量将比低频分量产生更有效的辐射和耦合。因此，单点接地原理并不是普遍适用的理想接地原理，它最适合低频子系统。

通常，单点接地系统应用于模拟子系统中，其中包括低电平信号。在这些情况下，毫伏甚至是微伏的接地压降都能在这些电路中造成重大的共阻抗耦合干扰问题。单点接地系统通常也用于高电平子系统中，如电动机驱动，这是为了防止这些高电平回路电流在公共接地网上产生大的压降。为了使这种共阻抗耦合最小，数字系统中的接地系统趋于多点接地，采用大的接地平面（如在 PCB 内层的地面）或诸如接地网等将大量交替的接地路径并联放置，降低回路的阻抗。

2. 多点接地

多点接地是指某个系统中各个接地点都直接接到距它最近的接地平面上，以使接地引线的长度最短。图 8-2 所示为典型的多点接地系统。

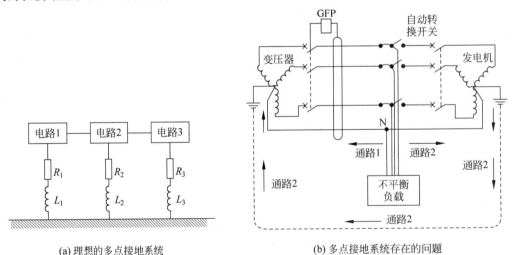

(a) 理想的多点接地系统　　　　　(b) 多点接地系统存在的问题

图 8-2　典型的多点接地系统

通常，一个大导体（通常为接地平面）会在多点接地系统中作为信号的回路。在多点接地系统中，子系统的各个地分别与接地导体在不同点相连。当采用多点接地系统时，假设各系统地与接地平面的连接点在所考虑的频点中任意两点之间的阻抗都非常低。否则，这种连接方法与图 8-1(a)所示的单点接地系统之间就没有技术上的差别了。多点接地系统优于单点接地系统的原因是连接导线的长度比较短,因为它有一个较近的接地点。

如果图 8-2(a)中的接地平面被 PCB 上的一条长而窄的带状线所替代,沿该带状线上各点连接子系统的地,那么可认为已经实现了多点接地。事实上,这更类似于串联连接的单点接地系统。简单地将子系统与导线上的不同点相连并不能构成一个多点接地系统,除非这样一个系统得到维护:沿接地导线上各连接点之间的阻抗在所考虑的频点上是很小的。

多点接地系统的另一个需要注意的问题是通过接地导体的其他电流被忽略。例如,假定"接地面"(其子系统为多点接地)上有意地存在其他电流或通过它的环境电流,如图 8-2(b)所示。其中,它与其他数字电路的 PCB 相连,同时包含直流电动机驱动电路。驱动直流电动机所需要的+38V 直流电源和激励数字电路所需要的+5V 直流电源通过连接器供给PCB。假设这些电路都在 PCB 上的一个公共地网上接地。作为电动机驱动开关,电动机电路的高电流将通过该接地面,在接地面的两点之间产生较大的高频电压。如果数字逻辑电路也以多点的形式接到地面上,那么有电动机回路电流在接地面上产生的电压可能会耦合进数字逻辑电路,在它期望的性能中产生问题。

另外,假设一个信号在 PCB 上的线路经过一个在 PCB 反面的电源连接器,那么,在信号电缆中的接地导线将被接地系统嘈杂的变化电位所激励,有可能产生辐射,从而导致辐射(或传导)发射问题。

3. 混合接地

如果电路的工作频带很宽,在低频情况下需要采用单点接地,而在高频情况下又需要采用多点接地,这时可以采用混合接地方法。混合接地是利用旁路电容将那些高频接地点和接地平面连接起来,使其在不同的频率呈现不同的接地结构。当直流地和射频地被分开时,将每个子系统的直流地通过 10~100nF 的电容器接到射频地上,这两种地应在一点由低阻抗连接起来,连接点应选在最高翻转速度(di/dt)信号存在的点。工作频率为 1~30MHz的电路采用混合接地方式。当接地线的长度小于工作信号波长的 1/20 时,采用单点接地,否则采用多点接地。

混合接地一般是在单点接地的基础上再通过一些电感或电容多点接地,它是利用电感、电容器件在不同频率具有不同阻抗的特性,使地线系统在不同的频率具有不同的接地结构,主要适用于工作在混合频率的电路系统。例如,对于电容耦合的混合接地策略,在低频情况下等效为单点接地,而在高频情况下则利用了电容对交流信号的低阻抗特性,整个电路表现为多点接地。

混合接地结构比较简单,实现容易,但是缺点是系统不够安全。因此,在实际的应用中,只是将那些只需高频接地的点利用旁路电容和接地平面连接起来,但应尽量避免出现旁路电容和引线电感构成的谐振现象。

混合接地既具有单点接地的特性,又具有多点接地的特性。如果系统内的电源需要单点接地,而射频信号又需要多点接地,这时设计中可以采用如图 8-3 所示的混合接地方式。

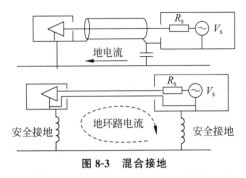

图 8-3　混合接地

这种混合接地方式,对于直流电容是开路的,电路是单点接地;对于射频电容是导通的,电路是多点接地。

4. 悬浮接地

悬浮接地是指电路的地与大地无导体连接,其优点是不受大地电性能的影响,缺点是容易受到寄生电容的影响,可能会造成静电击穿和强烈的干扰。

对于电子产品,悬浮地是指设备的地线在电气上与参考地及其他导体绝缘,即设备悬浮地。在这种情况下,各个设备的内部电路都有各自的参考地,它们通过低阻抗接地导线连接到信号地,信号地与建筑物结构地及其他导电物体隔离。另一种情况是在有些电子产品中,为了防止机箱上的骚扰电流直接耦合到信号电路,有意使信号地与机箱绝缘,即单元电路悬浮地。图 8-4 给出了这两种悬浮地的示意图。

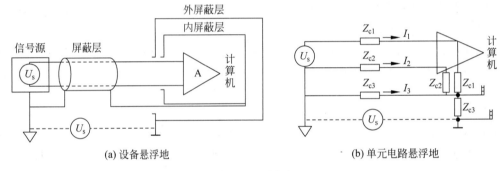

(a) 设备悬浮地　　　　　　　　　　(b) 单元电路悬浮地

图 8-4　悬浮地

悬浮接地的干扰耦合取决于悬浮接地系统和其他接地系统的隔离程度,在一些大系统中往往很难做到理想悬浮地。悬浮地容易产生静电积累和静电放电,在雷电环境下,还会在机箱和单元电路间产生飞弧,甚至使操作人员遭到电击。设备悬浮接地时,当电网相线与机箱短路时,有引起触电的危险。因此,除了在低频情况下,为防止结构地、安全地中的干扰地电流骚扰信号接地系统,悬浮地不宜用于通信系统和一般电子产品。

8.1.3　地回路干扰及抑制措施

两个接地系统之间的电位差可能导致另一个潜在的严重干扰问题,称为地回路。有接地共阻抗以及传输导线或金属机壳的天线效应等因素存在的回路中会形成骚扰电流与电压,该骚扰电压通过各种地回路感应到受害电路的输入端,从而形成地回路干扰。

图 8-5 给出了一个地回路干扰的例子。其中,两个子系统与具有不同电压的两个接地网相连,或者与同一个接地系统中具有不同电压的两个点相连,两个点的不同电压是由于接地系统的阻抗造成的。两个连接点之间的电位差 V_{CM} 作为一个电压源,将在两个子系统和

两个连接点之间的信号线和回路线上产生共模电流 I_{CM1} 与 I_{CM2}。即使其中一个子系统物理上没有与接地点相连,子系统和接地系统之间的寄生电容也可以有效地完成这个电路。这在小型电动机中是很普遍的,电动机导线和电动机机架之间的大寄生电容为从电动机输入导线通过电动机壳到产品机架提供了一条通路。这是两个共模电流通过地潜在大环路:信号线/地线环路和回路线/地线环路。从辐射发射的角度来看,这些共模电流的作用就像两个差模电流。

一般来说,阻断这条路径有很多方法,其中一个比较普遍而且容易实现的方法是在信号线/回路线中插入一个共模扼流圈,如图 8-6 所示,这里共模扼流圈可以用一堆耦合电感来表示。

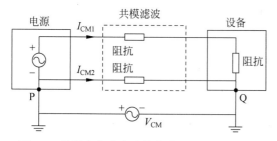

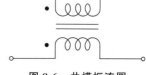

图 8-5　接地电位差在连接电缆上产生共模电流　　　图 8-6　共模扼流圈

由差模电流所产生的磁通在芯线中趋向于减小,这样共模扼流圈对于这些功能方面的信号而言是理想的、无阻抗的。输入和输出导线之间的漏电感和寄生电容趋于降低扼流圈的差模性能。由电流(通过两个接地系统之间的连接线返回)的共模部分所产生的磁通在芯线中趋于增加,这样感性阻抗就与共模电流以串联的形式存在。

另一种阻断共模电流的方法是使用如图 8-7(a)所示的光耦合器,它能断开直接的金属通路。地电压是在光耦合器的输入端和输出端之间,而不是在两个输入端之间,因此不会产生共模电流。这种方法对于接地系统之间的电位差非常大的情况尤其适合,如在开关电源中的脉冲宽度调制器的输入端。

通常,如图 8-7(b)所示的平衡终端系统也能为地压降提供抗扰度。子系统 S1 的输出用以该子系统的地为参考的平衡模式驱动,因此信号线电压和它的回路电压以公共地为参考时正好反相,即相位差为 180°。子系统 S2 的输入也是平衡的,因此信号线和公共地线之间的阻抗等于信号回路和该公共接地点之间的阻抗。对这个电路的简单分析表明子系统 S2 的输出电压为 $V_{\mathrm{OUT}}=(V_{\mathrm{S}}+V_{\mathrm{G}})-(V_{\mathrm{S}}+V_{\mathrm{G}})=2V_{\mathrm{S}}$,它是以公共接地点为参考的阻抗上的两电压之差。这样,地噪声就被消除了。通常,既可由中心抽头变压器来完成,也可由差分线路驱动器和线路接收器来实现。这些线路驱动器和线路接收器当工作于平衡模式时利用了运算放大器,并且依赖于它们的共模抑制比。这是在通过传输线进行远距离的数字数据通信中常用的方法。平衡传输也有助于消除容性串扰耦合。

利用共模扼流圈、光耦合器或平衡传输的技术是去耦子系统的几个例子。还有许多其他例子,对于阻止一个子系统受其他子系统的影响而产生的波动是很重要的。一个普通例

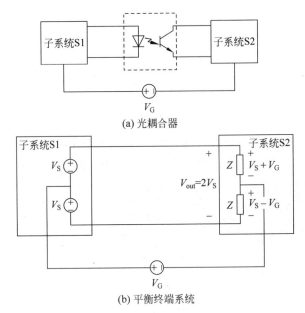

(a) 光耦合器

(b) 平衡终端系统

图 8-7　去耦子系统方法

子就是采用去耦电容器防止电源线和给该系统供电的地线之间的感性压降对其他子系统造成影响。

8.1.4　接地系统设计

应当依据接地系统设计准则并以规范的步骤设计接地系统。它包括数字电路与模拟电路的共地处理、模拟数字混合器件的地线处理这两项关键技术。

1. 接地系统设计准则

(1) 接地线要导电良好,避免高阻性。

(2) 所有接地线要短。

(3) 出现地线环路问题时,可用浮地隔离。

(4) 工作频率很宽的系统要用混合接地。

(5) 电路尺寸小于 0.05λ 时可用单点接地,大于 0.15λ 时可用多点接地。对于最大尺寸远小于 0.25λ 的电路,使用单点接地的紧绞合线,以使设备敏感度最好。

(6) 使用平衡差分电路,以尽量减少接地电路干扰的影响。

(7) 低电平电路的接地线必须交叉的地方,要使导线互相垂直。

(8) 对于那些将出现较大电流突变的电路,要有单独的接地系统,或者有单独的接地回线,以减少对其他电路的瞬态耦合。

(9) 对信号线、信号回线、电源系统回线及底板或机壳都要有单独的接地系统,然后可以将这些回线接到一个参考点上。

(10) 交流线、直流线不能绑扎在一起,交流线本身要绞合起来。端接电缆屏蔽层时,避免使用屏蔽层辫状引出线。需要用同轴电缆传输信号时,要通过屏蔽层提供信号回路。低频电路可在信号源端单点接地,高频电路则采用多点接地。典型的分界点为 100kHz,高于此值用单点接地,多点接地时要做到每隔 $0.05\lambda \sim 0.1\lambda$ 有一个接地点。屏蔽层接地不能用辫状接地,而应当让屏蔽层包裹芯线,然后再让屏蔽层 360° 接地。

(11) 从安全角度出发,测试设备的地线直接与被测设备的地线连接,要确保接地连接装置能应对意外的故障电流。在室外终端接地时,要能承受雷电电流的冲击。

通常,地线设计是最重要的设计,往往也是难度最大的一项设计。对于高频信号,接地平面的回路将恰好在轨道下方,即使这条路线比直接布线长。这是因为回路将总是最小阻抗的路线,对于高频信号,这是具有最小环路线而不是具有最低直流电阻的路线。对于既包含数字电路又包含模拟电路的电路,接地平面可以划分为模拟接地平面和数字接地平面,这将降低系统模拟部分和数字部分之间的干扰。大型复杂的电子电气产品中往往包含多种电子线路和各种电动机、电气部件,这时,地线应分组铺设,一般分为信号地线、噪声地线、金属件地线和机壳地线等,这是解决地线干扰行之有效的方法。这时地线设计应当按以下步骤进行。

(1) 分析产品内各类电气部件的骚扰特性。

(2) 分析产品内各电路单元的工作电平、信号类型等骚扰特性和抗骚扰能力。

(3) 将地线分类,如分为信号地线、骚扰源地线、机壳地线等,信号地线还可分为模拟地线和数字地线等。

(4) 画出总体布局图和地线系统图。

在电路系统设计中应遵循"单点接地"的原则,如果形成多点接地,将会出现闭合的接地环路,当磁力线穿过该环路时将产生磁感应噪声。实际上很难实现"单点接地",因此,为降低接地阻抗,消除分布电容的影响,采取平面式或多点接地,利用一个导电平面作为参考地,需要接地的各部分就近接到该参考地上。为进一步减小接地回路的压降,可用旁路电容减小返回电流的幅值。在低频和高频共存的电路系统中,应分别将低频电路、高频电路、功率电路的地线单独连接后,再连接到公共参考点上。

为获得无干扰等电位参考面,应将交流电源线路中的返回通道只在一点与安全接地系统相连。必须做到的是,交流电源线路的返回电流不得流入信号参考地系统。由于消除了电流环路,这种与交流返回电流隔开的信号参考地系统可最大限度地减小公共阻抗耦合。

将电子设备尽可能通过多点与信号参考地相连接,这可为高频干扰提供多个并联的对地通路,从而减小电感效应。根据欧姆定律,电阻并联后其阻值减小,故并联通路越多,对地阻抗越小。这样做也有助于将接地之间的物理距离减小到所需要的 $\lambda/10$ 或更小。

既然不能将电源线、控制线和信号线合成一根回线进入设备,再敷线和连接导线时同样也不要将设备接地线和各类被接地的线(其电位计为 0V)合成一根回线。应使进入接地系统的电流尽量小(此电流可经接地线流入其他设备),也应使此电流进入接地系统后尽快流入大地。

良好的接地平面可减小接地阻抗。用多个并联带形导体组成的接地平面能降低电感。

对于射电频率信号的接地,导体面积大时效率高,因其电感小,阻抗也随之减小。接地平面大到极限时,为多块搭接的或对接的整块金属板,当然这通常是不可能的。通常的做法是采用网格,它实质上是具有许多网孔的接地平面。当网孔尺寸小于所需要频率波长的1/10时,网格的效果接近一个实体平板。为使此接地平面更加适用,应满足以下两个条件。

(1) 所有接至网格的设备接地线的长度必须小于最高频率波长的1/10。

(2) 设备与接地平面的连接必须具有足够的并联通路,以降低设备与接地平面间的电位差。

低频电路的接地,应坚持"单点接地"的原则,而在"单点接地"的原则中,又有串联和并联的区别。单点接地是为许多接在一起的电路提供共同参考点的方法,并联单点接地最简单而实用,它没有公共阻抗耦合和低频地环路的问题,每个电路模块都接到一个单点地上,每个子单元在同一点与参考点相连,地线上其他部分的电流不会耦合进电路。这种接地方式在1MHz以下的工作频率能工作得很好。但是,随着频率的升高,接地阻抗随之增大,电路上会产生较大的共模电压。所以,单点接地不适合高频电路。

对于工作频率较高的电路和数字电路,由于各元器件的引线和电路布局本身的电感都将增大接地线的阻抗,因而在低频电路中广泛采用的单点接地的方法,若用在高频电路中,则容易增大接地线的阻抗,而且地线间的杂散电感和分布电容也会造成电路间的相互耦合,从而使电路工作不稳定。为了降低接地线阻抗、减小地线间的杂散电感和分布电容造成的电路间的相互耦合,高频电路采用就近多点接地,把各电路的系统地线就近接至低阻抗地线上。一般来说,当电路的工作频率高于10MHz时,应采用多点接地的方式。由于高频电路的接地关键是尽量减小接地线的杂散电感和分布电容,所以在接地的实施方法上与低频电路有很大的区别。

混合接地既包含了单点接地的特性,又包含了多点接地的特性。例如,系统内的低频部分需要单点接地,而高频部分则需要多点接地。通常把设备的地线分为三大类,即电源地线、信号地线、屏蔽地线。所有电源地线都接到电源总地线上,所有信号地线都接到信号总地线上,所有屏蔽地线都接到屏蔽总地线上,3根总地线最后汇总到公共的参考地。

2. 数字电路与模拟电路的共地处理

接地技术中还有一个很重要的部分——数字电路与模拟电路的共地处理,即电路板上既有高速逻辑电路,又有线性电路。一般来说,数字电路的频率高,而模拟电路对噪声的敏感度强,高频的信号线应尽可能远离敏感的模拟电路器件,同样,彼此的信号回路也要相互隔离,这就涉及模拟地和数字地的划分问题。一般的做法是模拟地与数字地分离,只在某一点连接,这一点通常是在PCB总的地线接口处,或者在D/A转换器的下方,必要时可以使用磁性元件连接,如图8-8所示。

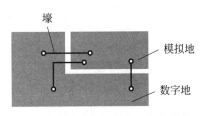

图 8-8 数字电路与模拟电路的共地处理

模拟信号和数字信号都要回流到地,因为数字信号变化速度快,从而在数字地上引起的噪声就会很大,而模拟信号需要一个干净的地参考工作。如果模拟地和数字地混在一起,噪声就会影响模拟信号。总的设计原则是尽量阻隔数字地上的噪声,以免窜到模拟地上。

对于一般器件,就近接地是最好的,采用拥有完整地平面的多层板设计后,对于一般信号的接地就非常容易,基本原则是保证走线的连续性、减少过孔数量、靠近地平面或电源平面等。

对于有对外输入/输出接口的 PCB,如果对它们的接地设计得不好,就会影响到正常工作,并且会成为对外的 EMI 源,把板内的噪声向外发送。一般来说,会单独分割出一块独立的接口地,与信号地采用细的走线连接,细的走线可以用来阻隔信号地上的噪声传到接口地上。同样地,对接口地和接口电源的滤波也要认真考虑。

屏蔽电缆的屏蔽层都要接到单板的接口地上,而不是信号地上,这是因为信号地上有各种噪声,如果屏蔽层接到信号地上,噪声电压会驱动共模电流沿屏蔽层向外干扰,所以设计不好的电缆线一般都是 EMI 的最大噪声输出源。当然,前提是接口地也要非常干净。

3. 模拟数字混合器件的地线处理

运算放大器、基准源等模拟器件应与模拟地之间退耦,而 ADC、DAC 及混合集成电路也应被看作模拟器件并与模拟地之间退耦。内部既有模拟电路又有数字电路的集成电路,由于数字电流的迅速改变将产生电压并通过分布电容耦合到模拟电路,同时在集成电路的引脚之间不可避免地存在约 0.2pF 的分布电容,因此其模拟地与数字地通常保持分离以避免数字信号耦合到模拟电路。然而,为防止进一步耦合,AGND 与 DGND 应在外部以最短距离连接到模拟地。在 GND 连接处,任何额外的阻抗都将引起数字噪声,也将通过分布电容耦合到模拟电路。通过减小转换器数字端口的扇出,可以保持转换器在瞬变状态逻辑转换的相对独立,也可以使任何进入转换器模拟端口的潜在耦合减小。为隔离转换器数据总线上的噪声,最好的办法是在其数据端口放置一个缓冲锁存器。缓冲锁存器应与另一个数字电路共地,并且耦合到 PCB 的数字地线上。由于数字抗噪声度约为数百毫伏或数千毫伏,因此数字地和模拟地之间的噪声减小应主要针对转换器的数字接口。模拟电路与数字电路一般要求单独供电。转换器的电源引脚与模拟地之间应接退耦电容,逻辑电路的电源引脚与数字地之间应退耦。如果数字供电电源相对没有干扰,也可用来作模拟电路的供电电源。

8.1.5　搭接技术

搭接技术在电子、电气设备和系统中有广泛的应用。从一个设备的机箱到另一个设备的机箱,从设备机箱到接地平面,信号回路与地回路之间,电源回路与地回路之间,屏蔽层与地回路之间,滤波器与机箱之间,接地平面与连接大地的地网或地桩之间,都要进行搭接。

1. 搭接的概念

搭接是指两个金属物体之间通过机械、化学或物理方法实现结构连接,以建立一条稳定的低阻抗电气通路的工艺过程。搭接的目的在于为电流的流动提供一个均匀的结构面和低阻抗通路,以避免在相互连接的两金属件间形成电位差,因为这种电位差对所有频率都可能引起电磁干扰。

导体的搭接阻抗一般是很小的,在一些电路的性能设计中往往不予考虑。但在分析电磁骚扰时,特别是在高频电磁骚扰情况下,就必须考虑搭接阻抗的作用。

通常,搭接的主要作用体现在以下几方面。

(1) 保护设备和人身安全,防止雷电放电的危害。

(2) 建立故障电流的回流通路,建立信号电流的均匀而稳定的通路。

(3) 降低机箱和系统壳体上的射频感应电势,防止静电电荷积聚。

(4) 防止电源突然与地短路发生电击危险,保护人身安全。

搭接是抑制电磁干扰的非常重要的技术措施之一。搭接不良或不当,不仅会直接降低设备或系统的抗雷电放电、抗静电和抗信号噪声干扰的能力,直接影响系统和人身的安全,而且还会影响设备的工作稳定性以及设备的寿命,影响其他抑制电磁干扰技术措施的实施效果。搭接质量的优劣是衡量系统电磁兼容性能的重要指标。

2. 搭接的类型

搭接有两种基本类型:直接搭接与间接搭接。

1) 直接搭接

直接搭接无需中间过渡导体,而直接把要搭接的金属构件连接在一起,建立一条导电良好的电气通路。搭接方法:可以利用螺钉紧固装置将一些经机加工的表面或带有导电衬垫的表面进行固定,也可利用铆接、熔焊等工艺将搭接对象连接。连接电阻的大小取决于搭接金属接触面积、接触压力、接触表面的杂质和接触表面硬度等因素。实际工程中,有许多情况要求两种互连的金属导体在空间位置上分离或保持相对的运动,这个要求妨碍了直接搭接的实现。此时,需要采用间接搭接。

2) 间接搭接

间接搭接是借助中间过渡导体(搭接条或搭接片)把金属构件在电气上连接在一起,其性能不如直接搭接好。间接搭接的连接电阻等于搭接条两端的连接电阻之和与搭接条电阻相加。搭接条在高频时呈现很大的阻抗。所以,高频时多采用直接搭接,设备需要移动或抗机械冲击时需要采用间接搭接。熔接、焊接、锻造、铆接、栓接等方法都可以实现两种金属间的裸面接触。

3. 搭接的实施

1) 搭接的电化学腐蚀

金属的电化学腐蚀过程必须具备一个阳极和一个阴极,形成电位差,同时还有一条电流流动的完整通路。在大多数环境中这两个条件是不难同时满足的,因此金属不加防护很容易受到腐蚀破坏。例如,一块未作任何表面处理的金属,由于表面杂质污垢形成一个阳极区和一个阴极区,通过环境中的湿气产生电解液构成导电通路,腐蚀破坏就发生了。对于两种不同金属组成的连接表面,由于金属电位序列的高低不同,处于高序的金属成为阳极,处于低序的金属成为阴极,在环境电解质的作用下,处于阳极的金属就被腐蚀。电化学中的电化学位序表明了金属腐蚀的相对趋势(见表 8-1),在电化学位序中离得越远的金属,结合在一起时就越容易发生腐蚀。

表 8-1 常见金属的电化学序列(以对腐蚀的灵敏度递减排序)

第 1 组	第 2 组			第 3 组				第 4 组			第 5 组				
镁	铝及其合金	锌	镉	碳钢	铁	铅	锡	镍	铬	不锈钢	铜	银	金	铂	钛

选择适当组别的金属可使搭接的腐蚀减小。两种相接触的金属材料,应尽量选择表 8-1 同一组别中的金属或相邻组别中的金属。例如,如果需要将第 2 组金属机壳与第 4 组金属框架搭接,为了减小对金属铝的腐蚀,可在两金属表面间放入一个第 3 组的金属垫圈。这样即使保护层损坏,受腐蚀的将是线圈,而不是铝壳,因而可以保护机壳。

2) 搭接的加工方法

搭接两种金属材料的方法很多,按照结合作用原理,可分为物理、机械和化学 3 类加工方法。

(1) 物理加工方法主要有熔焊、钎焊和软焊。热熔结合是通过气体燃烧和电弧加热使两种金属熔化流动形成连续的金属桥加工工艺,接合处的电导率高,机械强度好,耐腐蚀,但加工成本高。常用的熔接加工方法有气焊、电弧焊、氩弧焊、放热焊等。钎焊是一种金属流动工艺,通过焊料使连接金属表面的紧密接触实现结合。钎焊分为硬钎焊和软钎焊,软钎焊是一种更简单的连接工艺,软钎焊适用的温度相当低,因此在那些可能出现大电流的场合不允许采用软钎焊的方法。

(2) 机械加工方法有螺栓连接、铆接、压接、卡箍紧固、销键紧固、拧绞连接等方法。

(3) 化学加工方法主要采用导电黏合剂。它是一种具有两种成分的银粉填充的热塑性环氧树脂,经固化后成为一种导电材料。通常它被应用于搭接金属的表面,既使之黏合,又使其形成导电良好的低阻抗通路,不仅有很好的防腐能力,还具有很强的机械强度。有时它和螺栓结合使用,效果更佳。

8.2 滤波技术

滤波器可以把不需要的电磁能量(或称为电磁干扰)减少到满意的工作电平上,所以滤波是抑制电磁干扰的重要方法之一。滤波器还是防护传导干扰、解决辐射干扰的主要措施,如抑制无线电干扰,通常在发射机的输出端和接收机输入端安装相应的电磁干扰滤波器,滤掉干扰信号,以达到兼容的目的。

8.2.1 滤波技术和滤波器的分类

滤波技术是一种很常见且经常使用的电磁兼容控制技术,它的技术原理是选择信号和抑制干扰,它是抑制电子、电气设备传导电磁干扰,提高电子、电气设备传导抗扰度水平的主要手段,滤波技术的直接体现就是通常所说的滤波器。

1．EMI 滤波器的工作原理

EMI 滤波器的工作原理与普通滤波器一样，它能允许有用信号的频率分量通过，同时又阻止其他干扰频率分量通过，其在电磁波的传输路径上形成很大的特性阻抗不连续，将电磁波中的大部分能量反射回源处。EMI 滤波器的工作方式有两种：一种是把无用信号能量在滤波器中消耗掉；另一种是不让无用信号通过，并把它们反射回信号源。

2．EMI 滤波器的主要特点

由于电磁干扰滤波器的作用是抑制干扰信号的通过，所以它与常规滤波器还是有一些不同的，EMI 滤波器的主要特点如下。

（1）EMI 滤波器应该有足够的机械强度，安装方便，工作可靠，重量轻，尺寸小及结构简单。

（2）干扰源的电平变化幅度大，有可能使干扰滤波器出现饱和效应。

（3）由于电磁干扰的频率是 20 Hz 到百亿赫兹，其高频特性非常复杂，难以用集总参数等效电路模拟滤波电路的高频特性。

（4）干扰滤波器在阻带内应对干扰有足够的衰减量，而对有用信号的损耗应降低到最小限度，以保证有用电磁能量的最大传输效率。

（5）电源系统的阻抗值与干扰源的阻抗值变化范围大，很难得到使用稳定的恒定值，所以 EMI 滤波器很难工作在阻抗匹配的条件下。

（6）EMI 滤波器应当对共模干扰和差模干扰都有抑制作用。如图 8-9 所示，共模干扰和差模干扰是按照电缆上的干扰电流的流动路径来区分的。

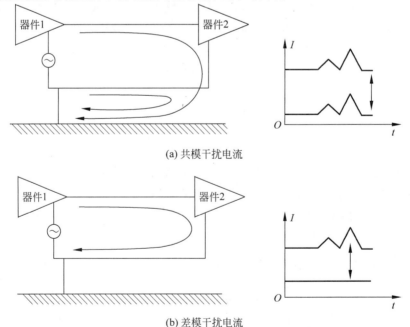

(a) 共模干扰电流

(b) 差模干扰电流

图 8-9　共模干扰电流和差模干扰电流

共模干扰是指干扰电流在电缆中的所有导线上幅度/相位相同,其电流是在电缆与大地之间形成的回路中流动。这种干扰一般由外界电磁场在电缆中感应出来,或由于电缆两端的设备所接的地电位不同所致。信号电缆上的干扰主要以共模干扰为主。共模干扰本身不会对电路产生影响,但如果电路不平衡,共模干扰会转化为差模干扰,对电路产生影响。另外,如果设备在电缆上产生共模干扰电流,则会造成电缆强烈的电磁辐射,共模辐射的效率远高于差模辐射,造成设备不能满足电磁兼容标准的要求,或对其他设备造成干扰。

差模干扰是指干扰电流在信号线与信号地线之间流动的干扰。在信号电缆中,差模电流主要是电路的工作电流。差模干扰主要是由于电缆中不同信号线之间的电容耦合和电感耦合所致。而在电源线中,差模干扰往往是十分严重的问题,因为电网上其他电源通断时产生的干扰都是差模干扰。另外,开关电源的非线性也会导致很强的差模干扰。

从受干扰的角度看,差模干扰比共模干扰危害性更大;从干扰发射的角度看,共模干扰比差模干扰危害性更大。

3. EMI 滤波器的在电磁兼容设计中的作用

从本质上讲,EMI 滤波器的作用是滤除电路上的电磁干扰信号。通常人们理解滤波器就是为了解决传导发射和传导抗扰度的问题。实际上,许多辐射性的问题也是靠滤波器来解决的。由于大部分辐射性的电磁干扰问题都是电路的辐射天线作用导致的。比较常见的是有的设备虽然采取了比较完善的屏蔽措施,但是仍然不能符合电磁兼容标准中辐射发射的要求。导致这个问题的主要原因是忽视了设备外拖电缆的天线作用。另外,外拖电缆还充当着接收天线,接收空间的电磁波干扰。当空间中有干扰电磁波时,这种干扰通过外拖电缆接收后传入电路,对设备形成干扰。因此,EMI 滤波器在电磁兼容设计中的作用如下。

(1) 保证通过传导发射试验。

(2) 保证通过传导抗扰度(敏感度)试验。

(3) 保证通过辐射发射试验。

(4) 保证通过辐射抗扰度试验。

4. EMI 滤波器的参数

EMI 滤波器的主要技术参数有插入损耗、截止频率、额定电压、额定电流、频率特性、输入/输出阻抗、漏电流、测试电压、绝缘电阻、直流电阻、使用温度范围、工作温升、外形尺寸、重量等。其中最重要的是插入损耗,它是评价 EMI 滤波器性能优劣的主要指标。

1) 插入损耗

图 8-10(a)表示一个电源,它的电动势为 E_g,内阻为 R_1。设负载为 R_2,则当负载直接与电源相接时,它所吸收的功率 P_{02} 为

$$P_{02} = \frac{R_2}{(R_1 + R_2)^2} E_g^2 \tag{8-1}$$

将滤波器 A 接于电源与负载之间,如图 8-10(b)所示。由于滤波器的特性,当电源频率变化时,出现于负载两端的压降 E_2 是不同的,即负载从电源取得的功率 $P_2 = E_2^2 / R_2$ 在不同频率上是不同的。用分贝来表示 P_{02} 与 P_2 的比值,称为插入损耗 L_i,即

$$L_i = 10\lg \frac{P_{02}}{P_2} \qquad (8\text{-}2)$$

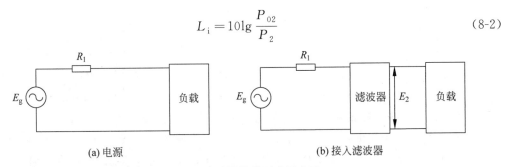

(a) 电源 　　　　　(b) 接入滤波器

图 8-10　滤波器的典型应用电路

插入损耗 L_i 是衡量滤波器效能的一个参数,一个良好的滤波器的插入损耗在通带内应该是无穷大。滤波网络具有的阻抗变换特性不难使负载 R_2 在整个通带内与电源达成匹配。这时,负载所吸收的功率将超过 P_{02},而使 L_i 并不是一个很适用的比较基准。因此,提出另外一个参数,它以电源所能供给的最大功率 P_0 为基准,即

$$P_0 = \frac{E_g^2}{4R_1}$$

将 P_0 与 P_2 的比值用分贝来表示,则称为变换器损耗 L_A,即

$$L_A = 10\lg \frac{P_0}{P_2} \qquad (8\text{-}3)$$

根据式(8-3)和式(8-2),可以得出变换器损耗为

$$L_A = L_i + 10\lg \frac{(R_1 + R_2)^2}{4R_1 R_2} \qquad (8\text{-}4)$$

由式(8-4)可知,当 $R_2 = R_1$ 时,变换器损耗就是插入损耗。

2) 截止频率

滤波器的插入损耗大于 3dB 的频率点称为滤波器的截止频率,当频率超过截止频率时,滤波器就进入阻带,在阻带内干扰信号会受到较大的衰减。在对信号电缆进行滤波时,截止频率根据有用信号的带宽来确定,截止频率要大于信号的带宽,这样才能保证有用信号不被衰减。在对电源线或直流信号线滤波时,由于有用信号的频率很低,信号失真的问题不是主要因素,因此截止频率主要根据干扰信号的频率来确定,要使干扰频率全部落在滤波器的阻带内。

3) 额定电压

额定电压指输入滤波器的最高允许电压值。若输入滤波器的电压过高,会使内部电容损坏。

4) 额定电流

额定电流指在额定电压和规定环境温度条件下,滤波器所允许的最大连续工作电流。一般使用温度越高,其允许的工作电流越小。同时,工作电流还与频率有关,工作频率越高,其允许的工作电流越小。

5）频率特性

滤波器的频率特性是描述其抑制干扰能力的参数,通常用中心频率、截止频率以及上升和下降斜率表示。

6）输入/输出阻抗

从信号源到滤波器输入的阻抗称为输入阻抗,从滤波器输出到接收电路的阻抗称为输出阻抗。选择滤波器时需要考虑阻抗匹配,以防止信号衰减。

5. 滤波器分类

滤波器是由集中参数的电阻、电感和电容,或分布参数的电阻、电感和电容构成的一种网络。这种网络允许一些频率通过,而对其他频率成分加以抑制。

根据要滤除的干扰信号的频率与工作频率的相对关系,EMI 滤波器可以分为低通滤波器、高通滤波器、带通滤波器、带阻滤波器等。

（1）低通滤波器是最常用的一种滤波器,主要用在干扰信号频率比工作信号频率高的场合。在数字电路中,常用低通滤波器将脉冲信号中不必要的高次谐波滤除掉,而仅保留能够维持电路正常工作的最低频率。电源线滤波器也是低通滤波器,它仅允许 50Hz 的电流通过,对其他高频干扰信号有很大的衰减。

常用的低通滤波器是用电感和电容组合而成的,电容并联在要滤波的信号线与信号地之间（滤除差模干扰电流）或信号线与机壳地或大地之间（滤除共模干扰电流）,电感串联在要滤波的信号线上。按照电路结构划分,有单电容型（C 型）、单电感型（L 型）、Γ 形和反 Γ 形、T 形、π 形。各种具体的类型如图 8-11 所示。

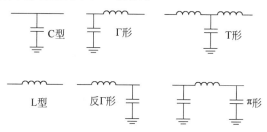

图 8-11　低通滤波器的类型

（2）高通滤波器用于干扰频率比信号频率低的场合,如在一些靠近电源线的敏感信号线上滤除电源谐波造成的干扰。

（3）带通滤波器用于信号频率仅占较窄带宽的场合,如通信接收机的天线端口上要安装带通滤波器,仅允许通信信号通过。

（4）带阻滤波器用于干扰频率带宽较窄而信号频率较宽的场合,如距离大功率电台很近的电缆端口处要安装带阻频率等于电台发射频率的带阻滤波器。

一般来说,不同结构的滤波电路主要有两点不同之处。

（1）电路中的滤波器件越多,则滤波器阻带的衰减越大,滤波器通带与阻带之间的过渡带越短。

（2）不同结构的滤波电路适合不同的源阻抗和负载阻抗,它们的关系应遵循阻抗失配原则。需要注意的是,实际电路的阻抗很难估算,特别是在高频时(电磁干扰问题往往发生在高频),由于电路寄生参数的影响,电路的阻抗变化很大,而且电路的阻抗往往还与电路的工作状态有关,再加上电路阻抗在不同的频率上也不一样。因此,在实际中,哪种滤波器有效主要根据试验的结果确定。

6. 滤波器的选择

根据干扰源的特性、频率范围、电压和阻抗等参数及负载特性的要求,适当选择滤波器,一般考虑以下几点。

(1) 要求 EMI 滤波器工作在相应频段范围内,能满足负载要求的衰减特性,若一种滤波器衰减量不能满足要求,则可采用多级联,获得比单级更高的衰减。不同的滤波器级联,可以获得在宽频带内良好的衰减特性。

(2) 要满足负载电路工作频率和需抑制频率的要求,如果要抑制的频率和有用信号频率非常接近,则需要频率特性非常陡峭的滤波器,才能满足把抑制的干扰频率滤掉,只允许通过有用频率信号的要求。

(3) 在所要求的频率上,滤波器的阻抗必须与它连接的干扰源阻抗和负载阻抗失配,如果负载是高阻抗,则滤波器的输出阻抗应为低阻抗;如果电源或干扰源阻抗是低阻抗,则滤波器的输入阻抗应为高阻抗;如果电源阻抗或干扰源阻抗是未知的或者是在一个很大的范围内变化,很难得到稳定的滤波特性,为了使滤波器具有良好的且比较稳定的滤波特性,可以在滤波器输入端和输出端同时并接一个固定电阻。

(4) 滤波器必须具有一定耐压能力,要根据电源和干扰源的额定电压选择滤波器,使它具有足够高的额定电压,以保证在所有预期的工作条件下都能可靠地工作,能够经受输入瞬时高压的冲击。

(5) 滤波器允许通过电流应与电路中连续运行的额定电流一致。额定电流高了,会加大滤波器的体积和重量;额定电流低了,又会降低滤波器的可靠性。

(6) 滤波器应具有足够的机械强度,结构简单、重量轻、体积小、安装方便、安全可靠。

8.2.2 电源滤波器

电源滤波器实际上是一种低通滤波器,它毫无衰减地把直流或 50Hz、400Hz 等低频电源功率传输到设备上,却大大衰减经电源流入的干扰信号,保护设备免受其害。同时,电源滤波器又能大大抑制设备本身产生的干扰信号,防止骚扰信号进入电源,污染电磁环境,危害其他设备。电源滤波器的重要指标是共模干扰和差模干扰的插入损耗。

1. 电源滤波器的功能

在电源设备输入引线上,一般存在两种 EMI 噪声:共模噪声和差模噪声,如图 8-12 所示。通常,把在交流输入引线与地之间存在的 EMI 噪声叫作共模噪声,它可被看作在交流输入线上传输的电位相等、相位相同的干扰信号,即图 8-12(a)中的 U_1 和 U_2;而把交流输入引线之间存在的 EMI 噪声叫作差模噪声,它可被看作在交流输入线传输的相位差 $180°$ 的干扰信号,即图 8-12(b)中的 U_3。

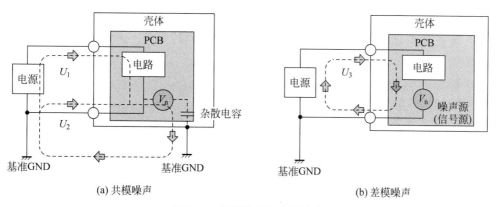

图 8-12   共模噪声和差模噪声

共模噪声是从交流输入线流入大地的干扰电流,差模噪声是在交流输入线之间流动的干扰电流。对任何电源输入线上的传导 EMI 噪声,都可以用共模噪声和差模噪声来表示,并且可把这两种 EMI 噪声看作独立的 EMI 源分别抑制。

电子设备的供电电源,如 220V/50Hz 交流电网或 115V/400Hz 交流发电机,都存在各式各样的电源噪声。电源线是 EMI 传入设备和传出设备的主要途径。通过电源线,电网上的干扰可以传入设备,干扰设备的正常工作。同样,设备的干扰也可以通过电源线传出到电网,对网上其他设备造成干扰。为了防止这两种情况的发生,必须在设备的电源入口处安装一个低通滤波器,这个滤波器只允许设备的工作频率通过。而对较高频率的干扰有很大的抑制。由于这个滤波器专门用于设备电源线,所以称为电源滤波器。

电源滤波器对差模干扰和共模干扰都有抑制作用,但由于电路结构不同,对差模干扰和共模干扰的抑制效果不同。所以,滤波器的技术指标中有差模插入损耗和共模插入损耗之分。除了特别说明允许不接地的滤波器之外,所有电源滤波器都必须接地,因为滤波器中的共模旁路电容只有接地时才起作用。

各类稳压电源本身也是一种 EMI 源。在线性稳压电源中,因整流而形成的单向脉动电流也会引起 EMI;开关电源在功率变换时处于开关状态,本身就是很强的 EMI 噪声源,其产生的 EMI 噪声既有很宽的频率范围,又有很高的强度。这些 EMI 噪声也同样通过辐射和传导的方式污染电磁环境,从而影响其他电子设备的正常工作。

对于电源设备,其内部除了功率变换电路以外,还有驱动电路、控制电路、保护电路、输入/输出电平检测电路等,这些电路主要由通用或专用集成电路构成。当 EMI 噪声影响到模拟电路时,会使信号传输的信噪比变坏,严重时会使要传输的信号被 EMI 噪声淹没,导致不正常。当 EMI 噪声影响到数字电路时,会引起逻辑关系出错,导致错误的结果。当电子设备电源受 EMI 影响而发生误动作时,会使电源停止工作,导致电子设备无法正常工作。采用电网噪声滤波器可有效地防止电源因外来电磁干扰噪声而产生误动作。

从电源输入端进入的 EMI 噪声,一部分可出现在电源的输入端,它在电源的负载电路中会产生感应电压,是电路产生误动作或干扰电路中传输信号的原因。这些问题同样也可用电源滤波器加以防止。电源滤波器的作用如下。

（1）防止外来 EMI 噪声干扰电源设备本身控制电路的工作。

（2）防止外来 EMI 噪声干扰电源负载的工作。

（3）抑制电源设备本身产生的 EMI。

（4）抑制由其他设备产生而经过电源传播的 EMI。

电源滤波器按形状可分为一体化式和分立式，其中一体化式是将电感线圈、电容器等封装在金属或塑料外壳中；分立式是在 PCB 上安装电感线圈、电容器等，构成抑制噪声滤波器。应用中选择哪种形式的电源滤波器，要根据成本、特性、安装空间等确定。一体化式成本高，特性好，安装灵活；分立式成本低，但屏蔽不好，可自由分配在 PCB 上。

2．电源滤波器的基本原理

电源滤波器是一个低通元件，根据不同标准，它具有不同的抑制频率。电源滤波器通常单独使用，如果需要有更高性能的指标，也可级联使用，级联使用可加大干扰信号的衰减幅度，扩展抑制干扰信号的频率范围。两个滤波器级联常常做在一个壳体中，是一种非常实用的形式，既能提高性能，又能缩小体积，降低成本。更多个滤波器进行级联，由于性能改善不多，且容易影响电路稳定性，因此很少使用。一般来说，滤波器可分为单相交流滤波器、三相交流滤波器和直流滤波器。其中，交流滤波器一般用于电源入口处，而直流滤波器用于电源出口处（DC 输入/输出）。

电源滤波器是由电感和电容组成的低通滤波电路，它允许有用信号的电流通过，对频率较高的干扰信号则有较大的衰减。由于干扰信号有差模和共模两种，因此滤波器要对这两种干扰都具有衰减作用。电源滤波器的工作原理是在射频电磁波的传输路径上形成很大的特性阻抗，将射频电磁波中的大部分能量反射回源处。电源滤波器的基本电路如图 8-13 所示。

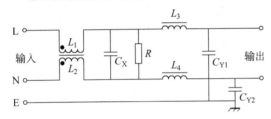

图 8-13　电源滤波器的基本电路

图 8-13 为由集中元件组成的五端无源网络，该五端网络有两个输入端、两个输出端和一个接地，使用时外壳应接通大地。要使用的元件是共模电感线圈 L_1、L_2，差模电感线圈 L_3、L_4，以及共模电容器 C_{Y1}、C_{Y2} 和差模电容器 C_X。如果将此滤波器网络放在电源的输入端，则 L_1 与 C_{Y1}、L_2 与 C_{Y2} 分别构成交流进线上两对独立端口之间的低通滤波器，可衰减交流进线上存在的共模干扰噪声，阻止它们进入电源设备。共模电感线圈用来衰减交流进线上的共模噪声，其中 L_1 和 L_2 一般是在闭合磁路的铁氧体磁芯上同向卷绕相同匝数，接入电路后在 L_1、L_2 两个线圈内交流产生的磁通相互抵消，不会使磁芯引起磁通饱和，又使这两个线圈的电感值在共模状态下较大，且保持不变。

差模电感线圈 L_3、L_4 与差模电容器 C_X 构成交流进线独立端口间的一个低通滤波器，用来抑制交流进线上的差模干扰噪声，防止电源设备受其干扰。图 8-13 所示的电源滤波器是无源网络，它具有双向抑制性能。如果将它插入交流电网与电源之间，相当于在这二者的

EMI 噪声之间加上一个阻断屏障,起到了双向抑制噪声的作用。

图 8-14 给出的单级电源滤波器对源和负载的阻抗很敏感,当工作在实际的源和负载阻抗条件下时,很容易产生增益,而不是衰减。这种增益通常出现在 150kHz～10MHz 的频率范围内,幅度可以达到 10～20dB。因此,在电子设备上安装一个不合适的滤波器,可能会增大干扰发射强度,使电子设备的敏感性变得更糟。

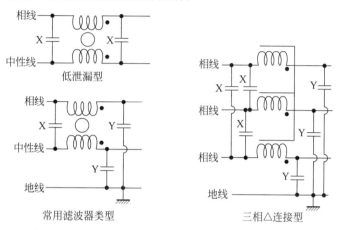

图 8-14 典型的单级电源滤波器

图 8-15 所示的两级电源滤波器,可以使内部接点保持在相对稳定的阻抗上,因此对负载及源的阻抗依赖不是很大,可以提供接近 50：50 性能的指标。由于采用两级结构,因此使滤波器体积更大,价格更高。

电源滤波器采用共模扼流圈和连接在相线间的 X 电容处理差模干扰。如果滤波器用于解决开关电源电路产生的低频高强度干扰问题,则通常需要有比 X 电容所能提供的差模衰减更大的衰减,这时需要采用如图 8-16 所示的差模扼流圈。由于磁芯会发生饱和现象,很难以较小的体积获得较大的电感量,这些滤波器一般体积比较大且比较昂贵。

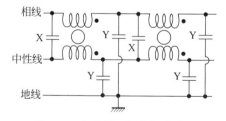

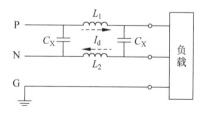

图 8-15 典型的两级电源滤波器　图 8-16 开关电源转换器上使用的典型滤波器

电源滤波器采用 Y 电容,这些电容连接在相线与地线之间。为了不超过相关安全标准限定的地线允许泄漏值,这些电容的值为几微法。通常,Y 电容应连接到噪声干扰较大的导线上。

在较大的系统中,如果有多个电源滤波器,来自多个 Y 电容的地线泄漏会产生很大的地线电流,这样就会产生地线电压差,从而导致不同设备间的互连电缆上产生交流声和瞬态高电平。在大系统中应用的电源滤波器应选择 Y 电容很小或根本没有 Y 电容的滤波器,并应是满足安全认证的电源滤波器。

3．电源滤波器的安装

设计合理的电源滤波器，也可能因安装不当而降低它对骚扰信号的抑制能力。最常出现的问题有以下几方面。

（1）滤波器的输入端和它的输出端之间距离太近，且无隔离，因此存在明显的电磁耦合。这样，存在于滤波器某一端的骚扰信号会跳过滤波器对它的抑制，即不经过滤波器的衰减而直接耦合到滤波器的另一端，如图 8-17 所示。

（2）滤波器的输入线过长，外面进来的干扰还没有经过滤波，就已经通过空间耦合的方式干扰到 PCB 上，而线路板上产生的干扰可以直接耦合到滤波器的输入线，传导到机箱外，造成超标的电磁发射，如图 8-18 所示。

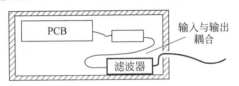

图 8-17　滤波器的错误安装之一

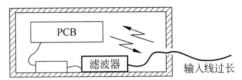

图 8-18　滤波器的错误安装之二

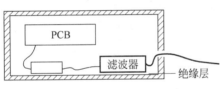

(a) 滤波器的一种错误安装方式

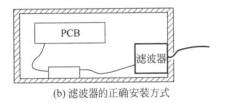

(b) 滤波器的正确安装方式

图 8-19　滤波器的一种错误安装方式
及正确安装方式

（3）滤波器的外壳没有连接到机壳上（滤波器与机壳之间有绝缘层）。这是常见的安装错误，大部分滤波器内部的共模滤波器电容连接到滤波器的金属外壳上，在安装时，通过将滤波器的金属外壳直接安装在机箱上实现滤波器的接地。在这种安装方式中，由于滤波器的外壳没有与机壳连接，滤波器外壳对于共模滤波电容悬空，这样起不到滤波的作用，如图 8-19(a)所示。

一个补救措施是用导线将滤波器的外壳连接到机箱，但这种方式的效果较差，特别是滤波器的高频滤波效果会有较大下降。因为这种方式相当于延长了共模电容的引线。

电源线滤波器的正确安装方式：滤波器的输入线很短，并且利用机箱将滤波器的输入端和输出端隔离开，滤波器与机壳之间接触良好。

采用这种安装方式必须要求滤波器的结构是特殊设计的。如果滤波器内用穿心电容作共模滤波电容，加上良好的内部隔离，并在滤波器与机箱之间使用电磁密封衬垫，滤波器的最高有效频率可以超过 1GHz，如图 8-19(b)所示。

8.2.3　信号滤波器

一般来说，PCB 上的导线是最有效的接收和辐射天线。由于导线的存在，往往会使PCB 产生过强的电磁辐射。同时，这些导线又能接收外部的电磁干扰，使电路对干扰很敏感。在导线上使用信号滤波器是一个解决高频电磁干扰辐射和接收很有效的方法。

1. 信号滤波器的定义及分类

1）信号滤波器的定义

信号滤波器是用在各种信号线（包括直流电源线）上的低通滤波器，它的作用是滤除导线上各种工作所不需要的高频干扰成分。

图 8-20(a)所示为未采用信号滤波器时脉冲信号的频谱，可见，脉冲信号的高频成分很丰富，这些高频成分可以借助导线辐射，从而使 PCB 的辐射超标。图 8-20(b)所示为采用了信号滤波器后脉冲信号的频谱。可以看出，脉冲信号的高频成分大大减少了，由于高频信号的辐射效率较高，随着高频成分的减少，PCB 的辐射将大大改善。

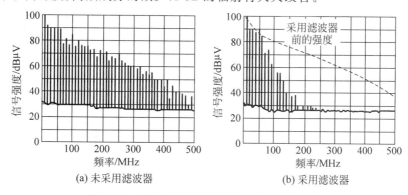

(a) 未采用滤波器　　　　(b) 采用滤波器

图 8-20　采用滤波器前后的脉冲信号频谱比较

2）信号滤波器的分类

按安装方式和外形进行划分，信号滤波器可以分为线路板安装滤波器（板上滤波器）、贯通滤波器和连接器滤波器 3 种。

线路板安装滤波器适合安装在线路板上，具有成本低、安装方便等优点，但线路板安装滤波器的高频效果不是很理想。贯通滤波器适合安装在屏蔽壳体上，具有很好的高频滤波效果，特别适合单根导线穿过屏蔽体。连接器滤波器适合安装在屏蔽机箱上，具有较好的高频滤波效果，用于多根导线（电缆）穿过屏蔽体。

按电路形式进行划分，信号滤波器分为单个电容型、单个电感型、L 形和 π 形等。滤波器的器件越多，从通带到阻带的过渡带越窄。对于一般的民用设备，使用单个电容型或单个电感型就可以满足要求。

2. 信号滤波器在电子设备中的用途

1）屏蔽壳体上的穿线

屏蔽壳体上不允许有任何导线穿过，屏蔽效能再高的屏蔽体，一旦有导线穿过，其屏蔽效能都会大幅下降。这是因为导线充当了接收干扰和辐射干扰的天线。因此，当有导线要穿过屏蔽体时，必须使用贯通滤波器，如图 8-21 所示。这样可以将导线接收

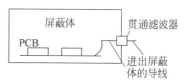

图 8-21　贯通滤波器的使用

到的干扰滤除到屏蔽体上,从而避免干扰穿过屏蔽体。

2) 设备内部的隔离

现代电子设备的体积越来越小,器件的安装密度越来越大。带来的问题之一是电路间的相互干扰。尤其是数字电路与模拟电路之间的干扰、强信号电路与弱信号电路之间的干扰等,已成为影响电子设备指标的重要因素。

解决这个问题的唯一方法是对不同类型的电路进行隔离。当不同电路之间没有任何连线时,这种隔离是容易的,只要按照一般的屏蔽设计技术实现即可。但当电路之间有互连线时,必须对互连线进行滤波,才能达到真正的隔离,这时要在互连线上使用信号滤波器。

3) 电缆滤波

设备中的电缆是接收干扰和辐射干扰最有效的天线。干扰主要通过电缆进出设备,解决电缆接收和辐射干扰的主要手段有屏蔽和滤波。

虽然使用屏蔽电缆能够有效地减小电缆的电磁干扰辐射,但屏蔽电缆的屏蔽效能对屏蔽层的端接方式依赖很大,并且由于屏蔽电缆的屏蔽层是金属编织网构成的,在高频时屏蔽效能较差。为了改善这种状况,在屏蔽电缆的两端使用滤波器是有效的方法。

图 8-22 所示为一个电缆滤波的例子。图 8-22(a)所示为计算机设备的电缆没有经过滤波时的噪声辐射频谱,可以看到,其辐射强度已经超过 CISPR 规定的标准。图 8-22(b)所示为在计算机的电缆上使用了连接器形式的信号滤波器后的噪声辐射频谱,可以看到,其辐射强度已大大减小,已经满足了 CISPR 标准 B 级要求。

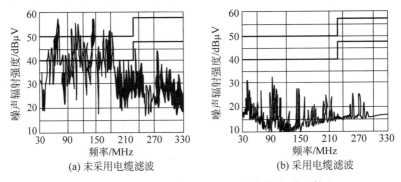

(a) 未采用电缆滤波　　　　(b) 采用电缆滤波

图 8-22　采用电缆滤波前后的噪声辐射频谱比较

3. 连接器滤波器及其特点

连接器滤波器也叫作滤波器连接器,它是一种做成连接器形状,使用方式与普通连接器相同的滤波器。这种滤波器在外形和尺寸上通常与普通连接器相同,因此在安装时完全可以互换。但它的每个针或孔上有一个低通滤波器。滤波器的电路有单个电容的,也有 L 形或 π 形的。使用的电容器主要有 3 种:穿心电容、片状电容和平板电容。

连接器滤波器的主要特点是滤波特性好,这从图 8-23 中可以看出。图 8-23(a)是在线路板上使用板上滤波器,目的是滤波电缆上的高频成分,减小电缆的辐射。图 8-23(b)是使用连接器滤波器,目的与板上滤波器一样。虽然滤波器将驱动电路的高频成分滤掉了,但机箱内的干扰还会耦合到电缆上,传导到机箱外,造成辐射。同样,外界的干扰也会通过电缆传导进机箱,干扰线路板上的电路。连接器滤波器则不然,由于它直接安装在机箱上,可以保证暴露在机箱外的电缆是经过滤波的"干净"电缆,不会产生辐射,同样,外界的干扰在进入机箱前就被滤除了,确保线路板不会受到干扰。

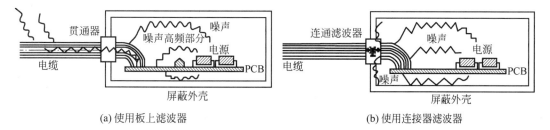

(a) 使用板上滤波器　　　　　　　　(b) 使用连接器滤波器

图 8-23　在线路板上使用板上滤波器和连接器滤波器

　　两者的实际滤波效果可以从图 8-24 的比较中看出。图 8-24(a)是电缆没有经过滤波的设备产生的辐射,图 8-24(b)是在线路板上连接电缆处安装了滤波器后设备的辐射,图 8-24(c)是使用了连接器滤波器的结果。可以看出,连接器滤波器的滤波效果好于板上滤波器。

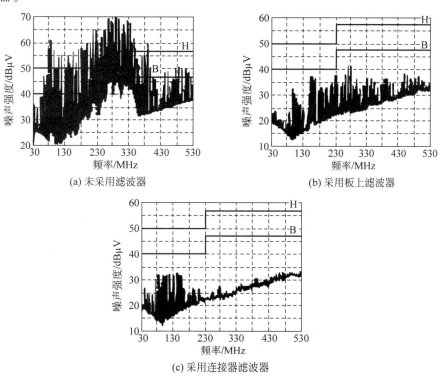

图 8-24　采用滤波器前后的效果对比

4. 信号滤波器的选择

选择信号滤波器的步骤分为滤波器形式的选择、滤波器性能的选择、滤波器截止频率的选择。

1）滤波器形式的选择

根据使用的场合确定是采用板上滤波器、贯通滤波器还是连接器滤波器。当需要穿过屏蔽体的导线较多时，应选用滤波器阵列或连接器滤波器，这样可以提高可靠性，降低成本。当选用连接器滤波器时，考虑的内容与选用普通连接器时相同，即芯数、针或孔、安装方式、锁紧方式等。

2）滤波器性能的选择

根据设备超标的情况或要求的隔离度确定选用何种性能的滤波器，滤波器的性能越高，价格越高。π形滤波电路具有理想的干扰抑制效果，但价格很高。当信号是高速脉冲信号或对电磁兼容特性要求很严时，应选用 π 形滤波电路。一般来说，π 形滤波器既能将高频干扰有效地滤除，又能保证波形的形状。

3）滤波器截止频率的选择

根据信号的频率选择滤波器的截止频率，必须保证电路工作所必需的信号频率顺利通过滤波器，一般对有用频率的衰减要小于 3dB。

其他需要考虑的因素还包括滤波器的工作电压、电流和温度范围等。

5. 使用信号滤波器时要注意的问题

使用信号滤波器时，最重要的是保证滤波器有良好的接地，即保证低的射频阻抗。要做到这一点，在使用板上滤波器时，应尽量使接地线短；在使用贯通滤波器时，要确保滤波器的外壳与屏蔽体的良好电接触，最好是使用焊接方式；在使用连接器滤波器时，要在连接器与屏蔽体之间使用射频密封衬垫。

8.2.4 铁氧体在抑制电磁干扰中的应用

铁氧体是一种应用广泛的有耗器件，可用来构成低通滤波器。通常，它是一种立方晶格结构的亚铁磁性材料，制造工艺和力学性能与陶瓷相似，颜色为黑灰色，故又称为黑磁性瓷。铁氧体的分子结构为 $MO \cdot Fe_2O_3$，其中 MO 为金属氧化物，通常是 MnO 或 ZnO。

1. 铁氧体的特性

在低频段，铁氧体阻抗由电感的感抗构成。此时，磁芯的磁导率较高，因此电感量较大。并且这时磁芯的损耗较小，整个器件是一个低损耗、高 Q 特性的电感，这种电感容易造成谐振。因此，在低频段，有时会有干扰增强的现象。在高频段，阻抗由电阻成分构成。随着频率的升高，磁芯的磁导率降低，导致电感的电感量减小，感抗成分减小。但是，这时磁芯的损耗增加，电阻成分增加，导致总的阻抗增加。当高频信号通过铁氧体时，电磁能量以热的形式耗散。

当穿过铁氧体的导线中流过电流时，会在铁氧体磁芯中产生磁场，当磁场的强度超过一定值时，磁芯发生饱和，磁导率急剧降低。高频时，磁芯的磁导率已经较低，并且主要靠磁芯的损耗特性工作,因此电流对滤波器的高频特性影响不大。

2. 铁氧体抑制无用信号的方式

铁氧体一般通过3种方式抑制无用的传导或辐射信号。

首先是将铁氧体作为实际的屏蔽层,将导体、元器件或电路与环境中的散射电磁场隔离开,这种方式不太常用。

其次是将铁氧体用作电感器,以构成低通滤波器,在低频时提供感性-容性通路,而在较高频率时损耗较大。

最后,最常用的应用是将铁氧体磁芯直接用于元器件的引线或线路板级电路上。在这种应用中,铁氧体磁芯能抑制任何寄生振荡和衰减感应或传输到元器件引线上或与之相连的电缆线中的高频无用信号。

在后两种应用中,铁氧体磁芯通过消除或极大地衰减电磁干扰源的高频电流抑制传导干扰。采用铁氧体,能提供足够高的高频阻抗来减小高频电流。从理论上讲,理想的铁氧体能在高频段提供高阻抗,而在所有其他频段上提供零阻抗。但实际上,铁氧体磁芯的阻抗是依赖于频率的,频率低于1MHz时,其阻抗最低,对于不同的铁氧体材料,最高的阻抗出现在10~500MHz。

3. 铁氧体抑制元件的应用

铁氧体抑制元件广泛应用于PCB、电源线和数据线上。

1）铁氧体抑制元件在PCB上的应用

EMI设计的首要方法是抑源法,即在PCB上的EMI源处将EMI抑制掉。这个设计思想是将噪声限制在小的区域,避免高频噪声耦合到其他电路,而这些电路通过连线可能产生更强的辐射。

PCB上的EMI源来自数字电路。其高频电流在电源线和地之间产生一个共模电压降,造成共模干扰。电源线或信号线上的去耦电容会将IC开关的高频噪声短路,但是去耦电容常常会引起高频谐振,造成新的干扰。在电路板的电源进口处加上铁氧体抑制磁珠能有效将高频噪声衰减掉。

2）铁氧体抑制元件在电源线上的应用

电源线会把外界电网的干扰、开关电源的噪声传到主机。在电源的出口和PCB电源线的入口设置铁氧体抑制元件,既可抑制电源与PCB之间的高频干扰的传输,也可抑制PCB之间高频噪声的相互骚扰。

在电源线上应用铁氧体抑制元件时有偏流存在。铁氧体的阻抗和插入损耗随着偏流的增大而减少。当偏流增大到一定值时,铁氧体抑制元件会出现饱和现象。铁氧体的磁导率越低,插入损耗受偏流的影响越小,越不易饱和。所以,用在电源线上的铁氧体抑制元件,要选择磁导率低的材料和横截面积大的元件。

3）铁氧体抑制元件在信号线上的应用

铁氧体抑制元件最常用的地方就是信号线。例如,在计算机中,EMI信号会通过主机到键盘的电缆传入主机的驱动电路,然后耦合到CPU,使其不能正常工作。主机的数据或噪声也可通过电缆线辐射出去。铁氧体磁珠可用在驱动电路与键盘之间,将高频噪声抑制。由于键盘的工作频率在 1MHz 左右,数据可以几乎无损耗地通过铁氧体磁珠。

4. 铁氧体抑制元件的安装

在大部分的情况下,铁氧体抑制元件应安装在尽可能接近骚扰源的地方。这样可以防止噪声耦合到其他地方,在那些地方噪声可能更难以抑制。但是,在 I/O 电路中,在导线或电缆进入或引出屏蔽壳的地方,铁氧体抑制元件应尽可能安装在靠近屏蔽壳的进出口处,以避免噪声在经过铁氧体抑制元件之前耦合到其他地方。

另外还需要注意,铁氧体磁管穿在电缆上后要用热缩管封好。

8.3 屏蔽

所谓屏蔽,就是用以某种材料(导电或导磁材料)制成的屏蔽壳体(实体的或非实体的)将需要屏蔽的区域封闭起来,形成电磁隔离。

8.3.1 电磁屏蔽原理

电磁屏蔽就是用屏蔽体将元器件、电路、组合件、电缆或整个系统的干扰源包围起来,防止干扰电磁场向外扩散;用屏蔽体将接收电路、设备或系统包围起来,防止它们受到外界电磁场的影响。因为屏蔽体对来自导线、电缆、元器件、电路或系统等外部的干扰电磁波和内部电磁波都起着吸收能量(涡流损耗)、反射能量(电磁波在屏蔽体上的界面反射)和抵消能量(电磁感应在屏蔽层上产生反向电磁场,可抵消部分干扰电磁波)的作用,所以屏蔽体具有减弱干扰的功能。

(1)当干扰电磁场的频率较高时,利用低电阻率的金属材料产生的涡流,形成对外来电磁波的抵消作用,从而达到屏蔽的效果。

(2)当干扰电磁波的频率较低时,要采用高磁导率的材料,从而使磁力线限制在屏蔽体内部,防止扩散到屏蔽的空间去。

(3)在某些场合,如果要求对高频和低频电磁场都具有良好的屏蔽效果,往往采用不同的金属材料组成多层屏蔽体。

电磁屏蔽的意义:电磁屏蔽是利用屏蔽体阻挡或减少电磁能量传输的一种技术,是抑制电磁干扰的重要手段之一。

电磁屏蔽的目的:一是限制某一区域内部的电磁能量泄漏出该区域干扰区域外部的其他设备;二是防止区域外部的电磁能量进入该区域构成对内部设备的影响。

电磁屏蔽的作用原理是利用屏蔽体对电磁能量的反射、吸收和引导作用将屏蔽区域与其他区域分开。而这些作用是与屏蔽体结构表面上和屏蔽体内感应的电荷、电流以及极化现象密切相关的。根据其屏蔽原理,可分为电场屏蔽、磁场屏蔽和电磁屏蔽,如图 8-25 所示。电场屏蔽包含静电屏蔽和交变电场屏蔽;磁场屏蔽包含静磁屏蔽、低频磁场屏蔽和高频磁场屏蔽。

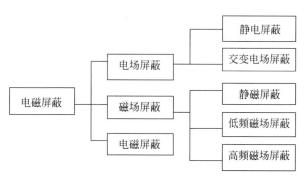

图 8-25　电磁屏蔽类型

8.3.2　电场屏蔽

电场屏蔽简称为电屏蔽,包括静电屏蔽和交变电场屏蔽,其目的是减少设备(或电路、组件、元件等)间的电场感应。

1. 静电屏蔽

带电物体周围存在着电场,对于处在该电场中的其他物体会产生静电感应,受到静电干扰。另外,当这种静电场的电场强度达到一定数值时就会击穿空气,发生放电现象。静电放电不仅干扰电子系统的工作,还能造成器件损坏,设备失灵。

另外,静电放电时必然存在放电电流,这种电流对时间的变化率很大。因此,静电放电还将对邻近的电子设备造成辐射干扰,这种干扰属于宽带干扰。

根据电磁理论可知,处于静电场中的导体,在静电平衡的情况下有以下性质。

(1) 导体内部任意点的电场强度为零。

(2) 导体表面上任意点的电场方向与该点的导体表面垂直。

(3) 整个导体是一个等位体。

(4) 导体内部没有静电荷存在,电荷只能分布在导体表面上。

图 8-26(a)所示为空间中带有 $+q$ 电荷的带电体 A 的电场分布,其电力线如图 8-26(a)所示,整个空间都存在着电场。

图 8-26(b)所示为用球形导体壳 B 包围带电体 A 时的电力线分布。可以看出,除了导体壳 B 的壁内不存在电场外,其他区域的电场与图 8-26(a)相同。也就是说,单纯采用将带电体用金属壳包围起来的方法并不能起到静电屏蔽的作用。

图 8-26(c)所示为将导体壳 B 接地的情况,此时导体壳 B 的电位为零,导体壳 B 外部的电力线消失,即带电体 A 所产生的电场被封闭在导体壳 B 内,从而达到了静电屏蔽的目的。因此,静电屏蔽时一定要良好地接地,否则起不到屏蔽的作用。

当空腔屏蔽体外部存在静电场干扰时,由于空腔屏蔽体为等位体,所以屏蔽体内部空间不存在静电场,如图 8-27 所示,即不会出现电力线,从而实现静电屏蔽。

空腔屏蔽体外部存在电力线,且电力线终止在屏蔽体上。屏蔽体的两侧出现等量相反的感应电荷。当屏蔽体完全封闭时,不论空腔屏蔽体是否接地,屏蔽体内部的外电场均为

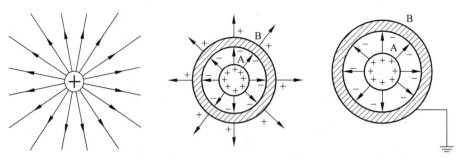

(a) 带有+q电荷的电场分布　　　(b) 球形导体壳B包围下的电场分布　　(c) 导体壳B接地后的电场分布

图 8-26　静电屏蔽示意图

零。但是,实际的空腔屏蔽导体不可能是完全封闭的理想屏蔽体,如果屏蔽体不接地,就会引起外部电力线的入侵,造成直接或间接静电耦合。为了防止这种现象的发生,空腔屏蔽体仍需要接地。

总之,静电屏蔽必须具有两个基本要求:完整的屏蔽体和良好的接地。

2. 交变电场屏蔽

交变电场屏蔽原理采用电路理论加以解释较为方便、直观,因为干扰(骚扰)源与接收器之间的电场感应耦合可用它们之间的耦合电容进行描述。

设干扰(骚扰)源 g 上有一交变电压 U_g,在其附近产生交变电场,置于交变电场中的接收器 s 通过阻抗 Z_s 接地,干扰(骚扰)源对接收器的电场感应耦合可以等效为分布电容 C_j 的耦合,于是形成了由 U_g、Z_g、C_j 和 Z_s 构成的耦合电路,如图 8-28 所示。

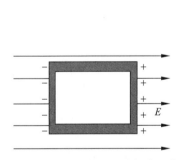

图 8-27　对外来静电场的静电屏蔽

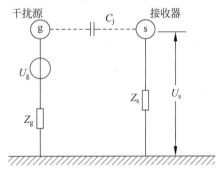

图 8-28　交变电场的耦合

这时,接收器上产生的骚扰电压 U_s 为

$$U_s = \frac{j\omega C_j Z_s}{1 + j\omega C_j (Z_g + Z_s)} U_g \tag{8-5}$$

从式(8-5)可以看出,干扰(骚扰)电压 U_s 的大小与 C_j 的大小有关。C_j 越大,则接收器上产生的骚扰电压 U_s 越大。为了减小骚扰,可使骚扰源与接收器尽量远离,从而减小 C_j,使骚扰电压 U_s 减小。如果骚扰源与接收器间的距离受空间位置限制而无法增大,则可采用屏蔽措施。

为了减少干扰(骚扰)源与接收器之间的交变电场耦合,可在两者之间插入屏蔽体,如图 8-29 所示。插入屏蔽体后,原来的耦合电容 C_j 的作用现在变为耦合电容 C_1、C_2 和 C_3 的作用。由于干扰(骚扰)源和接收器之间插入屏蔽体后,它们之间的直接耦合作用非常小,所以耦合电容 C_3 可以忽略。

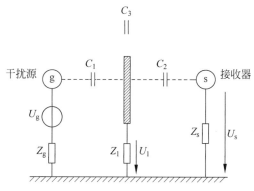

图 8-29　有屏蔽时交变电场的耦合

设金属屏蔽体的对地阻抗为 Z_1,则屏蔽体上的感应电压为

$$U_1 = \frac{\mathrm{j}\omega C_1 Z_1}{1 + \mathrm{j}\omega C_1 (Z_1 + Z_g)} U_g \tag{8-6}$$

接收器上的感应电压为

$$U_s = \frac{\mathrm{j}\omega C_2 Z_s}{1 + \mathrm{j}\omega C_2 (Z_1 + Z_s)} U_1 \tag{8-7}$$

由此可见,要使 U_s 减小,则必须使 Z_1 减小,而 Z_1 为屏蔽体阻抗和接地线阻抗之和。这表明,屏蔽体必须选用导电性能好的材料,而且必须良好地接地,只有这样才能有效地减少干扰。一般情况下,要求接地的接触阻抗小于 $2\mathrm{m}\Omega$,比较严格的场合要求小于 $0.5\mathrm{m}\Omega$,若屏蔽体不接地或接地不良,则由于 $C_1 > C_j$(因为平板电容器的电容量与两极板间距成反比,与极板面积成正比),将导致加屏蔽体后干扰变得更大,这点应当特别引起注意。

从上面的分析可以看出,电屏蔽的实质是在保证良好接地的条件下,将干扰源发生的电力线终止于由良导体制成的屏蔽体,从而切断了干扰源与接收器之间的电力线交连。

8.3.3　磁场屏蔽

磁场屏蔽分为静磁屏蔽、低频磁场屏蔽和高频磁场屏蔽。

1. 静磁屏蔽

静磁场是稳恒电流或永久磁体产生的磁场,静磁屏蔽是利用高磁导率 μ 的铁磁材料做成屏蔽罩,以屏蔽外磁场。高导磁率材料提供了磁旁路,在外磁场中,绝大部分磁场集中在铁磁回路中。这可以把铁磁材料与空腔中的空气作为并联磁路来分析。因为铁磁材料的磁导率比空气的磁导率要大几千倍,所以空腔的磁阻比铁磁材料的磁阻大得多,外磁场的磁感应线的绝大部分将沿着铁磁材料壁内通过,而进入空腔的磁通量极少。这样,被铁磁材料屏蔽的空腔基本上就没有外磁场,从而达到静磁场屏蔽的目的。材料的磁导率越高,筒壁越厚,屏蔽效果就越显著。因常用磁导率高的铁磁材料(如软铁、硅钢、坡莫合金)作屏蔽层,故静磁屏蔽又称为铁磁屏蔽。

静磁屏蔽在电子器件中有着广泛的应用。例如,显示设备中的变压器或其他线圈产生的漏磁通会对电子的运动产生作用,影响示波管或显像管中电子束的聚焦,为了提高产品的质量,必须将产生漏磁通的部分实行静磁屏蔽。由于铁磁物质与空气磁导率的差别只有几个数量级,因此静磁屏蔽总有些漏磁。为了达到更好的屏蔽效果,可采用多层屏蔽,把漏进空腔的残余磁通量屏蔽掉。

2. 低频磁场屏蔽

电场干扰是通过干扰源与接收器之间的分布电容耦合而形成的。而磁场干扰则是通过干扰源与接收器之间的互感耦合而形成的。干扰源的电流会产生磁场,如果电流是时变的,则产生的磁场也是时变的。处于这种时变磁场中的回路就会产生感应电压。根据电磁场理论可以得到时变场产生的感应电压为

$$U_s = j\omega MI \tag{8-8}$$

其中,M 为两电路之间的互感;I 为干扰回路中的电流;ω 为时变场的角频率。由于这种耦合是通过互感 M 进行的,因此这种干扰叫作电感性耦合干扰。

下面将以一对平行线之间的电感耦合性干扰为例讨论低频磁场屏蔽的问题。

1) 平行双导线之间电感性耦合干扰

如图 8-30 所示,平行双导线长为 l,距地面高度为 h,两根导线之间的距离为 d,导线半径为 r,每根导线都通过阻抗与大地构成回路。

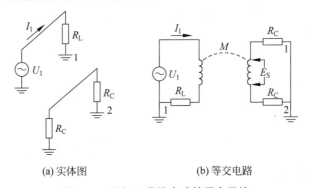

(a) 实体图　　　　　　　(b) 等交电路

图 8-30　平行双导线电感性耦合干扰

设导线 1 中的干扰电压为 U_g,等效电路中回路 1 和回路 2 的自感分别为 L_1 和 L_2,M 为两回路之间的互感。它的表达式为

$$M = \frac{\mu_0 l}{2\pi} \ln \frac{f}{d} \tag{8-9}$$

其中,μ_0 为真空磁导率。

因为两回路结构相同,所以 $L_1 = L_2 = L$,其表达式为

$$L = \frac{\mu_0 l}{2\pi} \ln \frac{2h}{r} \qquad (8\text{-}10)$$

2）带有屏蔽导体的平行双导线之间电感性耦合干扰

如图 8-31(a) 所示，当在导线 2 上套一管状屏蔽体时，屏蔽体两端接地，屏蔽体与中心导线 2 的等效电路如图 8-31(b) 所示。

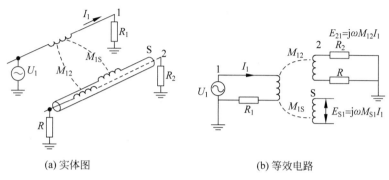

(a) 实体图　　　　　　　　(b) 等效电路

图 8-31　带屏蔽体两平行导线电感性耦合干扰

图 8-31 中 M_{1S} 为中心导体与屏蔽体之间的互感，屏蔽体的自感和电阻分别为 L_j 和 R_j，由于中心导体与屏蔽体耦合很紧，取

$$M_{1S} = L_j \qquad (8\text{-}11)$$

屏蔽体上的电流 I_j 在中心导体上产生的电压为

$$U_2 = j\omega M_{1S} I_j \qquad (8\text{-}12)$$

其中，$I_j = \dfrac{U_j}{R_j + j\omega L_j}$，$U_j$ 为屏蔽体上的感应电压，然后将 I_j 和 M_{1S} 代入 $U_2 = j\omega M_{1S} I$ 得

$$U_2 = \frac{j\omega U_j}{j\omega + \omega_c} \qquad (8\text{-}13)$$

其中，$\omega_c = \dfrac{R_j}{L_j}$。

当 $\omega = \omega_c$ 时，$|U_2| = 0.5|U_j|$；当 $\omega \gg \omega_c$ 时，$|U_2| = |U_j|$。

可见，当 $\omega \gg \omega_c$ 时，导线 2 上的感应电压近似为屏蔽体上的感应电压，即对于高频这种屏蔽结构起不到屏蔽作用。

当在回路 1 的导体上套一管状屏蔽体时，其电感耦合干扰与屏蔽体的接地方式有关。如果屏蔽体的两端同时接地，如图 8-32 所示。

根据图 8-32 中的接地回路，可得到

$$j\omega M_1 I_1 = (j\omega L_j + R_j) I_j \qquad (8\text{-}14)$$

考虑到 $L_j = M_1$，式(8-14)可得

$$I_j = \frac{j\omega}{j\omega + \omega_c} I_1 \qquad (8\text{-}15)$$

从式(8-15)可以看出，当 $\omega \gg \omega_c$ 时，有 $I_j = I_1$，即屏蔽体上的电流 I_j 与中心导体上的

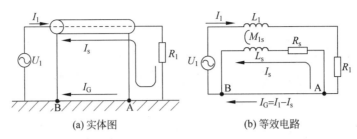

(a) 实体图　　　　　　　　(b) 等效电路

图 8-32　屏蔽体两端同时接地的情况

电流 I_1 大小相等,方向相反。因此,中心导体上的电流 I_1 产生的磁场与屏蔽体产生的磁场相抵消,此时屏蔽体外不再有磁场存在,从而抑制了电感性耦合干扰。

但这种方法只适用于 $\omega \gg \omega_c$ 的情况。当频率较低时,屏蔽体上的电流 I_j 产生的磁场不能抵消中心导体电流 I_1 产生的磁场。为了解决这个问题,可将屏蔽体的一端与负载连接,而不直接接地,如图 8-33 所示。这时不论在什么频率上,$|I_j|$ 均与 $|I_1|$ 相等,方向相反,I_1 产生的磁场抵消了 I_j 产生的磁场,使屏蔽体外不存在磁场,从而抑制了电感性耦合干扰。

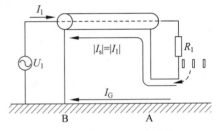

图 8-33　屏蔽体单端接地

3. 高频磁场屏蔽

高频磁场屏蔽采用的是低电阻率的良导体材料,如铜、铝等。其屏蔽原理是利用电磁感应现象在屏蔽体表面所产生的涡流的反磁场达到屏蔽的目的,也就是说,利用涡流反磁场对于原骚扰磁场的排斥作用抑制或抵消屏蔽体外的磁场。

根据法拉第电磁感应定律,闭合回路上产生的感应电动势等于穿过该回路的磁通量的时变率。根据楞次定律,感应电动势引起感应电流,感应电流所产生的磁通要阻止原来磁通的变化,即感应电流产生的磁通方向与原来磁通的变化方向相反。这里,应用楞次定律可以判断感应电流的方向。

当高频磁场穿过金属板时,在金属板中就会产生感应电动势,从而形成涡流效应,如图 8-34 所示。金属板中的涡流电流产生的反向磁场将抵消穿过金属板的原磁场。这就是感应涡流产生的反磁场对原磁场的排斥作用。同时,感应涡流产生的反磁场增强了金属板侧面的磁场,使磁力线在金属板侧面绕行而过。

如果将线圈置于用良导体做成的屏蔽盒中,则线圈所产生的磁场将被限制在屏蔽盒内,如图 8-35(a)所示;同样,外界磁场也将被屏蔽盒的涡流反磁场排斥而不能进入屏蔽盒内,如图 8-35(b)所示,从而达到对高频磁场屏蔽的目的。

根据高频磁场屏蔽的原理,屏蔽盒上产生的涡流的大小将直接影响屏蔽效能。下面将通过屏蔽线圈的等效电路说明影响涡流大小的诸多因素。如果把屏蔽壳体看作一匝线圈,屏蔽线圈等效电路如图 8-36 所示。

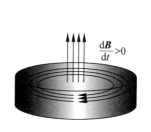

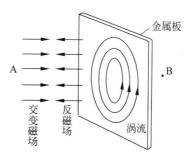

图 8-34　涡流效应

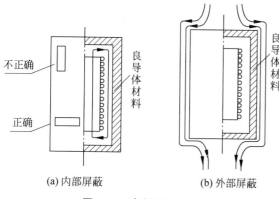

(a) 内部屏蔽　　(b) 外部屏蔽

图 8-35　高频磁场屏蔽

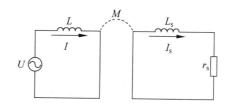

图 8-36　屏蔽线圈等效电路

图 8-36 中，I 为线圈的电流，M 为线圈与屏蔽盒间的互感，r_s、L_s 为屏蔽盒的电阻及电感，I_s 为屏蔽盒上产生的涡流。根据分析，可得

$$I_s = \frac{\mathrm{j}\omega M I}{r_s + \mathrm{j}\omega L_s} \tag{8-16}$$

（1）高频时，$r_s \ll \omega L_s$，这时 r_s 可忽略不计，则有

$$I_s \approx \frac{M}{L_s}I = k\sqrt{\frac{L}{L_s}}I \approx k\frac{n}{n_s}I = knI \tag{8-17}$$

其中，k 为线圈与屏蔽盒之间的耦合系数；n 为线圈匝数；n_s 为屏蔽盒的匝数，可以视为一匝。

可见，屏蔽盒上产生的感应涡流与频率无关。这说明在高频情况下，感应涡流产生的反磁场已足以排斥原骚扰磁场，从而起到了磁场屏蔽作用，所以导电材料适用于高频磁场屏蔽。另外，式(8-17)也说明感应涡流产生的反磁场任何时候都不可能比感应出这个涡流的原磁场还大，所以频率增大到一定程度后，涡流就不会随频率继续升高再增大了。

（2）低频时，I_s 可简化为

$$I_s = \frac{\mathrm{j}\omega M}{r_s}I \tag{8-18}$$

可见，低频时产生的涡流也小，因此涡流反磁场也就不能完全排斥原骚扰磁场。因此，利用感应涡流进行屏蔽在低频时效果是很小的,这种屏蔽方法主要适用于高频。

另外,屏蔽体电阻 r_s 越小,则产生的感应涡流越大,而且屏蔽体自身的损耗也越小。因此,高频磁场屏蔽材料需要用良导体,常用铝、铜及铜镀银等。

由于高频电流的趋肤效应,涡流仅在屏蔽盒的表面薄层流过,而屏蔽盒的内层被表面涡流所屏蔽,所以高频屏蔽盒无须做得很厚。这与采用铁磁材料作低频磁场屏蔽体时不同。对于采用铜、铝材料的屏蔽盒,当频率 $f > 1\text{MHz}$ 时,机械强度、结构及工艺上所要求的屏蔽盒厚度总比能获得可靠的高频磁屏蔽时所需要的厚度大得多,因此,高频屏蔽一般无须从屏蔽效能考虑屏蔽盒的厚度。实际一般取屏蔽盒的厚度为 $0.2 \sim 0.8\text{mm}$。

屏蔽盒在垂直于涡流的方向上不应有缝隙或开口。因为当垂直于涡流的方向上有缝隙或开口时,将切断涡流。这意味着涡流电阻增大,涡流减小,屏蔽效果变差,如果需要屏蔽盒必须有缝隙或开口,缝隙或开口应沿着涡流方向。正确的开口或缝隙对削弱涡流影响较小,对屏蔽效果的影响也较小。屏蔽盒上的缝隙或开口尺寸一般不大于波长的 $1/100 \sim 1/50$。

磁场屏蔽的屏蔽盒是否接地不影响磁屏蔽效果。这一点与电场屏蔽不同,电场屏蔽必须接地。但是,如果将金属导电材料制造的屏蔽盒接地,则它就同时具有电场屏蔽和高频磁场屏蔽的作用。

8.3.4 电磁屏蔽

随着频率的升高,一些有源器件的辐射能力增强,产生辐射电路。当接收器距干扰源较远时,这种场就可视为远场干扰。远场中的电场、磁场均不能忽略,就要对电场和磁场同时屏蔽。在高频段,即使在设备内部也可能形成远场干扰。一般采用导电材料作为电磁屏蔽材料。良好的导电材料同时具有对电场和磁场的屏蔽作用。

电磁屏蔽的目的,一是限制设备内部辐射的电磁能量泄漏出该内部区域;二是防止外来的辐射干扰进入该区域内部。

电磁屏蔽的原理可以有两种解释。一种解释是在一次场(干扰场)的作用下,屏蔽体表面及其内部产生感应电荷和电流。这些电荷和电流产生二次场,二次场与一次场叠加形成合成场,在合成场小于一次场的区域就实现了电磁屏蔽。另一种解释是利用屏蔽体对电磁场的反射和衰减,使其不能进入被防护区而实现屏蔽。

如前所述,采用良导电材料,就能同时具有对电场和磁场(高频)屏蔽的作用。由于高频趋肤效应,对于良导体其趋肤深度很小,因此屏蔽体无须做得很厚,其厚度仅由工艺结构及力学性能决定即可。

当频率为 $500\text{kHz} \sim 30\text{MHz}$ 内,屏蔽材料可选用铝;而当频率大于 30MHz 时,则可选用铝、铜、铜镀银等。

值得注意的是,电磁屏蔽在完成电磁隔离的同时,可能会给屏蔽体内的场源或保护对象带来一些不良影响。若屏蔽体内是接在电压源上的线圈,则电压源所产生的电流随着屏蔽体的出现而改变,这是由于线圈产生的场在屏蔽体内表面上感应出电流及电荷,这些电流和电荷产生的二次场反作用于线圈上,在线圈中产生附加感应电动势,该附加感应电动势使线圈中的电流发生改变。

若屏蔽体内是无源的线圈闭合电路,则在外部场感应电动势的作用下,电路内将产生感应电流。改变外场使有屏蔽及无屏蔽的电动势保持不变,在这两种情况下,线圈中的电流是不同的,这是因为线圈中电流产生的场作用于屏蔽体,屏蔽体上电流、电荷产生的二次场反作用于线圈,或者说屏蔽体把复阻抗引入线圈内,从而改变了线圈中的电流。如果把线圈与外电路断开,使线圈内电流始终为零而不产生电磁场,这时屏蔽体只起电磁隔离作用,而对其内部的线圈无影响。

8.3.5　屏蔽效能

屏蔽效能(Shelding Effectiveness,SE)有时也称为屏蔽损耗、屏蔽衰减或屏蔽效果,它的定义是指未加屏蔽时某一测点的场强(E_0 或 H_0)与加屏蔽后同一测点的场强(E_s 或 H_s)之比,通常以 dB 为单位。屏蔽效能的理论值由 R(反射损耗)、A(传输损耗)、B(多次反射损耗)3 个因素决定。屏蔽效能的表达式为

$$SE_E = 20\lg \frac{|E_0|}{|E_s|} \tag{8-19}$$

$$SE_H = 20\lg \frac{|H_0|}{|H_s|} \tag{8-20}$$

其中,E_0、H_0 是没有屏蔽体时测得的场强; E_s、H_s 是有屏蔽体时测得的场强。

对于电路,屏蔽效能可以采用屏蔽前后电路某点上的功率、电流和电压之比来定义,也可利用由外界耦合到某个关键器件上的干扰与器件所产生的噪声之比来定义。屏蔽效能可用分贝(dB)或奈比(Nep)来计量,换算关系为 1dB=0.115Nep。屏蔽效能与场强衰减的关系如表 8-2 所示。

表 8-2　屏蔽效能与场强衰减的关系

屏蔽前场强	屏蔽后场强	衰 减 量	屏蔽效能/dB
1	0.1	0.9	20
1	0.01	0.99	40
1	0.001	0.999	60
1	0.0001	0.9999	80
1	0.00001	0.99999	100
1	0.000001	0.999999	120

一般来说,屏蔽效能是频率和材料电磁参数的函数,屏蔽效能 SE 主要与屏蔽材料的特性、材料的厚度、辐射频率、辐射源到屏蔽层的距离以及屏蔽层不连续的形状和数量有关,其具体的表达式为

$$SE(dB) = R + A + B \qquad (8-21)$$

其中，R 为反射损耗；A 为传输损耗；B 为多次反射损耗。

由于屏蔽效能的计算实质是求解电磁场边值问题，严格求解比较困难，只能求解几种规则形状屏蔽体(无限大金属平板、导体球壳等)的屏蔽效能，以得出一些结论和公式，然后再将这些结论和公式应用到一般情况，得出近似解。

这里重点讨论导体平板屏蔽效能的计算。屏蔽体两侧媒质相同时，总的磁场传输系数(或透射系数)T_H 与总的电场传输系数(或透射系数)T_E 为

$$T_H = T_E = T = t(1 - re^{-2kl})^{-1} e^{(k_0 - k)l} \qquad (8-22)$$

传输系数(或透射系数)是指存在屏蔽体时某处的电场强度 E_s 与不存在屏蔽体时同一处的电场强度 E_0 之比；或者是指存在屏蔽体时某处的磁场强度 H_s 与不存在屏蔽体时同一处的磁场强度 H_0 之比，即

$$T = \frac{E_s}{E_0} \qquad (8-23)$$

$$T = \frac{H_s}{H_0} \qquad (8-24)$$

传输系数(或透射系数)与屏蔽效能互为倒数关系，即

$$SE_E = 20\lg \frac{1}{T_E} \qquad (8-25)$$

$$SE_H = 20\lg \frac{1}{T_H} \qquad (8-26)$$

可得

$$SE(dB) = -20\lg |T| = 20\lg |e^{(k_0-k)l}| - 20\lg |t| + 20\lg |1 - re^{-2kl}| = A + R + B$$
$$(8-27)$$

1. 传输损耗的计算

传输损耗是电磁波通过屏蔽体所产生的热损耗引起的，电磁波在屏蔽体内的传播常数为

$$k = (1 + j)\sqrt{\pi\mu f\sigma} = \frac{1}{\delta} + \frac{j}{\delta} = \alpha + j\beta \qquad (8-28)$$

式中，$\delta = 1/\sqrt{\pi\mu f\sigma}$ 为趋肤深度。$\alpha = 1/\delta$ 为衰减常数，$\beta = j/\delta$ 为相移常数。

由于 $k_0 \ll \alpha$，传输损耗可忽略 $e^{-k_0 l}$ 因子，因此以 dB 为单位的传输损耗表达式为

$$A(dB) = 20\lg |e^{kl}| = 1.31l\sqrt{f\mu_r\sigma_r} \qquad (8-29)$$

其中，f 为频率(单位为 Hz)；μ_r 和 σ_r 分别为屏蔽体材料相对于铜的相对磁导率和相对电导率；l 为壁厚(单位为 cm)。

可以看出，当频率较高时，传输损耗是相当大的，表 8-3 给出了几种金属材料在传输损耗分别为 8.86dB、20dB、40dB 时所需的屏蔽平板厚度 l。

(1) 当 $f \geqslant 1\text{MHz}$ 时，用 0.5mm 厚的任何一种金属板制成的屏蔽体，能将场强减弱为原场强的 1/100 左右。因此，在选择材料与厚度时，应着重考虑材料的机械强度、刚度、工艺性及防潮、防腐等因素。

(2) 当 $f \geqslant 10\text{MHz}$ 时，用 0.1mm 厚的铜皮制成的屏蔽体能将场强减弱为原场强的 1/100 甚至更低。因此，这时的屏蔽体可用表面贴有铜箔的绝缘材料制成。

(3) 当 $f \geqslant 100\text{MHz}$ 时，可在塑料壳体上镀或喷以铜层或银层制成屏蔽体。

表 8-4 列出了常用金属材料对铜的相对电导率和相对磁导率。根据要求的传输衰减量可求出屏蔽体的厚度，即

$$l = \frac{A}{0.131\sqrt{f\mu_r\sigma_r}} \qquad (8\text{-}30)$$

表 8-3 几种金属的屏蔽平板厚度

| 金属 | 电阻率 ρ /$10^{-3}\Omega \cdot \text{mm}$ | 相对磁导率 μ_r | 频率 f/Hz | 所需材料厚度 l/mm | | |
				透入度 δ ($A=8.68\text{dB}$)	2.3δ ($A=20\text{dB}$)	4.6δ ($A=40\text{dB}$)
铜	0.0172	1	10^5	0.21	0.49	0.98
			10^6	0.067	0.154	0.154
			10^7	0.021	0.049	0.049
			10^8	0.0067	0.0154	0.0154
黄铜	0.06	1	10^5	0.39	0.9	1.8
			10^6	0.124	0.285	0.57
			10^7	0.039	0.09	0.18
			10^8	0.0124	0.0285	0.057
铝	0.03	1	10^5	0.275	0.64	1.28
			10^6	0.088	0.20	0.4
			10^7	0.0275	0.064	0.128
			10^8	0.0088	0.020	0.004
钢	0.1	50	10^5	0.07	0.16	0.32
			10^6	0.023	0.053	0.016
			10^7	0.007	0.016	0.032
			10^8	0.0023	0.0053	0.0016
钢	0.1	200	10^2	1.1	2.5	5.0
			10^3	0.35	0.8	1.6
			10^4	0.11	0.25	0.5
			10^5	0.035	0.08	0.16
铁镍合金	0.65	12000	10^2	0.38	0.85	1.7
			10^3	0.12	0.27	0.54
			10^4	0.038	0.085	0.017
			10^5	0.012	0.027	0.054

表 8-4　常用金属材料对铜的相对电导率和相对磁导率

材料	相对电导率 σ_r	相对磁导率 μ_r	材料	相对电导率 σ_r	相对磁导率 μ_r
铜	1	1	白铁皮	0.15	1
银	1.05	1	铁	0.17	50～1000
金	0.70	1	钢	0.10	50～1000
铝	0.61	1	冷轧钢	0.17	180
黄铜	0.26	1	不锈钢	0.02	500
磷青铜	0.18	1	热轧硅钢	0.038	1500
镍	0.20	1	高导磁硅钢	0.06	80000
铍	0.1	1	坡莫合金	0.04	8000～12000
铅	0.08	1	铁镍钼合金	0.023	100000

2. 反射损耗的计算

反射损耗是由屏蔽体表面处阻抗不连续性引起的,计算式为

$$R = -20\lg |\,t\,| = 20\lg \left| \frac{(Z_W + \dot{\eta})^2}{4Z_W \dot{\eta}} \right| \tag{8-31}$$

其中,$\dot{\eta}$ 为屏蔽材料的特征阻抗(单位为 Ω),$\dot{\eta} = (1+j)\sqrt{\dfrac{\pi \mu f}{\sigma}} \approx (1+j)\sqrt{\dfrac{\mu_r f}{2\sigma_r}} \times 3.69 \times 10^{-7}$;$Z_W$ 为干扰场的特征阻抗,即自由空间波阻抗。通常 $|Z_W| \gg |\dot{\eta}|$,则有

$$R \approx 20\lg \left| \frac{Z_W}{4\dot{\eta}} \right| \tag{8-32}$$

自由空间波阻抗在不同类型的场源和场区中,其数值是不一样的。

(1) 在远场$\left(r \gg \dfrac{\lambda}{2\pi}\right)$平面波的情况下,有

$$Z_W = 120\pi \approx 377\Omega \tag{8-33}$$

(2) 在低阻抗磁场源的近场$\left(r \ll \dfrac{\lambda}{2\pi}\right)$,有

$$Z_W = j120\pi \left(\frac{2\pi r}{\lambda}\right) \approx j8 \times 10^{-6} f r \, \Omega \tag{8-34}$$

(3) 在高阻抗电场源的近场$\left(r \ll \dfrac{\lambda}{2\pi}\right)$,有

$$Z_W = j120\pi \left(\frac{r}{2\pi\lambda}\right) \approx -j\frac{1.8 \times 10^{10}}{f r} \Omega \tag{8-35}$$

其中,r 为场源至屏蔽体的距离(单位为 m)。把 Z_W 代入 $R \approx 20\lg \left| \dfrac{Z_W}{4\dot{\eta}} \right|$ 中,可以得出 3 种情况下的反射损耗,如表 8-5 所示。

表 8-5 反射损耗

干扰源的性质	反射损耗/dB	应用条件
低阻抗磁场源	$R_H \approx 14.6 - 20\lg\left(\sqrt{\dfrac{\mu_r}{f r^2 \sigma_r}}\right)$	$r \ll \dfrac{\lambda}{2\pi}$
高阻抗电场源	$R_E \approx 321.7 - 20\lg\left(\sqrt{\dfrac{\mu_r f^3 r^2}{\sigma_r}}\right)$	$r \ll \dfrac{\lambda}{2\pi}$
远场平面波	$R_P \approx 168 - 20\lg\left(\sqrt{\dfrac{\mu_r f}{\sigma_r}}\right)$	$r \gg \dfrac{\lambda}{2\pi}$

注：f 为频率(单位为 Hz)；r 为干扰源至屏蔽体的距离；μ_r 和 σ_r 为屏蔽材料相对于铜的磁导率和电导率。

通过表 8-5 可以看出，屏蔽体的反射损耗不仅与材料自身的特性(电导率、磁导率)有关，而且与金属板所处的位置有关，因此在计算反射损耗时，应先根据电磁波的频率及场源与屏蔽体间的距离确定所处的区域。如果是近场，还需知道场源的特性，若无法知道场源的特性及干扰的区域(无法判断是否为远、近场)，为安全起见，一般只选用 R_H 的计算公式，因为 R_H、R_E、R_P 存在以下关系。

$$R_E > R_P > R_H$$

3. 多次反射损耗的计算

多次反射损耗的计算式为

$$B = 20\lg\left|1 - r e^{-2kl}\right| = 20\lg\left|1 - \left(\frac{\dot{\eta} + Z_W}{Z_W + \dot{\eta}}\right)e^{-2kl}\right| \tag{8-36}$$

其中，Z_W 为干扰场的特征阻抗；$\dot{\eta}$ 为屏蔽材料的特征阻抗。

多次反射损耗是电磁波在屏蔽体内反复碰到壁面所产生的损耗。当屏蔽体较厚或频率较高时，导体吸收损耗较大，这样当电磁波在导体内经一次传播后达到屏蔽体的第二分界面时已很小，再次反射回金属的电磁波能量将更小。多次反射的影响很小，所以在传输损耗大于 15dB 时，多次反射损耗可以忽略，但在屏蔽体很薄或频率很低时，传输损耗很小，这时必须考虑多次反射损耗。

8.3.6 屏蔽材料

屏蔽材料种类很多，形态各不相同。具有较高导电、导磁特性的材料可以作为屏蔽材料。常用的屏蔽材料有钢板、铝板、铝箔铜板、铜箔等。随着民用产品 EMC 要求的严格化，越来越多的产品采取在塑料机箱上镀镍或铜的方法实现屏蔽。在各种屏蔽材料中，涂料以其方便、轻薄、不占空间及与基材一体化等众多优势，被广泛应用于各类电子产品装置、系统的电磁辐射防护。

1. 金属类屏蔽材料

(1) 对于高阻抗干扰源和平面波，应采用高电导率的金属屏蔽材料。对于低阻抗干扰源和磁场,应采用高磁导率的铁磁性金属屏蔽材料。常用的金属板屏蔽材料有镀锌钢板、低碳钢板、镀铜钢板和铜板等。表 8-6 给出了常见的各种金属屏蔽材料的性能。

表 8-6 各种金属屏蔽材料的性能

金属屏蔽材料	相对电导率 σ_r	$f=150\text{kHz}$ 时相对磁导率 μ_r	$f=150\text{kHz}$ 时吸收损耗 /(dB·m^{-1})	金属屏蔽材料	相对电导率 σ_r	$f=150\text{kHz}$ 时相对磁导率 μ_r	$f=150\text{kHz}$ 时吸收损耗 /(dB·m^{-1})
银	1.05	1	52	镍	0.20	1	23
铜	1.00	1	51	磷青铜	0.18	1	122
金	0.70	1	42	铁	0.17	1000	650
铝	0.61	1	40	45 钢	0.10	1000	500
锌	0.29	1	28	坡莫合金	0.03	80000	2500
黄铜	0.26	1	26	不锈钢	0.02	1000	220
镉	0.23	1	24				

(2) 铝制蜂窝通风板。铝制蜂窝通风板是由铝板制成的波导型蜂窝。波导型的蜂窝不仅具有电磁屏蔽效能,而且具有高的空气流通性,可用于电子设备的通风窗口。铝制蜂窝通风板的屏蔽效能如表 8-7 所示。

表 8-7 铝制蜂窝通风板的屏蔽效能

材　　料	磁场(100kHz) 屏蔽效能/dB	电场(10MHz) 屏蔽效能/dB	平面波屏蔽效能/dB	
			1GHz	10GHz
单层镀铬酸盐	40	80	60	40
单层镀镉	75	125	105	85
单层镀锡	70	125	105	85
单层镀镍	80	135	115	95
多层镀铬酸盐	65	110	95	85

2. 薄膜屏蔽材料

现代电子设备广泛地采用了工程塑料机箱,它的加工工艺性能好,通过注塑等工艺,机箱具有造型美观、成本低、重量轻等优点。为了具备电磁屏蔽的功能,通常采用喷导电漆、电弧喷涂、电离镀、化学镀、真空沉积、贴导电箔及热喷涂工艺,在机箱上产生一层导电薄膜,称为薄膜材料。假定导电薄膜的厚度为 l,电磁波在导电薄膜中的传播波长为 λ_1。若 $l<\lambda_1/4$,则称这种屏蔽层的导电薄膜为薄膜材料,这种屏蔽为薄膜屏蔽。

由于薄膜屏蔽的导电层很薄,传输损耗几乎可以忽略,因此薄膜屏蔽的屏蔽效能主要取决于反射损耗。表 8-8 给出了频率为 1MHz 和 1000MHz 时,不同厚度的铜薄膜的屏蔽效能。通过表 8-8 可见,薄膜的屏蔽效能几乎与频率无关。只有在屏蔽层厚度大于 $\lambda/4$ 时,由于吸收损耗的增加,多次反射损耗才趋于零,屏蔽效能才随频率升高而增加。

表 8-8　铜薄膜屏蔽层的屏蔽效能

屏蔽层厚度/nm	105		1250		2196		21960	
频率 f/MHz	1	1000	1	1000	1	1000	1	1000
传输损耗/dB	0.014	0.44	0.16	5.2	0.29	9.2	2.9	92
反射损耗/dB	109	79	109	79	109	79	109	79
多次反射损耗/dB	−47	−17	−26	−0.6	−21	0.6	−3.5	0
屏蔽效能/dB	62	62	83	84	88	90	108	171

另外,表 8-9 给出了各类方法所形成的薄膜屏蔽层的厚度、电阻及所能达到的电磁屏蔽效能值。

表 8-9　薄膜屏蔽层的厚度、电阻及所能达到的电磁屏蔽效能值

方　　法	厚度/μm	电阻/(Ω/mm²)	屏蔽效能/dB
锌电弧喷涂	12～25	0.03	50～60
锌火喷涂	25	4.0	50～60
镍层喷涂	50	0.5～2.0	30～75
银基喷涂	25	0.05～0.1	60～70
铜基喷涂	25	0.5	60～70
石墨基喷涂	25	7.5～20	20～40
阴极喷涂	0.75	1.5	70～90
电镀	0.75	0.1	85
化学镀	1.25	0.03	60～70
银还原	1.25	0.5	70～90
真空沉积	1.25	5～10	50～70
电离镀	1.0	0.01	50

3. 丝网类屏蔽材料

1) 金属丝网屏蔽玻璃

金属丝网屏蔽玻璃是将金属丝网压在两层玻璃之间,它不仅能提供有效的电磁屏蔽,还可以提供有效的透光,可用于电子设备的观察窗口,如电子设备的表头、数字或图像显示器等。金属丝网屏蔽玻璃的屏蔽效能如表 8-10 所示。

表 8-10　金属丝网屏蔽玻璃的屏蔽效能

材　　料	磁场(100kHz)屏蔽效能/dB	电场(10MHz)屏蔽效能/dB	平面波屏蔽效能/dB	
			1GHz	10GHz
黑化铜丝网,开孔 60%	55	120	60	40
黑化铜丝网,开孔 45%	55	120	80	50

2) 金属丝网缠带

金属丝网缠带是由一根单一的连续金属丝编织而成的,形状不会因温度的变化而改变。缠带的末端可以焊接、压接或用环氧导电胶粘接。将金属丝网缠带以半重叠的方式绕制在

电缆上时,可为电缆提供一层有效的屏蔽层。金属丝网缠带通常为双层网状,如有特殊需要,也可以生产 4 层甚至更多层。金属丝网缠带通常用蒙乃尔合金丝、镀锌铜丝、不锈钢丝、铜丝、镀银铜丝、铝丝或锡铜合金丝编织而成。

3) 金属丝网屏蔽条

金属丝网屏蔽条充分利用了纺织丝网的导电性能以及绝缘胶的优良压缩形变特性,而将双层(或多层)纺织金属丝网包裹在绝缘胶上特制而成。绝缘胶材料是氯丁绝缘胶,金属纺织网是 Ferrex 合金。为了适用于不同场合,还有不带绝缘胶及金属丝网与绝缘胶拼接在一起的组合型屏蔽条。金属丝网屏蔽条主要用于机箱门、盖板、搭接缝的连接处,用来填充缝隙,实现连续导电接触。金属丝网屏蔽条不能同时做水密和压力密封,但可以防尘和通过淋雨实验。

4. 导电胶与导磁胶

导电胶是在硅、环氧树脂胶中掺入纯金属粒子,如银、镍、铜镀银、铝镀银等,应用在各种屏蔽材料之间,起到粘结、屏蔽和密封的作用。导电胶粘剂一般是将银微粒或银镀铜微粒等金属填料通过特殊工艺掺杂在环氧树脂或硅酮、柔性聚氯乙烯中,具有剪切强度高、热膨胀系数小、离子纯净、导热和导电性能好等独特的综合性能,典型应用包括把 EMI 屏蔽通道、窗口或透光导电丝网膜粘合在屏蔽的永久性接缝上。

导磁胶粘剂是由树脂、固化剂和导磁铁粉等组成。导磁胶主要用于各种变压器铁芯和磁芯的胶接。

8.3.7　孔缝泄漏的抑制措施

除了低频磁场外,大部分金属材料可以提供 100dB 以上的屏蔽效能。但在实际应用中,常见的情况是金属做成的屏蔽体并没有这么高的屏蔽效能,甚至几乎没有屏蔽效能。

电磁屏蔽与屏蔽体接地与否并没有关系,这与静电场的屏蔽不同。在静电屏蔽中,只要将屏蔽体接地,就能够有效地屏蔽静电场,而电磁屏蔽却与屏蔽体接地与否无关。

电磁屏蔽的关键点有两个:一是保证屏蔽体的导电连续性,即整个屏蔽体必须是一个完整的、连续的导电体;二是不能有穿过机箱的导体。对于一个实际的机箱,这两点实现起来都非常困难。

一般来说,一个实用的机箱上会有很多孔洞和孔缝,如通风口、显示口、安装各种调节杆的开口、不同部分接合的缝隙等。屏蔽设计的主要内容就是如何妥善处理这些孔缝,同时不会影响机箱的其他性能。另外,机箱上总是会有电缆穿出(入),至少会有一条电源电缆。这些电缆会极大地危害屏蔽体,使屏蔽体的屏蔽效能降低数十分贝。妥善处理这些电缆是屏蔽设计中的重要内容之一(穿过屏蔽体的导体的危害有时比孔缝的危害更大)。

当电磁波入射到一个孔洞时,其作用相当于一个偶极子天线,当孔洞的长度达到 $\lambda/2$ 时,其辐射效率最高,也就是说,它可以将激励孔洞的全部能量辐射出去。

对于一个孔洞,在远场区中,最坏情况下(造成最大泄漏的极化方向)的屏蔽效能计算式为

$$SE(dB) = 100 - 20\lg L - 20\lg f + 20\lg\left[1 + 2.3\lg\left(\frac{L}{H}\right)\right] \quad (8\text{-}37)$$

其中,L 为缝隙的长度(单位为 mm);H 为缝隙的宽度(单位为 mm);f 为入射电磁波的频率(单位为 MHz)。

在近场区,孔洞泄漏还与辐射源的特性有关。当辐射源是电场源时,孔洞泄漏比远场时小(屏蔽效能高),而当辐射源是磁场源时,孔洞泄漏比远场时要大(屏蔽效能低)。近场区,孔洞的电磁屏蔽计算式为

$$SE(dB) = 48 + 20\lg Z_c - 20\lg L \cdot f + 20\lg[1 + 2.3\lg(L/H)], \quad Z_c > 7.9/D \cdot f \quad (8\text{-}38)$$

$$SE(dB) = 20\lg[(D/L) + 20\lg(1 + 2.3\lg(L/H))], \quad Z_c < 7.9/D \cdot f \quad (8\text{-}39)$$

其中,Z_c 为辐射源电路的阻抗(单位为 Ω);D 为孔洞到辐射源的距离(单位为 m);L 和 H 分别为孔洞的长和宽(单位为 mm);f 为电磁波的频率(单位为 MHz)。

当 N 个尺寸相同的孔洞排列在一起,并且相距很近(距离小于 $\lambda/2$ 时),造成的屏蔽效能下降为 $20\lg(N/2)$。在不同面上的孔洞不会增加泄漏,因为其辐射方向不同,这个特点可以在设计中用来避免某个面的辐射过强。

除了使孔洞的尺寸远小于电磁波的波长、用辐射源尽量远离孔洞等方法减小孔洞泄漏以外,增加孔洞的深度也可以减小孔洞泄漏,这就是截止波导的原理。

一般情况下,屏蔽机箱上不同部分的结合处不可能完全接触,只能在某些点接触上,这样构成了一个孔洞阵列。缝隙是造成屏蔽机箱屏蔽效能降低的主要原因之一。这类孔缝屏蔽设计的关键在于合理选择导电衬垫材料并进行适当的变形控制。

一般来说,减少缝隙泄漏的主要方法如下。

(1)增加导电接触点,减小缝隙的宽度,如使用机械加工的手段(如用铣床加工接触表面)提高接触面的平整度、增大紧固件(螺钉、铆钉)的密度。

(2)加大两块金属板之间的重叠面积。

(3)使用电磁密封衬垫。电磁密封衬垫是一种弹性的导电材料。如果在缝隙处安装连续的电磁密封衬垫,那么就如同在液体容器的盖子上使用了橡胶密封衬垫后不会发生液体泄漏一样,不会发生电磁波的泄漏。电磁密封衬垫的两个基本特性是导电性和弹性。常用的衬垫有铍铜指形簧片、导电橡胶、橡胶芯金属网套等。

当屏蔽的电磁波频率超过 10MHz 时,缝隙处使用电磁密封衬垫是十分必要的。电磁密封衬垫可以分为金属丝网衬垫(带橡胶芯的和空心的)、导电橡胶(不可导电填充物)、梳状指形簧片(不同表面覆层)、螺旋管衬垫(不锈钢的和镀锡铍铜的)、导电布衬垫和硬度较低易于塑性变形的软金属(铜、铅等)。

任何导电的弹性材料都可以作为电磁密封衬垫,但电磁密封衬垫必须具有较好的抗腐蚀性。

(1)金属丝网衬垫:低频时的屏蔽效能较高,高频时屏蔽效能较低,一般用在 1GHz 以下的场合。

(2)导电橡胶:与金属丝网相反,导电橡胶低频时的屏蔽效能较低,而高频时屏蔽效能

较高,并且能够同时提供电磁密封和环境密封。其缺点是较硬,弹性较差。新开发的双层导电橡胶克服了这些缺点。

(3) 梳状指形簧片:高频、低频时的屏蔽效能都较高,并且适用于滑动接触的场合。缺点是价格较高。

(4) 螺旋管衬垫:屏蔽效能高,成本低,缺点是受到过量压缩时容易损坏。

(5) 导电布衬垫:非常柔软,适合不能提供较大压力的场合。

机箱上开口的电磁泄漏与开口的形状、辐射源的特性和辐射源到开口处的距离有关。通过设计适当的开口尺寸和辐射源到开口的距离能够改善屏蔽效能。通风口设计的关键在于通风部件的选择与装配结构的设计。在满足通风性能的条件下,应尽可能选用屏蔽效能较高的屏蔽通风部件。

(1) 覆盖金属丝网。将金属丝网覆盖在大面积的通风孔上,能显著地防止电磁泄漏。金属丝网结构简单,成本低,通风量较大,适用于屏蔽要求不太高的场合。金属丝网的屏蔽性能与网丝直径、网孔疏密程度、网丝交点处的焊接质量及网丝材料的导电率有关。当频率高于 70MHz 时,屏蔽效能开始下降,因此金属丝网不适用于数百兆赫兹以上的高频情况。

金属丝网覆盖在通风孔上的结构有两种形式。一种是把金属丝网覆盖在通风孔上后,周边用钎焊与屏蔽体壁面连接在一起,这种方法可以使金属丝网与屏蔽体之间有良好的电接触,但工艺复杂,且易破坏周边的保护镀层。另一种是用环形压圈通过紧固螺钉把金属网安装在屏蔽体的通风孔上。在安装之前,应把配合面上的绝缘涂层、氧化层、油垢等不良导电物质清除干净,并应安装足够数量的螺钉以获得连续的接触,这种安装方式,只要在结构和工艺上仔细考虑,也可在安装面上取得良好的电接触。

(2) 穿孔金属板。一般而言,孔洞尺寸越大,电磁泄漏也就越大,屏蔽越差。为了提高屏蔽效能,可在满足屏蔽体通风量要求的条件下,以多个小孔代替大孔,这就需要采用穿孔金属板。穿孔金属板通常有两种结构形式。一种是直接在机箱或屏蔽体上打孔;另一种是单独制成穿孔金属板,然后安装到机箱的通风孔上。穿孔金属板与金属丝网相比,由于它不存在金属丝网的网栅交点接触不稳定的缺陷,其屏蔽效能比较稳定。

(3) 截止波导通风口。金属丝网和穿孔金属板在频率大于 100MHz 时,其屏蔽效能将大大降低。尤其是当孔眼尺寸不是远小于波长甚至接近于波长时,电磁泄漏将更加严重。由于波导对于在其内部传播的电磁波起着高通滤波器的作用,高于截止频率的电磁波才能通过,因此出现了截止波导通风孔阵,它与金属丝网和穿孔金属板相比,具有以下特点。

① 工作频带宽,即使在微波波段也有较高的屏效。

② 对空气的阻力小,风压损失小。

③ 机械强度高,工作稳定可靠。

④ 缺点是制造工艺复杂、体积大、制造成本高。

电子设备的观察窗口包括指示灯、表头面板、数字显示器及 CRT 等,这一类孔洞的电磁泄漏往往最大,因而必须加以电磁屏蔽。可供选择的方案如下。

(1) 显示屏或显示窗口既要满足视觉要求,又要满足防电磁辐射的要求,因此,可选用导电玻璃实现屏蔽。导电玻璃可用两块光学玻璃中间夹金属丝网构成,金属丝网的密度越大,屏蔽效能就越高,但透光性越差。导电玻璃也可由光学玻璃或有机玻璃表面镀金属薄膜构成。此外,还可以在透明聚酯膜片上镀金属薄膜,制成柔性透明导电膜片。这种膜片的透光性可达 70%,而且膜片很薄,仅有 0.13mm,可以直接贴覆在常规玻璃或有机玻璃表面,特别适用于要求高透明度和中等屏蔽效能的仪表表盘、液晶显示器、面板指示灯、彩色显示器等部位。

(2) 用隔离舱将显示器件与设备的其他电路隔离开。此方法仅适用于与显示器件本身不产生较强电磁辐射的情况。

本章小结

本章主要介绍了应对电磁干扰的 3 种主要解决措施:接地、滤波、屏蔽。按照从原理到实际应用的顺序,介绍了 3 种解决措施起到的作用,需要使用的设备以及能够达到的效果。通过本章的学习,需要掌握接地、滤波以及屏蔽的主要原理,以及实际应用场景和应用过程中可能产生的主要问题和解决方法。电磁干扰是电磁兼容设计中不可避免的干扰因素,掌握解决电磁干扰的方法不仅有助于加深对电磁兼容测试的理解,也为后续电磁兼容设计部分的学习打下牢固的基础。

习题 8

1. 确定钢镍和黄铜在 30MHz、100MHz 和 1GHz 频率下的趋肤深度(SAE 1045)。

2. 计算 30MHz、100MHz 和 1GHz 频率下空气-钢界面的电场反射系数。

3. 假设有一个远场源,计算 30MHz、100MHz 和 1GHz 频率下 20mil 钢(SAE 1045)屏蔽结构的反射损耗和传输损耗。

第 9 章

PCB 的电磁兼容设计基础

印制电路板(PCB)在现代电子工业中被广泛使用。随着使用范围越来越广,使用的场景越来越复杂,对 PCB 的电磁兼容设计要求也越来越高。本章将详细介绍 PCB 的电磁兼容设计技术。

9.1 PCB 简单介绍

PCB 是电子工业的重要部件之一。几乎每种电子设备,小到电子手表、计算器,大到计算机、通信电子设备、军用武器系统,只要有集成电路等电子元件,为了使各个元件之间的电气互连,都要使用印制电路板。印制电路板由绝缘底板、连接导线和装配焊接电子元件的焊盘组成,具有导电线路和绝缘底板的双重作用。它可以代替复杂的布线,实现电路中各元件之间的电气连接,不仅简化了电子产品的装配、焊接工作,减少传统方式下的接线工作量以及大大减轻工人的劳动强度,而且缩小了整机体积,降低产品成本,提高电子设备的质量和可靠性。印制电路板具有良好的产品一致性,它可以采用标准化设计,有利于在生产过程中实现机械化和自动化。同时,整块经过装配调试的印制电路板可以作为一个独立的备件,便于整机产品的互换与维修。目前,印制电路板已经极其广泛地应用在电子产品的生产制造中。

9.1.1 PCB 的常见优点

PCB 之所以能得到越来越广泛的应用,是因为它具有很多独特的优点,具体如下。

1. 可高密度化

多年来,PCB 的高密度一直能够随着集成电路集成度的提高和安装技术的进步而相应发展。

2. 高可靠性

通过一系列检查、测试和老化试验等技术手段,可以保证 PCB 长期可靠地工作(使用期一般为 20 年)。

3. 可设计性

对 PCB 的各种性能(电气、物理、化学、力学等)的要求,可以通过设计标准化、规范化等实现,这样设计时间短、效率高。

4. 可生产性

PCB采用现代化管理,可实现标准化、规模(量)化、自动化生产,从而保证产品质量的一致性。

5. 可测试性

建立了比较完整的测试方法、测试标准,可以通过各种测试设备与仪器等检测并鉴定PCB产品的合格性和使用寿命。

6. 可组装性

PCB产品既便于各种元件进行标准化组装,又可以进行自动化、规模化的批量生产。另外,将PCB与其他各种元件进行整体组装,还可形成更大的部件、系统,直至整机。

7. 可维护性

由于PCB产品与各种元件整体组装的部件是标准化设计与规模化生产的,因而这些部件也是标准化的,一旦系统发生故障,可以快速、方便、灵活地进行更换,迅速恢复系统的工作。

9.1.2　PCB 的常见分类

根据电路层数分类,PCB可分为单面板、双面板和多层板。常见的多层板一般为4层板或6层板,复杂的多层板可达几十层。

1. 单面板(Single-Sided Boards)

在最基本的PCB上,零件集中在其中一面,导线则集中在另一面(有贴片元件时和导线为同一面,插件器件在另一面)。因为导线只出现在其中一面,所以这种PCB叫作单面板,如图9-1所示。因为单面板在设计线路上有许多严格的限制(因为只有一面,布线间不能交叉而必须绕独自的路径),所以只有早期的电路才使用这类板子。

2. 双面板(Double-Sided Boards)

如图9-2所示,双面板的两面都有布线,不过要用上两面的导线,必须要在两面间有适当的电路连接才行。这种电路间的"桥梁"叫作导孔(Via)。导孔是在PCB上充满或涂上金属的小洞,它可以与两面的导线相连接。因为双面板的面积比单面板大了一倍,双面板解决了单面板中布线交错的难点(可以通过导孔导通到另一面),它更适合用在比单面板更复杂的电路上。

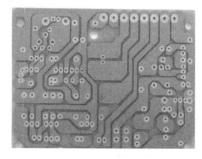

图 9-1　单面板

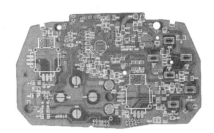

图 9-2　双面板

3. 多层板（Multi-Layer Boards）

为了增大可以布线的面积，多层板使用了更多单面或双面的布线板，如图 9-3 所示。用一块双面板作内层、两块单面板作外层或两块双面板作内层、两块单面板作外层的印制电路板，通过定位系统及绝缘黏结材料交替在一起且导电图形按设计要求进行互连的印制电路板就成为 4 层、6 层印制电路板了，也称为多层板。板子的层数并不代表有几层独立的布线层，在特殊情况下会加入空层控制板厚，通常层数都是偶数，并且包含最外侧的两层。大部分的主机板都是 4～8 层的结构，不过理论上可以做到近 100 层的 PCB。大型的超级计算机大多使用多层的主机板，不过因为这类计算机已经可以用许多普通计算机的集群代替，超多层板已经渐渐不被使用了。因为 PCB 中的各层都紧密结合，一般不太容易看出实际数目，不过如果仔细观察主机板，还是可以看出来。

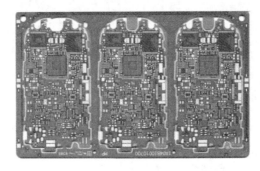

图 9-3　多层板

4. 按软硬分类

按软硬分类，PCB 可分为刚性 PCB、柔性 PCB 和软硬结合板。刚性 PCB 与柔性 PCB 直观上的区别是柔性 PCB 可以弯曲。刚性 PCB 的常见厚度有 0.2mm、0.4mm、0.6mm、0.8mm、1.0mm、1.2mm、1.6mm、2.0mm 等。柔性 PCB 的常见厚度为 0.2mm，要焊零件的地方，会在其背后加上加厚层，加厚层的厚度为 0.2mm、0.4mm 不等。了解这些的目的是为结构工程师设计时提供一个空间参考。刚性 PCB 的常见材料包括酚醛纸质层压板、环氧纸质层压板、聚酯玻璃毡层压板、环氧玻璃布层压板；柔性 PCB 的常见材料包括聚酯薄膜、聚酰亚胺薄膜、氟化乙丙烯薄膜。

9.2　PCB 与 EMC 设计

对 EMC 的传统看法是它是某种"巫术"；事实上，EMC 可以用数学概念来解释。一些有关的方程和公式很复杂，且已超过了本书的范围。即使采用数学分析，这些方程对于实际应用来说也太复杂了。幸运的是，可以建立一些简单模型描述电磁兼容性是如何达到的，而不一定要直接解释原因。有许多情况可引起 EMI，这是因为 EMI 经常是无源元件按正常规则工作的意外所造成的结果。在高频段，一个电阻器就相当于一个电感串联一个电阻与电容的并联结构；一个电容器就相当于一个电感、电阻和电容器的串联；而一个电感则相当于一个电阻串联一个电感与电容的并联结构。无源元件在高频和低频时的工作特性如图 9-4 所示。例如,当设计一个无源元件时,我们必须思考"什么时候一个电容器会失去电容特性"这样一个问题。回答很简单,一个电容器失去电容特性,是因为在高频段由于引线电感改变了自己的功能特性,表现出电感特性。相反地,"一个电感什么时候失去电感特性"的答案是在高频段,寄生线耦合使一个电感表现出电容特性。要想成为一个成功的设计者,就必须认识到无源元件的这一局限性。设计产品除了要满足市场功能性要求,也必须要采用适当的设计技术适应这些隐含的特性。这些工作特性被认为是"暗示"。数字产品工程师通常假定元件有单一频率响应。这样,选择无源元件时只是基于时域的功能特性,而不考虑频域中表现出来的特性。很多时候,如果设计者违背了如图 9-4 所示的这些规律,就会有EMI 发生。EMC 领域可以用这样一句话来形容:"每件事情都不在计划之列。"这一叙述解释了为什么 EMC 领域被看作一门"黑箱艺术"。一旦理解了元件的隐藏工作特性,设计出符合 EMC 要求的产品也就成为一个简单的过程。隐藏的工作特性也要考虑有源元件的切换速率和它们独特的特性,这也包括隐藏的电阻性、电容性、电感性。下面分别研究每种无源器件。

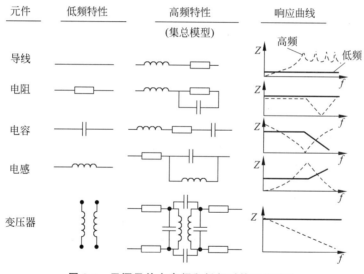

图 9-4　无源元件在高频和低频时的工作特性

9.2.1　导线和 PCB 走线

我们一般不把产品的内部连线、线缆和走线看作有效的射频能量辐射器,每个元件都有引线电感,从硅芯片的连接导线到电阻、电容和电感线圈的引线,每条导线和走线都有潜在的寄生电容和电感,这些寄生元件影响着导线的阻抗并且对频率敏感。根据 LC 值(自谐振频率)和 PCB 走线的长度,在元件和走线之间可能会发生自谐振,这样就产生了一个有效的辐射天线。在低频段,导线主要呈现电阻特性;而在高频段,则呈现电感特性。这个阻抗会改变导线(或 PCB 走线)与接地的关系,从而引导我们使用接地板和接地网格。金属导线和

PCB 走线之间的主要区别是金属导线是圆的,而 PCB 走线是矩形的。金属导线的阻抗包括电阻 R 和感性电抗 $X_L = 2\pi fL$,在高频时定义为 $Z = R + jX_L \approx j2\pi fL$。容性电抗 $X_c = 1/2\pi fC$ 不包括在高频时导线阻抗频率响应的方程中。在直流和低频的应用中,导线(或走线)基本上呈电阻特性。在较高频段,导线(或走线)成为这个阻抗方程的重要部分。在 100kHz 以上,感性电抗 $2\pi fL$ 超过电阻。因此,导线(或走线)不再是一个低电阻的连接,而是一个电感。作为一个基本的常用规则,任何工作在音频范围以上的导线(或走线)均表现出电感特性,而不是纯电阻,并且可以看作一个辐射射频能量的有效天线。

大部分天线都设计成工作在特定频率,对应波长的 1/4 或 1/2,以成为一个有效的辐射器。在 EMC 领域,设计建议要求导线(或走线)小于特定频率波长的 1/20,以免产品成为无意的辐射源,感性和容性元件对电路的谐振非常有效。

例如,假定一根长 10cm 的走线的 $R = 57\text{m}\Omega$,单位电感长度为 8nH/cm,那么在 100kHz 上,我们可以得到一个 5mΩ 的感性电抗。频率在 100kHz 以上时,走线就变为电感了,电阻变得可以忽略,也再不是方程的一部分。频率为 150MHz 以上时,这根 10cm 的走线可以看作一个有效的辐射体。

9.2.2　电阻

电阻是 PCB 中使用最广泛的元件,也受 EMI 的限制。由于电阻材料的不同(碳质、碳薄膜、云母、绕线等),存在着与频域要求有关的限制。由于导线中电感过大,绕线电阻对于高频应用是不合适的;而薄膜电阻包含一些电感成分,并由于其较低的引线电感而使其在高频应用中有时可以接受。

电阻最容易忽视的方面是其封装尺寸和寄生电容。寄生电容存在于电阻两端之间,它对极高频设计有很大的破坏,尤其是在吉赫兹以上的频率范围。对于大部分应用,电阻引线之间的电容相对于电阻的引线电感还不是我们主要关心的问题。

对于电阻,我们主要关注的一个方面是可能导致设备损坏的过电压情况。如果电阻上出现了 ESD 事件,就会产生有趣的结果。如果电阻是表面安装型的,就很可能会发生电弧击穿。对于带有引线的电阻,由于路径具有高电阻(高电感)特性,ESD 被阻止在电路之外,电路也就受到了电阻潜在的电容特性和电感特性的保护。

9.2.3　电容

电容通常用于电源总线去耦、旁路以及其他大量应用。实际的电容直到它的自谐振频率依然保持电容特性。当频率超过自谐振频率时,则会出现电感特性。描述公式为 $X_c = 1/2\pi fC$,其中 X_c 是电容阻抗(单位为 Ω),f 为频率(单位为 Hz),C 是电容(单位为 F)。根据这个公式,一个 10μF 的电解电容在 10kHz 时电抗为 1.6Ω,在 100MHz 时电抗为 160$\mu\Omega$。在 100MHz 时,将会出现短路状态,这将导致 EMI 的出现。但是,电解电容的等效串联电感(ESL)和等效串联电阻(ESR)的值均很高,这些电气参数限制了这种特殊类型的电容在 1MHz 以下使用时的效果。另外,电容的使用取决于引线电感以及本身的结构。总的来说,在电容引脚线束中的寄生电感将使电容在其自谐振频率之上时表现为电感特性，而失去原有的功能。

9.2.4　电感

在 PCB 中，电感用于对电磁干扰的控制。对于一个电感，电感阻抗随着频率的增大而线性增大。描述公式为 $X_L = 2\pi f L$，其中 X_L 是感抗（单位为 Ω），f 是频率（单位为 Hz），L 是电感（单位为 H）。例如，一个"理想"的 10mH 电感在 10kHz 时有 628Ω 的阻抗；在 100MHz 时，阻抗升为 6.2MΩ，这时电感呈现为断路。如果我们想在 1000MHz 传输信号，将会出现很大的困难。像电容一样，电感的电气参数（线圈绕组之间的寄生电容）限制了它必须工作在 1MHz 以下。

9.2.5　变压器

变压器通常出现在供电装置、数字信号隔离装置、输入/输出连接器和电源接口中。依照变压器的型号和应用不同，在初级线圈和次级线圈之间可能有一个屏蔽。这个屏蔽是接地的，用来防止初级线圈和次级线圈之间的电容耦合。变压器也被广泛地用于提供共模（CM）隔离。这种器件依赖于差模（DM）转换器，当需要进行能量传递时，输入能量通过初级线圈和次级线圈之间的磁场链接从初级线圈转移到次级线圈。这样，通过初级线圈的共模（CM）电压被滤掉了。变压器制造中的一个固有缺陷是在初级线圈和次级线圈之间有电容存在，当电路的频率升高时，电容性耦合度也同时提高，电路的隔离程度不能得到保证。如果存在有足够的寄生电容，高频射频能量（快速瞬变、ESD、闪电等）将穿过变压器，并且在变压器另一侧的回路中造成扰动。

9.3　PCB 的接地

电路图和 PCB 上的 GND（Ground）代表地线或零线，GND 就是公共端的意思，也可以说是地。所谓 PCB 接地，就是将所有地线连到电源地线。

PCB 接地方式如下。

（1）单点接地：所有电路的地线接到地线平面的同一点，分为串联单点接地和并联单点接地。

（2）多点接地：所有电路的地线就近接地，地线很短，适合高频接地。

（3）混合接地：将单点接地和多点接地混合使用。

9.3.1　安全地

对安全地的主要考虑是为了防止人、动物及其他生物触电，当产品处在危险的电压值时，就可能威胁生命。

如果系统由高于一定电位的交流电压供电，暴露在外面的金属必须搭接在交流电源内标识为"绿色或绿/黄色带状线"的安全地上。这种要求也用于蓄电池供电的设备,如果电池充电器被置于模块单元内或 PCB 上,由交流干线电压供电;如果该单元由直流电压供电,则仅仅远处的电源充电器单元需要满足这种要求;如果在 EMC 兼容性方面和产品的安全性之间发生冲突,安全性考虑占首位,这是毫无例外的。

当电流穿过人体时,发生电击。毫安级的电流在健康人的身上就可能引起能导致间接危险的反应,更大的电流会引起更损伤性的效应。低于 42.4V 的交流峰值电压或 60V 直流电压在干燥条件下通常不认为有什么危险。带电的部分必须搭接在安全地或做好绝缘。

在正常条件下,在 PCB(或系统内)上可能存在的任何(绝对值)高于 42.4V 的交流峰值电压或 60V 直流电压,均认为是危险的,要求产品安全设计工程师特别注意。

所有上述讨论的这些危险电压如何影响 PCB? 电信电路工作在 −48V,供给 PCB 的电源有时连接到交流电压上驱动 115V 或 230V 的马达。过程控制设备一般使用的交流电压峰值高于 42.4V。这些仅是一些可能包含危险电压的实例,因此本章要讨论 PCB 中的安全地。在图 9-5 中,V_1 与机壳电位之间的杂散阻抗用 Z_1 标识,机壳与地间的杂散阻抗记为 Z_2,机壳的电位是由 Z_1 和 Z_2 阻抗分压得到的。相对于 PCB,机壳的电位为

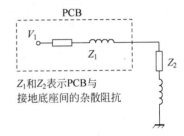

Z_1 和 Z_2 表示 PCB 与接地底座间的杂散阻抗

图 9-5 PCB 到接地机壳之间的杂散阻抗

$$V_{\text{chassis}} = \frac{Z_2}{Z_1 + Z_2} \tag{9-1}$$

只要每个设备通过合适的方法连接于大地上的参考地(绿/黄色导线、编织带及类似线),就一切正常。这一接地线在射频时具有高阻抗,并随频率变化。一般,安全地不要求电磁兼容性。例如,由电池供电的单元,必须提供一个由本地机壳、机架或其他金属结构射频参考点的低阻抗连接。在许多情况下,对于那些和交流干线源相连的设备,这个连接必须和安全接地装置同时提供。

考查由电力线产生的共模发射,就可以看出,安全接地连接是十分必要的。一个线路滤波器可以安装在电源线入口处,串联在总线墙上插座与系统之间。线路滤波器内是一个从线路到地的电容器(Y 电容器),这些电容器使射频电流分流流入地。对于这种情况,地线就是射频电流的一个回路。

有时,把安全接地路径与射频产生电路分开是有益的。最好的做法是插入一个扼流圈(射频导体),使其与接地回路串联。这个扼流圈为干扰电流留在系统中提供另一条路径,这些电流能借助法拉第屏蔽或高斯结构(金属覆盖层)避免辐射到外部环境。

总之,不允许存在危险电压。在不正常的故障条件下,如印制电路板短路,造成给金属外壳充电,全部电压都降在这个外壳上,从而将产生电击危险。

9.3.2　信号电压参考地

与 EMC 有关的大多数设计内容归结为信号地及电路间参考基准的设置。如前面所讨论的那样,为了实现良好的电路功能,电源和负载必须有相同的电压参考电平。逻辑电路以 0V 电平作为电压跃迁状态的参考电平,如果两个电路的参考电平不一致,就会发生功能问题,如噪声容限和逻辑开关门限电平(除了产生接地噪声电压外)的紊乱,这个接地噪声电压会导致共模电流的产生,而共模电流是不希望存在的。

"地"通常被定义为一个等位点,用来作为两个或更多个系统的参考电平。实际应用中并不总是这样,因为数字地也许和模拟地完全不同,模拟地也许又和机壳地不同,所以这个定义也并没有强调射频电流的返回路径。一个有噪声的电路与接地点之间也许会比此电路与等位点之间有更少的电感,射频电流通常会选择有"最小阻抗"的路径。当低频率时,即 $R \gg \omega L$,电流会通过有最小电阻的路径,因为电阻在阻抗中起主要作用;而当高频率时,即 $R \ll \omega L$,电感起主导作用。

信号地的较好定义是一个低阻抗的路径,信号电流经此路径返回其源,这个定义适用于任何情况。我们主要关心的是电流,而不是电压。在电路中具有有限阻抗的两点之间存在电压差,电流就产生了(欧姆定律)。在接地结构中的电流路径决定了电路之间的电磁耦合。因为闭环回路的存在,电流在闭环中流动,所以产生了磁场。闭环区域的大小决定着磁场的辐射频率,电流的大小决定着辐射噪声的幅度。

在设计产品时,设计者必须时刻牢记射频电流将要走的路径,而不能只关心产品的功能和在仿真数据的基础上所选择的逻辑器件工作得如何。在器件布局期间,产品设计工程师和印制电路板设计者必须一同工作,以确定返回电流的预期路径。必须问这样一个问题:"电流会流向哪里?"任何导体当电流通过时都会产生一个电压降,与相应的电流相对应。这个电流通常与射频电压相对应。

信号地系统是由产品设计的类型、运行时的频率、所用的逻辑设备、输入输出互连、模拟和数字电路、产品安全性(触电危险)所决定。

一个典型的接地方案如图 9-6 所示,用来描述信号地的概念。在图 9-6 中,负载与一个大地参考点相连接,电源与另一个参考点相连接,大地噪声电压是由返回路径中的电流所引起的。在实施接地方法时存在两类基本的方法:单点接地技术和多点接地技术。在每套方案中,有可能采用混合式的方法。针对某一个

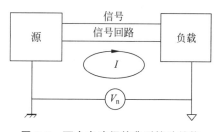

图 9-6　两个电路间的典型接地结构

特殊的应用,如何选择最好的信号接地方法取决于设计方案。只要设计者依据电流流量和返回路径的概念,就可以同时采用几种不同的方法综合加以考虑。

9.3.3 接地方法

1. 单点接地技术

单点接地是指在产品的设计中,接地线路与单独一个参考点相连。这种严格的接地设置的目的是防止来自两个不同子系统(有不同的参考电平)中的电流与射频电流经过同样的返回路径,从而导致共阻抗耦合。当元件、电路、互连走线等都工作在 1MHz 或更低的频率范围内时,采用单点接地技术是最好的,这意味着分布传输阻抗的影响是极小的。当处于较高频率时,返回路径的电感会变得不可忽视。当频率更高时,电源层和互连走线的阻抗更显著,如果线路长度是信号 λ/4 的奇数倍(该波长依据周期信号上升沿速率确定),这些阻抗就可以变得非常大。在电流返回路径中存在有限阻抗,就会产生电压降,随之就产生了不希望有的射频电流。由于射频时阻抗影响显著,这些走线和接地导体就像环形天线一样工作,辐射能量的大小取决于环路的大小。一个卷曲的环路,不管其形状如何,依然是一个天线。就是由于这个原因,当频率高于 1MHz 时通常不再采用单点接地技术。然而,例外是存在的,即设计工程师意识到这个问题并采用更高专业水平的先进的接地技术。图 9-7 展示了单点接地技术的两种方式:串联接地和并联接地。串联接地是一个串级链结构,这种结构允许各个子系统的接地参考之间共阻抗耦合。当频率高于 1MHz 时,这是不合理的。图 9-7 只画出了接地线路中的电感,而分布电容在这 3 个接地电路中也是存在的。当电感和电容同时存在时,就会产生谐振。对于这种结构,可能有 3 种不同的谐振。

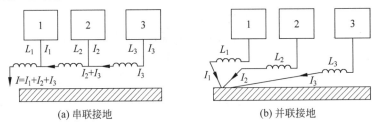

(a) 串联接地　　　　　　　　　　　(b) 并联接地

图 9-7　单点接地

对于串联接地,通过最后返回路径的总电流 $I = I_1 + I_2 + I_3$,I_1 和 I_3 产生的电压不为零,而是由以下公式来定义。

$$V_A \approx (I_1 + I_2 + I_3)\omega L_1 \tag{9-2}$$

$$V_c = (I_1 + I_2 + I_3)\omega L_1 + (I_2 + I_3)\omega L_2 + I_3\omega L_3 \tag{9-3}$$

对于这种广泛采用的结构,很大的电流在有限阻抗上会产生一个电压降。电路和基准结构之间的电压参考值可能足够使系统不能如预期那样工作。在设计阶段,设计者必须注意到采用单点接地的串联接地技术所隐藏的问题。如果存在多种不同功率等级的电路,那么就不能采用这种接地技术,因为大功率电路产生大的回地电流,将影响低功率器件和电路。如果说一定要采取这种接地方法,那么最敏感的电路必须直接设置在电源输入位置处,并且尽量远离低功率器件和电路。

更好的单点接地方法是并联接地。然而,使用这种方式有一个缺点,那就是因为每条电流返回路径可能有不同的阻抗而导致接地噪声电压的加剧。如果多个印制电路板组合使用，或在一个最终产品中使用多个子组合体，那么某一条回路或许会很长，特别是如果这些线用互连的方式使用。这些地线也许还会存在一个很大的阻抗，就会达不到低阻抗接地连接的期望效果。当多个印制电路板采用这种并行方式连接到一起时，原以为严格接地会解决问题，但事实证明产品不能通过辐射检验。像串联连接一样，在每个电路到地中也存在分布电容，设计者在使用这种布局时，应使每条回地路径上的电感值大致相同，虽然实际情况很难做到。这样，每个电路与地之间的谐振就应该是大致相同的，从而对电路运行的影响不会出现多谐振。

使用单点接地技术的另一个问题是辐射耦合。这种现象可能会在导线之间、导线与印制电路板之间或导线与外壳之间产生。除了射频辐射耦合外，也可能发生串扰，这取决于电流返回路径之间物理间距的大小。这种耦合可能以电容或电感的形式发生。串扰存在的程度取决于返回信号的频率范围，高频元件比低频元件的辐射更严重。

单点接地技术常见于音频电路、模拟设备、工频及直流电源系统，还有塑料封装的产品。虽然单点接地技术通常在低频采用，但有时它也应用于高频电路或系统中。当设计者们清楚不同的接地结构中存在的所有有关电感的问题时，这种应用是可行的。当在CPU母板或适配(子)卡上使用单点接地技术时，是允许接地平板和金属底座外壳之间存在环流的。环流会产生磁场，磁场会产生电场，电场会感应出射频电流。因为不同的子组合体的外围设备在不同点直接与金属机壳相连，所以在个人计算机及类似设备中要采用单点接地技术几乎是不可能的。分布传输阻抗存在于机壳和印制电路板之间，内部自行产生闭环结构。在多点接地技术中，这些闭环被安置在最不容易产生EMC问题的地方(如对其进行控制，避免其随意辐射能量)。

图9-8展示了一个失败的单点接地案例。在这个案例中，A/D转换的数字电路部分和模拟电路部分的0V基准点是隔离的。假设前提是只要模拟电路部分不和其他接地点连接，那么这个分立的连接点(桥)就会提供最好的单点连接。单向信号从转换元件及隔离区的间隙中通过。为防止低频(kHz)噪声频率产生问题，0V参考连接应尽量接近A/D转换设备。以一个合适的滤波器使模拟和数字电源必须彼此隔离。

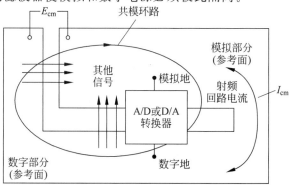

图 9-8　一个失败的单点接地案例

在图 9-8 中,存在着各种各样的电流和电压源。电桥对所有信号都提供了一个低阻抗射频回路,这些信号通过防护带或经由电桥流向模拟电路部分,因为信号必须有一条封闭的回路路径。任何通过防护带的射频能量必须通过电桥构成封闭环路。

因为存在防护带,所以会在离电桥最远的点产生一个共模电势。基于电源的电感和接地平板的结构,两个电源之间的阻抗会不一样。由于共模电势的存在,导致了共模射频环流的产生,这个电流流经模拟电路部分和数字电路部分。只要有射频电流流过的回路,就会产生电磁场,从而产生射频辐射。

图 9-9 给出了另一个单点接地技术在多电路系统中的错误应用。在此应用中,地线是不载流的导体(射频回路)。电路间的互连线被电路设计者或器件供应商定义为 GND,这些接地连线为信号回路的一部分。这些接地走线产生射频电流回路,增大了这些走线的自感,在电路与 0V 参考点间产生杂散磁场。另外,电路♯1 与地之间、电路♯3 与地之间的寄生电容 C 以及所有电路与地之间的电感也在图 9-9 中标出。这个较小的 LC 可能会产生振荡,在接地环路 LC 谐振回路互连走线应参照单点接地方式连接,在适当频率造成谐振。这样就加剧了系统级的 EMC 问题。

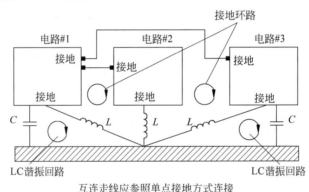

图 9-9　另一个失败的单点接地案例

可以看出,当对工作频率高于 1MHz 的系统进行设计时,单点接地技术不是一个理想的方法。

2. 多点接地技术

高频设计时,为使接地阻抗最小,机座接地一般要使用多个连接点并将其连接到一个公共参考点上。多点接地之所以能减小射频电流返回路径的阻抗,是因为有很多的低阻抗路径并联。低平面阻抗主要是由于电源和接地平板的低电感特性或在机座参考点上附加低阻抗的接地连接。

当在多层 PCB 中使用低阻抗接地平板,或在 PCB 与金属机座之间使用底座接地引线时,就像单点接地一样,应让走线(或导线)长度尽量短,以便使引线电感极小化。在低频电路中,因为所有电路的地电流流经公共的接地阻抗或接地平面,所以应避免采用多点接地。

这个接地平面的公共阻抗可以通过在材料表面采用不同的电镀工艺予以减小。增大这个平板的厚度对减小其阻抗是毫无用处的,因为射频电流只流经其表层。

通用的经验法则是,对于低于1MHz的频率,优选单点接地。假设信号是上升沿长、频率低的信号,频率为1~10MHz,这时也只有当最长的走线或接地引线线长小于$\lambda/20$时,才可用单点接地,而且每根走线的线长都应考虑在内。

多点接地可以减小噪声产生电路与0V参考点之间的电感,原因是存在许多并行射频电流回路,如图9-10所示。即使在0V参考点上有许多并联接地线,仍旧可能会在两个接地引线之间产生接地环路。这些接地环路容易感应ESD磁场能量或容易产生EMI辐射。为了防止接地引线之间产生环流,有两点是重要的:一是测量接地引线之间的距离;二是两个接地引线之间的物理距离不能超过多点接地被接地的电路部分中的最高频率信号波长的1/20。

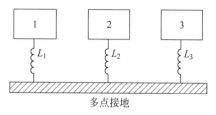

图9-10　多点接地

在高频电路中,元件接地引线的长度要尽可能短。短于0.020英寸(0.005mm)的走线为电路增加的电感大约为每英寸15~20nH(取决于线路长度)。当它与接地平面和机座地之间的分布电容形成一个谐振电路时,这个阻抗就可能产生谐振。电容值C可以由铜板阻抗来决定,如式(9-4)所示。

$$Z = \frac{1}{\sqrt{2\pi f \sqrt{LC}}} \tag{9-4}$$

其中,Z为阻抗(单位为Ω);f为谐振频率(单位为Hz);L为电路电感(单位为H);C为电路电容(单位为F)。

式(9-4)描述了频域问题的主要方面。这个公式尽管形式简单,但应知道怎样计算L和C。

3. 混合接地

混合接地是单点接地和多点接地的复合。在PCB中存在高低频混合频率时,通常使用这种结构。图9-11给出了两种混合接地方法。对于电容耦合型电路,在低频时呈现单点接地结构,而在高频时呈现多点接地结构。这是因为电容将高频射频电流分流到了地。这种方法成功的关键在于清楚使用的频率和接地电流的预期流向。出于安全和低频连接的考虑而把多个接地引线连接到机壳参考地时,使用电感耦台型电路。扼流圈阻碍射频电流进入机壳地,同时允许低频的交流或直流电压以它们各自的0V点为参考。扼流圈为PCB保持内部射频电流,并且使回流通过最低阻抗路径到达单点连接的地,该路径的阻抗远小于扼流圈的阻抗。在接地拓扑结构中使用电容和电感,使我们能用一种优化设计的方式控制射频电流。通过确定射频电流要通过的路径,可以控制PCB的布线。对射频电流回路缺乏认识可能导致辐射或敏感度方面的问题。

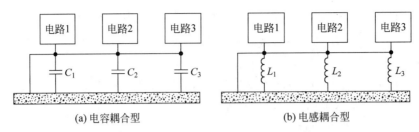

(a) 电容耦合型　　　　　　　　(b) 电感耦合型

图 9-11　两种混合接地方法

9.3.4　PCB 接地常见问题

PCB 接地常见问题为走线间的共阻抗耦合。控制共阻抗耦合主要是为了减少两个金属体共用一个公共回路时产生的影响。控制共阻抗耦合用到了两个主要概念：降低共用阻抗到最小值；避免使用一个共用阻抗路径。

1. 降低共用阻抗路径的长度

接地系统要求使用金属导体：走线、导线、带状线、机架、PCB 等。所有导体的频率响应取决于导体材料和其几何形状。任何导体都有一个直流电阻，计算式为

$$R = \frac{\rho l}{A} \Omega \tag{9-5}$$

其中，R 为直流电阻（单位为 Ω）；l 为电流方向上的导体长度（单位为 m）；A 为导体横截面积（单位为 mm^2）；ρ 为该材料的电阻率（单位为 $\Omega mm^2/m$）。几种材料的电阻率如下：铜为 $1.7 \times 10^{-3} \Omega mm^2/m$；铝为 $2.8 \times 10^{-3} \Omega mm^2/m$；钢为 $1.7 \times 10^{-2} \Omega mm^2/m$。

在共阻抗耦合中，趋肤效应变成一个主要因素。随着频率的增大，通过导体的电流将移向导体表层，导体中电流可通过的有效面积减小，所以电阻增加。对于一个圆形导体，趋肤效应如图 9-12 所示。导体有一个内电感值，这个值不同于总的电感值，总的电感值被定义为外部电感，它是导体包围的环形区域面积的函数，而内电感不是这种环形区域面积的函数。对于圆形导体，内电感为

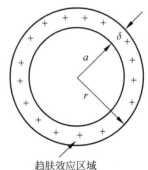

趋肤效应区域

图 9-12　圆形导体趋肤效应

$$L = 0.2 \times l \left[\ln\left(\frac{4l}{d}\right) - 1 \right] \tag{9-6}$$

其中，L 为内电感（单位为 μH）；l 为导体长度（单位为 m）；d 为导体直径（单位为 m）。这个公式表明，电感 L 随着导体长度 l 线性增大，而直径 d 的增大与总电感的减小呈对数关系。

矩形带状线和多层电源平板比圆形导体在单位长度上具有更小的电感，这是因为具有相同横截面积的扁平带状线比圆形导体具有较大的周长。接地带状线的电感为

$$L = 0.2 \times s \left[\ln\left(\frac{2s}{\omega}\right) + 0.5 + 0.2\left(\frac{\omega}{s}\right) \right] \tag{9-7}$$

其中,L 为接地带状线的电感(单位为 μH);s 为带状线长度(单位为 m);ω 为带状线宽度(单位为 m),宽度必须比厚度大 10 倍以上。当 $s/\omega > 4$ 时,式(9-7)可由式(9-8)近似代替。

$$L = 0.2 \times s \left[\ln\left(\frac{2s}{\omega}\right) \right] \tag{9-8}$$

式(9-8)表明,接地带状线比圆形导体具有更小的电感,在高频情况下,可以提供低阻抗的接地连接。把这种分析推广到 PCB 内部的固体平板,可以看出,这个平板与导线或带状线比起来有非常小的电感,除非考虑导孔周围的环状绝缘衬垫引起的阻抗变化。这就是接地平板在高频时一样能很好地工作的主要原因,因为它能使共阻抗耦合极小化。

2. 避免共阻抗路径

为了减少共阻抗接地耦合,必须仔细分析所有回路。最好的实现方法是不同系统电路的参考连接都通过专用的隔离路径与一个单点接地进行连接。

图 9-13 给出了一个向各个子系统提供电源和接地的星形结构,这种实现技术要求附加导线和互连硬件,花费自然不少。为了改进共阻抗接地的方法,除了逻辑电路要求的 0V 参考外,对于每个区域,功能电路必须通过电源分布网络加以分离。也就是说,要按照逻辑功能分割电路。单点接地连接能最好地避免共阻抗耦合,虽然在设计阶段,它不一定是实际中最好的选择。正如在下文中要讨论的那样,当电路信号为 1MHz 或更低频率时,单点接地是最好的方法,而多点接地是高频时较好的方法。

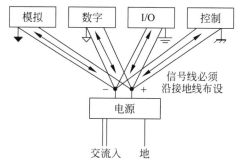

图 9-13　为避免共阻抗接地耦合而进行的分别接地

1) 电源和接地结构中的共阻抗耦合的控制

当有许多电路同时接通时,电压和电流变化范围很大,所有电源来自相同的电源分配系统,那么在设备之间就有可能产生射频能量耦合。电源分配系统总会有一个有限阻抗。由于在导电平板中阻抗的存在,且电流流经动态逻辑设备,所以将产生电压降。这个电压降导致产生共模接地噪声电压。因为一个平板是整个 PCB 的一部分,存在于 PCB 中的接地噪声电位会传输到其他部分,影响系统质量,并导致 EMC 问题的产生。图 9-14 说明了在电源和接地平板中共阻抗耦合的概念,在设备 1 的接地基准点的噪声为

$$V_{noise1} = (I_1 + I_2)(R_{p1} + R_{g1} + Z) \tag{9-9}$$

如果设备 2 上消耗的电流比设备 1 多,且电源的输出阻抗可以忽略,那么就可以得到在设备 1 上总的接地噪声电压。如果设备 1 易受噪声破坏,那么严重的问题就会发生,表示为

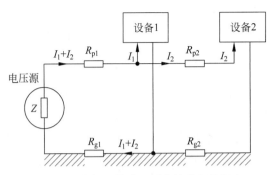

图 9-14　电源和接地平板中的共阻抗耦合

$$V_{\text{noise1}} = I_2(R_{\text{p1}} + R_{\text{g1}}) \tag{9-10}$$

如果试图在电源分配系统中找到一种使共阻抗耦合最小的设计方法,这种设计方法必须将此电源分配网络中存在的阻抗考虑在内。根据设计,供给电压和接地回路可采用圆形导体或扁平带状线。

各种结构的电感的计算如下。对于这些结构的电感的了解可以帮助设计者明白为什么在一个设备中产生的射频噪声会对别的设备产生危害。

圆导体:$L_{0(\text{round})} = \dfrac{\mu_0 s}{2\pi}\left[\ln\left(\dfrac{4s}{d}\right) - 1\right]$

平板上的圆导体:$L_{0(\text{round})} = \dfrac{\mu_0 s}{2\pi}\ln\left(\dfrac{4h}{d}\right)$

扁平带状线:$L_{0(\text{flat})} = \dfrac{\mu_0 s}{2\pi}\left[\ln\left(\dfrac{8s}{\omega}\right) - 1\right]$

平板上的扁平带状线:$L_{0(\text{flat})} = \dfrac{\mu_0 s}{2\pi}\ln\left(\dfrac{2\pi h}{\omega}\right)$

其中,s 为导体长度(单位为 m);ω 为导体宽度(单位为 mm);h 为接地平板上方的高度(单位为 cm);d 为导体直径(单位为 mm);L 为电感(单位为 H);$\mu_0 = 4\pi \times 10^{-7}\,\text{A/m}$。

2) 接地环路

接地环路是产生射频噪声的一个主要原因。当多点接地的接地点间实际距离较大(大于 $\lambda/20$)及主参考地连接在交流或机壳上时,射频噪声容易产生。除此之外,低电平模拟电路也形成接地环路。当出现接地环路时,有必要隔离或阻止射频能量从一个电路耦合到另一个电路,造成破坏。一个接地环路包括信号路径和接地装置。

图 9-15 给出了装在底板上的 PCB 的接地环路的外形。I_{cm} 代表通过底座产生的分流。两个独立的接地点提供给每个电路,由于公共参考走线之间存在有限阻抗,导致两个电路间的参考地存在差异。不希望有噪声从一个电路传到另一个电路。与电路中的信号电平相比,接地噪声不可忽略。如果信噪比容限受到影响,则必须采取正确的设计技术以确保电路工作在最优状态。所有器件必须有一个磁道耦合参考点用于确定电路的 0V 参考位置,从而使电压转换适用于所使用的逻辑器件。当 0V 参考有差异时,如何避免产生接地环路呢?

在 PCB 设计和布线期间可以使用两个主要的设计技巧。

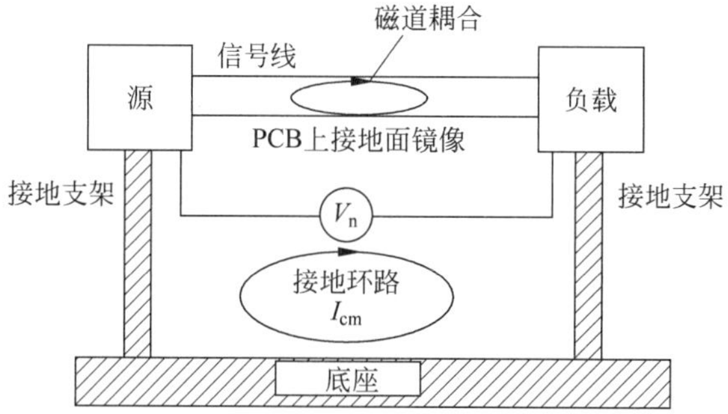

图 9-15　两个电路间的接地环路

（1）去掉一个接地点（变成一个单点接地系统）。

（2）用以下任意一种器件隔离两个电路：变压器、共模扼流圈、光隔离器或平衡电路。用上述隔离方法对图 9-15 进行改进，如图 9-16 所示，减小 I_{cm}。第 1 个改进电路采用变压器隔离接地环路，当使用了隔离变压器时，接地噪声电压仅在变压器的输入端出现。任何出现的噪声耦合都是由于变压器输入和输出绕阻间存在寄生电容所致。为了减小寄生电容，可在原副绕阻线圈之间使用屏蔽技术，屏蔽层可接到交流参考点或底座地上。使用变压器的 缺点是体积过大、PCB 的实际成本及附加成本过高。除此之外，如果隔离区域间需要传输许多信号，每个信号都需要用一个变压器隔离。共模扼流圈作为另一种技术也在图 9-16 中给出，这种技术的优点是消除了共模电流。如果由于回路有一定的阻抗，而使元件间有不同的零参考点，这个电压将产生共模噪声。一个共模扼流圈可使信号的直流成分通过，而对传输线中同样也存在的高频交流成分有衰减。它对所研究的差模信号没有影响。我们想要的正是这种差模信号，而不是共模电流。多个绕阻可缠绕在同一个铁芯上，它增加了扼流圈所能处理信号的数量或强度。光隔离器件是用来防止接地环路出现和减小 I_{cm} 的另一种技术。光隔离器件完全隔断了传输路径，使两个电路间不存在连续的金属连接。电磁场沿 PCB 走线或导线传播时要通过这种金属连接。当两个电路间的参考电位差别很大时，最适合使用光隔离器。接地噪声电压出现在光发射机的输入端。由于用在模拟电路设备中会出现非线性，所以光隔离器最好用于数字逻辑电路设计。平衡电路就是使用差分对从源到负载传输信号。使用差分传输线路时，两根线中的电流相同，这种平衡抵消了网络中可能存在的共模电流。许多差分输入元件产品制造商在其器件资料中都提供了共模抑制比的大小。共模抑制比定义为共模电压（即产生输出电压所需要的两输入端的共同电压）与差模电压（即产生输出电压所需要的输入电压差）的比。共模抑制比表明了进入设备的共模噪声被抑制的程度。差分的对称性越好，共模抑制的程度就越高。在高频时，很难实现较高的共模抑制比。

共模抑制比在数学上定义为

$$CMRR = 20\log\left|\frac{V_{cm}}{V_{dm}}\right| \tag{9-11}$$

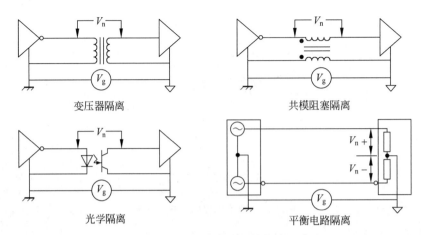

图 9-16　隔离两个电路间的接地环路

根据图 9-17 的电路计算出共模抑制比为

$$\text{CMRR} = -20\log\left|\frac{R_1(Z_b - Z_a)}{(Z_a + R_1)(Z_b + R_1)}\right| \tag{9-12}$$

使用式(9-12)时,电阻的精度是一个十分关键的参数,而电阻处必须与传输线阻抗匹配以确保电路正常工作。当讨论差模电路以减小 I_{cm} 时应注意到:①信号阻抗控制只取决于镜像平面;②信号通量被限制到内部镜像平面,而不是底座平面,底座平面只短路了通过镜像平面产生的共模损耗。

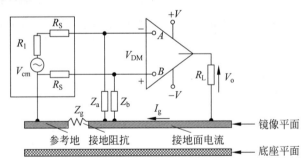

图 9-17　推导共模抑制比的电路

3. 多点接地中的谐振

在 PCB 中采用多点接地技术时容易出现的问题就是谐振,这种谐振发生在接地引线与交流参考平面或底座平板之间。尽管这个交流参考平面或底座平面相对于特定的接地体处于 0V 电压,但也许会和数字或模拟电路中的 0V 参考点完全不同。在高频、高上升沿速率信号的情况下,这种参考电平的差别将变得更加明显。谐振的产生取决于接地引线位置之间的距离和激励信号的频谱。这种谐振的产生是因为除了由于接地机架及接地引线存在电容和电感外,在电源和接地平板之间也存在着寄生电容和电感,如图 9-18 所示。图 9-18 展示了一个固定于金属平板的 PCB 的镜像平面,可以看到同时存在着电容和电感。电容存在于 PCB 内部的电源和接地平板之间。而在平板的接地引线之间,存在着有限的阻抗。用式(9-4)可以确定电源和接地平板装置的自谐振频率,这从数学上计算起来是很困难的。利用网络分析仪可以很快确定接地点之间的实际自谐振频率。因为 PCB 的自谐振频率是由平板的电感决定的,而平板的电感与网络分析仪的空间距离和测试探头的接地点有关,所以要多次测量。在电源和接地平板之间,电容是保持固定的。因为 PCB 的电源和接地平板是在多种频率下发生自谐振的,所以可以用同样的方法分析 PCB 的金属结构的自谐振。这种金属结构可以是母板的底座,也可以是用于插卡的背板,或者是两个 PCB 间的屏蔽隔板及其他应用。相对于 PCB 的实际位置,在安装支柱之间也会出现电感。现在,我们已经明白电感的分布了,那么电容呢? 因为在 PCB 与金属体之间存在有限的距离,所以就存在电容和转移阻抗。例如,从电压的角度看,PCB 可以看作一个电容的正极,而金属体是它的负极,电介质为空气。除了金属材料之间的总电感(非常小)和在 PCB 与底板之间的寄生电容外,用于固定 PCB 和底座的支柱结构也极容易产生电磁感应。这些支柱结构有时会产生 EMI 问题。支柱结构为什么容易受感应与它本身并无主要关系,而是由其上使用的金属螺栓决定的。螺栓的电感比 PCB 的电感或整体结构中的寄生电感也许要大几个数量级。图 9-17 很好地解释了螺栓上容易产生感应的原因。因为导致这个电感产生的参数很多,所以对螺栓的电感进行建模是很困难的。这些参数包括材料的组成、与支柱体相接触的螺纹数目、螺纹的间距、螺纹的斜度、螺栓的镀层材料、压强大小及从顶到底的螺栓长度。螺栓上有螺旋形的螺纹,并且这个螺纹的边缘才是与接线柱相啮合的一部分,不能保证所有螺纹都会与接线支柱之间有 100% 的紧密接触。为了允许螺栓旋进,接线支柱的物理直径要比螺栓直径大,所以只是螺纹的某些部分会与支柱有接触,而不是在这个螺栓的整个长度上都接触,这在图 9-19 中可以看到。当有射频电流流经螺栓时,螺旋形螺栓和螺旋天线有同样的功能。因为趋肤效应,电流只集中在螺栓的最表层。在螺栓的顶部和底部将产生一个电位差,这个电位差会加剧射频电流的产生。生产厂商还在螺纹表面电镀了材料。当在螺栓与接线柱金属之间产生接触或摩擦时,电镀层会被磨破而使螺栓暴露在外部环境中。发生电镀腐蚀的极端情况是这个螺栓变成了非导体(绝缘体)。如果期望的应用允许存在低阻抗、共模接地参考路径,当腐蚀发生时,这条路径就不通了。所以,螺栓只是用来紧固 PCB 和金属设备,而不能把射频电流转移到 0V 参考点或接地系统。位于 PCB 顶部的套在接线支柱上的大垫圈有利于实现所要求的低阻抗的接地连接,而不是螺栓实现的。PCB 的衬垫必须和接线支柱的柱面保持隔离。这个接线支柱通常被很好地焊接在底座上。这样,如果在 PCB 中要求低阻抗的回地路径,这将由接线柱来提供,而不是螺栓。数字电路可以看作高频的模拟电路。在任何包含许多数字电路的 PCB 中,都要求有一个好的低电感的 0V 参考回路。PCB 内部的接地层(比电源层多)通常为电源和信号回流提供了一个低电感的接地镜像参考。这样,信号互连就可以使用固定阻抗的传输线。当接地平板(0V 参考)与机座平板连接时,为射频电流提供高频去耦是必要的。

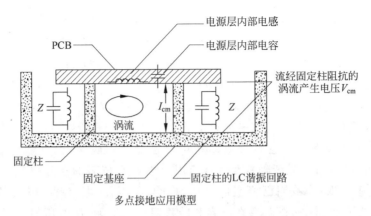

多点接地应用模型

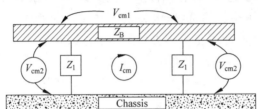

接地固定柱可降低V_{cm2}，因而控制谐振及抑制射频

多点接地方式的电磁感应模型

图 9-18　机壳底板多点接地时的共振

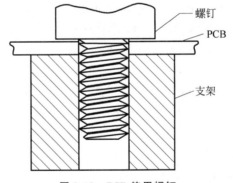

图 9-19　PCB 使用螺钉

9.4　串扰

　　串扰是两根信号线之间的耦合、信号线之间的互感和互容引起线上的噪声。通俗地讲，是 PCB 在无接触的情况下，线路与线路之间能量转移引起的干扰。串扰的形式主要有两种：容性（电场）耦合和感性（磁场）耦合。这两种形式的噪声耦合在实际情况中往往同时存在，容性耦合引发耦合电流，而感性耦合引发耦合电压。串扰现象会引起电路板的信号完整性缺失及 EMC 测试不通过。PCB 层的参数、信号线间距、驱动端和接收端的电气特性及线

端接方式对串扰都有一定的影响。

9.4.1 串扰的产生原因

串扰是 PCB 设计中的重要方面之一,在设计的任意环节都要考虑。串扰是指走线、导线、电缆束、元件及任意其他易受电磁场干扰的电子元件之间的不希望有的电磁耦合。串扰是由网络中的电流和电压产生的,有些类似于天线耦合。当耦合出现时,可以观察到近场效应。导线、电缆、走线间的串扰影响着内部系统的性能。内部系统是指位于同一个系统或装置内的源和接收器。设计一个产品时,必须使其具有自身的兼容性。因此,串扰可以被定义为一个系统内部的 EMI,它必须被最小化或消除。串扰不仅出现在时钟或周期信号线上,而且也出现在数据线、地址线、控制线和 I/O 走线上,应尽量避免。

串扰会引起走线间的干扰,因而被认为是一种功能上(信号质量)的考虑。实际上,串扰是 EMI 传播的主要途径。高速走线、模拟电路和其他易受影响的信号可能被外面源引起的串扰破坏。然而,这些对 EMI 敏感的电路可能也无意识地把它们的射频能量耦合到了 I/O 部分。这种 I/O 耦合会在机箱内产生 EMI 辐射或传导,或者引起电路和子系统的功能性问题。

出现串扰时,典型情况需要 3 个或更多的导体。图 9-20 中给出了 3 个导体,两根导线携带所研究的信号,第 3 根线为参考导线,它使得电路通过电容或电感耦合可以互相通信。如果是一个双线系统,那么一个通常是参考电势,另一个是差分的,从而避免了固有串扰。

图 9-20 中给出了具有共地参考结构的两个电路,由于共地阻抗不为零,它们之间存在耦合。这就是在 0V 参考或地上的两个相连点间要保持低阻抗的主要原因。

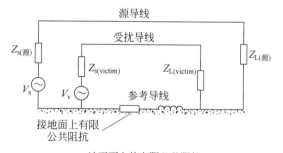

图 9-20 用 3 个导体表示的传输线解释串扰

另一个在 PCB 走线上通过电容和电感元件产生的线间耦合的示例如图 9-21 所示。这是一个三导线结构的详细原理图。两根互相平行的走线间存在互耦机制。源走线上的耦合包括共用地阻抗 Z_g、走线间互容 C_{sv} 和走线间互感 M_{sv}。走线和参考层间的电容耦合主要是 C_{sg}(源-地)和 C_{vg}(受干扰走线-地)。

串扰估值需要进行频域分析。一个逻辑电路与其他电路相互作用的电磁场既有电容耦合又有电感耦合。图 9-20 中,V_s 是产生在源与受干扰电路或走线间相互作用的电磁场的源。这种相互作用在 Z_s 与 Z_L 间感应出电流和电压,分别与源及电路的负载端相联系。设计者的任务是要对串扰是在近端(Z_s)还是在远端(Z_L)作出判断。近端指电路中被认为是

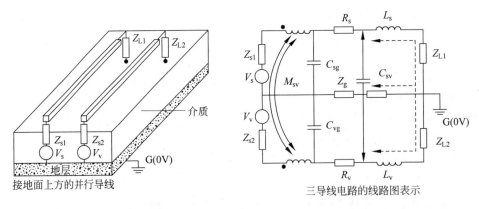

C_{sv}=源导线与受扰导线间电容
C_{vg}=受扰导线与地间电容
C_{sg}=源导线与地间电容

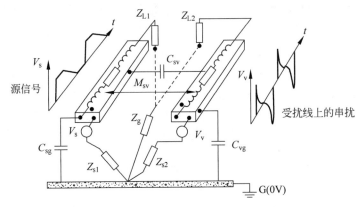

图 9-21　PCB 结构中的走线到走线的耦合

源的点,远端指电路负载一侧的点。时域串扰分析能判断出接收器的终端电压时域波形,而频域串扰分析能判断出正弦源电压(电磁场)激励下接收侧电压的幅度和相位。这里只讨论频域分析。

串扰包括电容耦合和电感耦合。电容耦合通常是因为走线位于另一走线上方或参考层上方,这种耦合是走线与交叠区域之间距离的直接函数。前面讨论的射频电流分布解释了在走线和参考层间的场密度分布。耦合信号可能会超过依据很短走线路径的设计限值。这种耦合也可能十分严重,所以必须时刻避免交叠的错误。

电感串扰通常是因为物理位置上互相十分接近的走线。对于并行走线,需要研究串扰的两种方式:前向和后向。在 PCB 中,后向串扰通常比前向串扰更值得考虑。电路中源与受干扰走线间阻抗越大,产生的串扰电平越高。在考虑走线的布线,或者它们相对电缆、I/O 互连以及类似的易产生干扰的电路的物理位置时,必须采用更好的措施防止串扰。电感串扰可以通过增大走线与传输线或导线间边到边的间隔或最小化走线距离参考层上的高度而得到控制。

图 9-22 给出了串扰的基本表示。如果信号由走线 AB 从源到负载传输,信号将只容性耦合进相邻走线 CD,而且条件是两根走线相互平行且十分接近。两根走线间的电容(互容)越大,通过串扰能量在二者间传输的耦合越紧密。被干扰的走线上的耦合电压引起从耦合点到走线两端的电流。返回源 C 的电流是后向串扰,而传输到负载 D 的是前向串扰。

两根走线间也有互感,通过后向串扰方向上的电流引起电感耦合 L_m,如果 C 点驱动器的输出阻抗低于传输线阻抗,那么大部分后向串扰将被反射回驱动器 C。因为电容在高频下能有效地传导射频能量(电流),所以跳变沿速率越快,串扰越大。

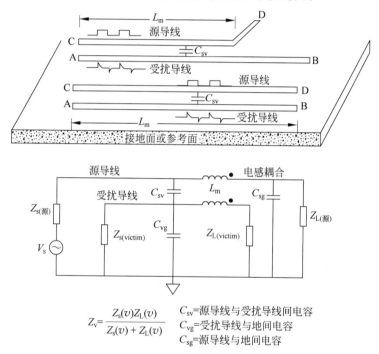

$$Z_v = \frac{Z_s(v)Z_L(v)}{Z_s(v) + Z_L(v)}$$

C_{sv}=源导线与受扰导线间电容
C_{vg}=受扰导线与地间电容
C_{sg}=源导线与地间电容

图 9-22　串扰的基本表示

互容性耦合的极性对于前向串扰为正,对于后向串扰为负。这是与电感干扰尖峰信号在行为上唯一不同的地方,否则两种耦合模型在实质上就完全一致了。这种耦合在 $2t_p$ 以上的时间内传开,其中 t_p 为信号传输来回路程所需的时间。

后向串扰随着耦合长度线性增加。如果耦合长度与双程信号的传输时延相比是更长的,后向串扰将呈现饱和值,而不随耦合长度增大而增强。

在典型的工作条件下提供连续的接地层,感性和容性串扰耦合电压都接近相同的结果。当后向串扰增强时,前向串扰就消除了。因为前向耦合系数较小,微带线拓扑在电感和电容耦合间存在一种平衡。微带产生的电场不仅仅通过 PCB 的电介材料辐射出去,也有一部分通过自由空间。虽然电容耦合较弱,这种耦合仍旧可以表示为小的负前向耦合系数。

平面结构不完善,如开槽或存在噪声的参考层,电感串扰成分更大(平面内电感更多)。这时电感串扰将大于电容成分。前向串扰将比在带状线中观察到的更大,并且极性为负。

前向串扰总是小于后向串扰的。

9.4.2　避免串扰的设计技术

为在 PCB 中避免串扰,下面给出有用的设计和布线技术。串扰有时随着走线宽度增大而增强。假如自电容和互电容比率保持在一个固定值,从而使间隔距离也保持为常数,就不会发生这种情况了。如果比率不固定,互容 C_m 将增大。对于平行走线,走线越长,互感 L_m 越大。信号跳变的上升时间加快,互容增加,阻抗也随着增加,这样就加剧了串扰。设计和布局技术如下。

(1) 根据功能分类逻辑器件系列,保持总线结构被严格控制。

(2) 最小化元件间的物理距离。

(3) 最小化并行布线走线的长度。

(4) 元件要远离 I/O 互连接口及其他易受数据干扰及耦合影响的区域。

(5) 对阻抗受控走线或频波能量丰富的走线提供正确的终端。

(6) 避免互相平行的走线布线,提供走线间足够的间隔以最小化电感耦合。

(7) 相临层(微带或带状线)上的布线要互相垂直,以防止层间的电容耦合。

(8) 降低信号到地的参考距离间隔。

(9) 降低走线阻抗和信号驱动电平。

(10) 隔离布线层,布线层必须在实心平面结构下按相同轴线布线(典型的是背板层叠设计)。

(11) 在 PCB 层叠设计中把高噪声发射体(时钟、I/O、高速互连等)分割或隔离在不同的布线层上。避免或最小化平行走线间串扰的最好方法是最大化走线间的间隔或使走线更接近参考层。长时钟信号和高速并行总线结构更优选这些技术。各种串扰结构如图 9-23 所示。

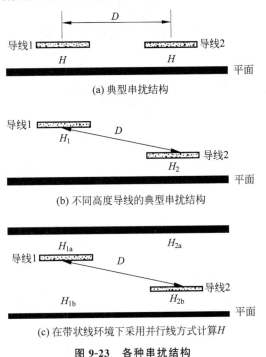

(a) 典型串扰结构

(b) 不同高度导线的典型串扰结构

(c) 在带状线环境下采用并行线方式计算 H

图 9-23　各种串扰结构

9.4.3　3W 原则

串扰可存在于 PCB 上的走线之间,这种不良影响不仅与时钟或周期信号有关,而且也来自系统中其他的重要走线。数据线、地址线、控制线和 I/O 都会受到串扰和耦合的影响。大多数问题来自时钟和周期信号,它们将引起其他部分的功能性问题。使用 3W 原则将使设计者无需其他设计技术就可以遵守 PCB 布局的原则。但这种设计方法占用了很多面积,可能会使布线更加困难。

使用3W原则的基本出发点是使走线间的耦合最小。这种原则可陈述为走线间距离间隔（走线中心间的距离）必须是单一走线宽度的3倍。另一种陈述是两根走线间的距离间隔必须大于单一走线宽度的2倍。例如，时钟线宽为6mil，则其他走线只能在距这根走线2×6mil以外的地方布线，或者保证边到边距离大于12mil。图9-24所示为采用3W原则的一个示例。

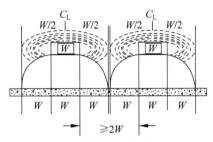

(a) 两导线间距必须大于2W

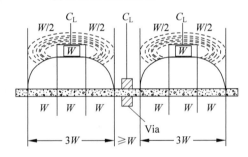

(b) 对于导线间存在通孔情况，增加包括通孔在内的环状区域

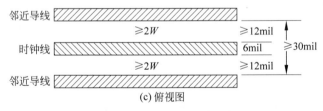

(c) 俯视图

图9-24　使用3W原则设计

注意，3W原则代表的是逻辑电流中近似70%的通量边界，要想得到98%边界的近似，应该用10W原则。3W原则只对易产生影响的高危信号（如时钟走线、差分对、视频、音频及复位线）或其他关键的系统走线强制使用。不是所有PCB上的走线都必须遵照3W原则。使用上述设计指导原则，在PCB布线前，决定哪些走线必须遵照3W原则是十分重要的。

如图9-24(b)所示，两根走线中间有一个导孔（Via）。这个导孔通常与第3根走线相连，这根走线中可能通过一个易产生电磁破坏的信号，如复位线、音频或视频走线、模拟电平控制走线或 I/O 接口线等,它将以电感或电容的形式感受电磁能量。为最小化走线对导孔的串扰,相邻走线间的距离间隔必须包括导孔直径和间隙间隔。对富含射频能量的走线间的距离间隔也有同样的要求,这种走线上的能量可能会耦合到元件的引脚(管脚外露)上。

3W 原则的使用不只局限于时钟或周期信号走线,差分对(平衡的、ECL 及类似敏感走线)也是 3W 原则主要的代表。对于差分走线,走线对间的距离应为 W。电源层噪声和单端信号可能通过容性或感性耦合进差分对的走线。如果那些与差分对无关的走线的物理间隔不到 $3W$,则干扰可能引起数据的破坏。图 9-25 所示为在一个 PCB 结构中差分对走线布线的例子。

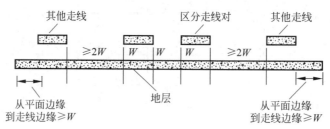

图 9-25　并行差分对布线

9.5　旁路与去耦

我们经常提到的去耦、耦合、滤波等说法,是从电容器在电路中所发挥的具体功能的角度出发的,这些称呼属于同一个概念层次,而旁路则只是一种途径、一种手段、一种方法。去耦和旁路都可以看作滤波。旁路是把输入信号中的干扰作为滤除对象,而去耦是把输出信号的干扰作为滤除对象,防止干扰信号返回电源。

去耦电容就是起到一个电池的作用,满足驱动电路电流的变化,避免由于电流的突变而使电压下降,相当于滤纹波。具体容值可以根据电流的大小、期望的纹波大小、作用时间来计算。旁路电容实际上也是去耦合的,只是旁路电容一般是指高频旁路,也就是利用了电容的频率阻抗特性。电容一般都可以看成一个 RLC 串联模型。在某个频率,会发生谐振,此时电容的阻抗就等于其等效串联电阻(ESR)。如果观察电容的频率阻抗曲线图,就会发现一般都是一条 V 形的曲线。具体曲线与电容的介质有关,所以选择旁路电容还要考虑电容的介质,一个比较保险的方法就是多并联几个电容。

9.5.1　旁路和去耦的概念

旁路和去耦可防止能量从一个电路传到另一个电路,进而提高配电系统的质量。它主要涉及 3 个电路区域:电源和接地层、器件、内部电源连接。去耦是克服由数字电路切换逻辑状态引起的物理上和时间上限制的手段。数字逻辑通常涉及两个可能的状态:0 和 1。但某些器件可能不是二进制,而是三进制。设置和检测这两个状态是通过元器件内部的开关来实现,它确定了该器件是在逻辑"低"还是在逻辑"高"。这些器件确定某一状态需要一定的时间间隔。在这种情形下,为了防止误触发,规定要有一段保护时间。在触发水平附近改变逻辑状态将产生一定程度的不确定性。如果我们增加高频干扰,这种不确定性就会增加,从而产生可能的误触发。

在最大电容负载情形下,当全部器件的信号管脚同步转换时,为了在时钟和数据转换之间完成适当的操作,也需要去耦以提供充足的动态电压和电流。通过在电路走线和电源层上确保一个低阻抗电压源实现去耦。因为去耦电容在高频时(直到自谐振点)有不断增加的低阻抗,高频干扰能从信号路径有效地转移出来,此时低频射频能量保持相对不受影响。通过使用体电容、旁路电容和去耦电容可以获得最佳的实现方案。所有电容值必须经过计算满足特定的性能。

另外,必须正确地选择电容器介质材料,而不能随便选择。以下是电容器的3个通常用途。①去耦:去除在器件切换时从高频器件进入到配电网络中的射频能量。去耦电容还可以为器件或器件提供局部化的直流电压源,它在减少跨板浪涌电流方面特别有用。②旁路:从元件或电缆中转移出不想要的共模射频能量,这主要是通过产生交流旁路消除无意的能量进入敏感的部分。③提供基带滤波功能(带宽受限)。

9.5.2　并联电容

在产品设计中,通常采用并联去耦电容提供更大的工作频带,减少接地不平衡。接地不平衡是在PCB中产生电磁干扰的一个因素。当使用并联去耦电容时,一定不要忘记存在第3个电容器——电源和接地层结构。

当部件转换消耗直流能量时,将在配电网络中产生一个瞬间脉冲。因为供电网络中存在一个有限的电感,去耦提供了局部化的点电源电荷。通过将电压保持在一个稳定的参考点上,防止出现错误的逻辑切换。去耦电容也减少了辐射,这是通过提供一个非常小的为产生高频谱分量的切换电流的环路面积,以代替部件和远端电源间的一个大的环路面积的结果。

研究多重去耦电容的有效性表明:并联电容在高频情况下没有明显的效果,比使用单个大容量电容仅改善6dB。虽然6dB对抑制射频电流看起来是一个小数,但按照国际电磁干扰规范,它可能使一个不合格的产品变成一个合格的产品。据研究:高于自谐振频率时,大电容值的电容器阻抗随频率增加而增大(感性),小电容值的电容器阻抗随频率增加而减小(容性)。同一原因,小电容值电容器阻抗比大电容值电容器阻抗要小,并起支配地位,它可比大电容值电容器单独存在时提供更小的净阻抗。

这个6dB的改善主要是并联电容提供了更小的引线电感和器件体电感的结果。这样从电容器内板中并联引出两根平行导线。两根引线比只有一根引线提供了更宽的通道。更宽的通道,就会有更小的引线长度电感。这个减小了的引线长度电感是并联电容器工作如此之好的主要原因。

图9-26所示为并联电容的谐振,两个旁路电容(0.01μF和100pF)是独立的或并联在一起

的。$0.01\mu F$ 电容器的自谐振频率是 $14.85MHz$。$100pF$ 电容器的自谐振频率是 $148.5MHz$。在 $110MHz$,由于存在并联组合,阻抗大幅增加。这时 $0.01\mu F$ 电容器是感性的,而 $100pF$ 电容器还是容性的。由于在共振时,有 L 和 C 同时存在,因此,如果符合电磁干扰要求是强制性的,反谐振频率点就是在 PCB 中不希望有的。

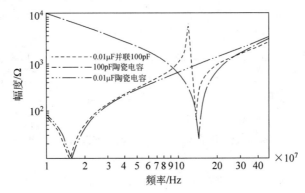

图 9-26 并联电容的谐振

在大电容值电容器($0.01\mu F$)的自谐振频率与小电容值电容器($100pF$)的自谐振频率之间,大电容值电容器的阻抗实质上是感性的,此时小电容值电容器的阻抗是容性的。在这个频段存在并联共振 LC 电路,因此希望找到并联组合的无限大的阻抗。在这个共振点周围,并联组合的阻抗实际上大于其他孤立的电容器的阻抗。

在图 9-26 中,可观察到在 $400MHz$,独立电容器的阻抗实际上是近似相同的,并联阻抗只是 6dB。这 6dB 的改善只在有限的频段内($120\sim160MHz$)有效。为了进一步检测当两个电容器并联使用时会发生什么,观察两个电容器并联表现出的阻抗波特图,如图 9-27 所示。在图 9-27 的波特图中,不同频率中断点的共振频率为

$$f_1 = \frac{1}{2\pi\sqrt{LC_1}} < f_2 = \frac{1}{2\pi\sqrt{LC_2}} < f_3 = \frac{1}{2\pi\sqrt{LC_3}} = 2f_2 \tag{9-13}$$

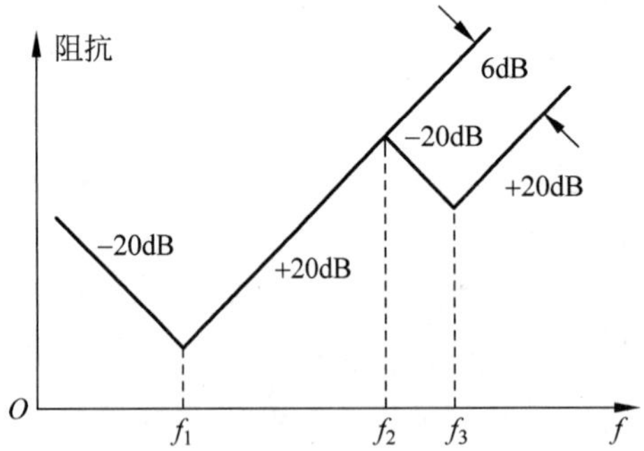

图 9-27 并联电容的波特图

通过缩短较大电容器($0.01\mu F$)的引线长度,得到相同结果的 2 倍。因为这个原因,在特殊的设计中选用单个电容比两个电容更佳,特别是当存在较小的引线长度电感时更

是这样。为了消除部件同时转换全部信号管脚时(希望并联去耦)产生的射频电流,通常的做法是安装两个并联电容器($0.1\mu F$,$0.001\mu F$),并分别直接连在两个电源引脚上。如果在 PCB 方案中使用并联去耦,必须意识到其电容值要相差两个数量级或 100 倍。并联电容器总的电容值是不重要的。由并联电容器(存在自谐振频率)提供的并联响应是一个重要的因素。为了使并联旁路效果更佳,以及仅允许使用一个电容器,就必须减小电容器的引线长度电感。当在 PCB 上安装电容器时,总是存在一定数量的引线长度电感。注意,引线长度必须包括连接电容器到板子的走线的长度。无论是用单个电容还是多个电容并联去耦,减小引线长度都会使性能变得更好。另外,一些工厂提供的电容器可显著减小内部的体电感。

9.5.3　电源层和接地层电容

PCB 内电源和接地层的影响,在图 9-26 中没有考虑。但是,多重旁路影响在图 9-28 中表示出来。电源和接地层有非常小的等效引线长度电感,没有等效串联电阻。通常在一些高频区使用电源层作为去耦电容减少射频能量辐射。

在大多数多层板中,两个部件间的最大板间电感远小于 1mH。相对应地,引线长度电感(例如,连接部件和它相关的走线加上其内部的走线,这些所涉及的相关电感)典型为 $2.5\sim10$nH 或更大。在电压板和对应的接地板间总是存在着电容。根据芯的厚度、填充的介质和叠层板中板的位置,存在着不同的内部电感值。网格分析、数学计算或模拟实验将给出电源层的实际电感值。还可以确定全部电路层的阻抗值以及潜在射频发射器的整体自谐振频率。这个电容值很容易根据式(9-14)估算出来。这个近似法仅用于估算层间的电感,因为层是有限的,其上有多个孔、通孔等。实际的电容值 C 常常小于这个计算值。

$$C \approx \frac{\varepsilon_0\varepsilon_r A}{d} \approx \frac{\varepsilon A}{d} \tag{9-14}$$

其中,ε 为电容器层间介质的介电常数(单位为 F/m);A 为平行板的面积(单位为 m^2);d 为层间分开的距离(单位为 m);C 为电源和接地层之间的电容值(单位为 pF);ε_r 为不同导电材料的相对介电常数;ε_0 为自由空间中的介电常数。

因为在多层 PCB 中,通常用分离的去耦电容,所以必须考虑慢边缘速率部件在低频时的电容值,通常这个频率小于 25MHz。对分离型电容与电源和接地层一起的综合效果进行研究,可得到有意义的结果。在图 9-28 中,"裸板"的阻抗非常近似于理想去耦电容的阻抗,理想去耦电容是只有纯电容,没有附加的电感和电阻的电容器。这个理想阻抗是按 $Z_c = 1/(j\varepsilon C_0)$ 给出,其中 C_0 为电源层接地层结构的电容值。这个独立的电容器阻抗在串联共振频率 f_s 时为零,在并联共振频率 f_p 时为无穷大。

$$f_p = f_s\sqrt{1+\left(\frac{nC_d}{C_0}\right)}, \quad f_s = \frac{1}{2\pi\sqrt{LC}} \tag{9-15}$$

其中,n 为独立电容器数目;C_d 为独立电容器电容。

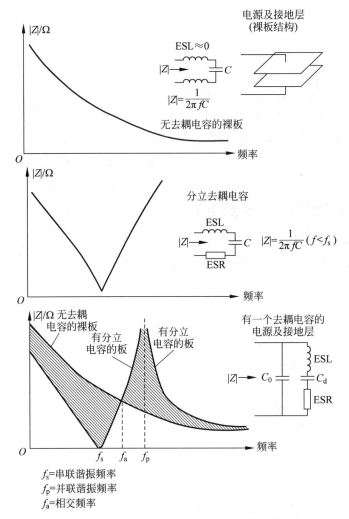

图 9-28 具有分立电容的电源和接地层的去耦效果

当频率低于串联谐振频率时,独立去耦电容器的阻抗为 $Z=1/(\mathrm{j}\omega C)$;当频率接近串联谐振频率时,加负载的 PCB 阻抗实际上小于理想的 PCB 的阻抗;但当频率高于串联谐振频率时,由于涉及它们内连的电感,这些去耦电容开始表现为感性。因此,当频率高于串联谐振频率时,独立的去耦电容功能上表现为电感。有去耦电容和没有去耦电容的板阻抗值相同的频率(在这里,非理想 PCB 有负载和无负载相交)为

$$f_{\mathrm{a}}=f_{\mathrm{s}}\sqrt{1+\left(\frac{nC_{\mathrm{d}}}{C_{0}}\right)} \tag{9-16}$$

9.5.4　引线长度电感

所有电容都存在引线电感和器件体电感。过孔也会增大电感值。在任何时候都必须减

小引线电感。当安装附加有引线长度电感的信号走线时,在部件接地管脚和系统接地板之间将出现高阻抗失配。当存在走线阻抗失配时,在两源之间就要产生电压梯度,导致射频电流。在 PCB 上,射频场产生射频辐射。因此,必须设计去耦电容使引线长度电感最小化,包括过孔和管脚延线。电容的介质材料决定了自谐振频率的零点值。所有介质材料都是温度敏感的,电容值将随环境温度的变化而改变。在特定温度下,电容值改变很多可能导致非适合的运行性能,或者作为旁路或去耦电容作用时失去部分运行性能。介质材料的温度特性越稳定,电容的工作特性就越好。

除了介质材料的温度敏感性之外,等效串联电感(ESL)和等效串联电阻(ESR)在所考虑的运行频率时必须要小。ESL 的作用等同于寄生电感,而 ESR 的作用等同于寄生电阻,它们都与电容串联。ESL 在相当小的 SMT 电容器中不是主要因素。径向或轴向引线部件总是存在一个大的 ESL 值。同时,ESL 和 ESR 将削弱电容作为旁路器件的效果。当选择电容器时,必须选择在数据表格中公布了实际的 ESL 和 ESR 的电容器系列。随机地选择标准电容器,如果 ESL 和 ESR 过高,可能导致不合适的运行性能。由于多数电容器厂家不公布 ESL 和 ESR 值,当选择用于高速、高技术 PCB 的电容器时,应注意选择合适的参数。因为表面安装的电容器有足够小的 ESL 和 ESR,它们比径向或轴向类型更合适。通常,ESL 小于 1.0nH,ESR 为 0.5Ω 或更小。对于去耦电容,电容值公差与温度稳定性、介质常数、ESL、ESR 和自谐振频率的重要性不同。

9.6　PCB 设计案例

我们用 PADS 软件设计原理图和 PCB,本节主要介绍 PCB 设计案例、所使用的软件以及设计 PCB 时需要考虑的因素。

9.6.1　设计软件介绍

PADS 是用来设计原理图和 PCB 的专业软件,功能十分强大,尤其是在多层板的设计上。

在具体的设计过程中,主要使用到 PADS 的 3 个组件,分别为 PADS Logic、PADS Layout、PADS Router。

PADS Logic 组件用来设计原理图,同时原理图库和库中的元器件也需要在这里进行,PADS Logic 界面如图 9-29 所示。

PADS Layout 组件用来设计 PCB,主要是在前期对 PCB 进行布局、在后期对 PCB 进行覆铜、设计验证等,同时库中的封装也需要在这里进行新建和编辑。当然,PADS Layout 也可以进行布线,但是一般把布线的任务交给更加专业的 PADS Router 组件。PADS Layout 界面如图 9-30 所示。

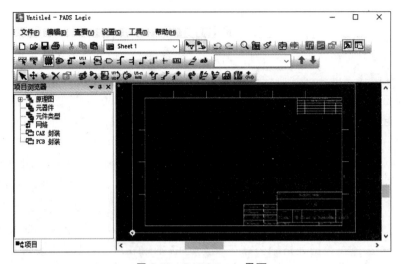

图 9-29　PADS Logic 界面

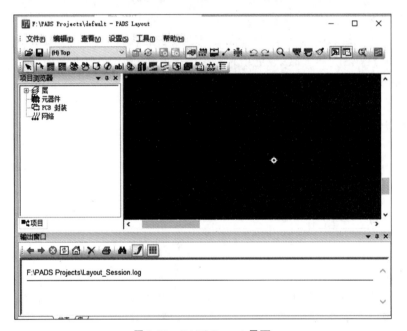

图 9-30　PADS Layout 界面

PADS Router 组件用来对布局好的 PCB 进行布线，布线完成之后再返回到 PADS Layout 中进行覆铜等处理。PADS Router 界面如图 9-31 所示。

PADS 设计流程如下。

（1）新建元件库，在元件库中设计自己的元件。

（2）在元件库中设计元件对应的封装。虽然 PADS 有自带的一些库，但是一般自己使用的元件（除了一些电阻、电容）在 PADS 自带库中都没有，所以需要自己设计一个专用库。

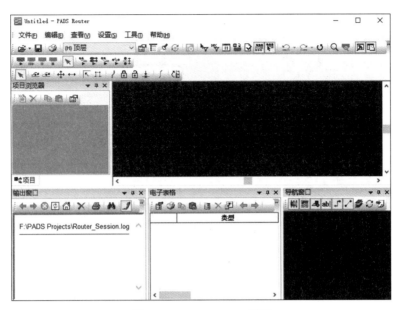

图 9-31 PADS Router 界面

(3) 使用 PADS Logic 设计原理图。

(4) 将原理图导入 PADS Layout 中进行 PCB 布局,设置验证规则。

(5) 将 PCB 导入 PADS Router 中进行布线。

(6) 布线完成之后,再返回到 PADS Layout 中进行覆铜、字符等后处理。

(7) 处理完成之后,进行设计验证,验证没有错误则 PCB 设计完成。

9.6.2 设计案例介绍

图 9-32 所示为声光控开关面板和 PCB 正反面的实物图。

图 9-32 声光控开关面板和 PCB 正反面的实物图

如图 9-33 所示,VD1～VD4 构成桥式电路,R4、VD8、DW1、C3 组成稳压二极管稳压电路产生 5V 直流电压给控制电路供电。

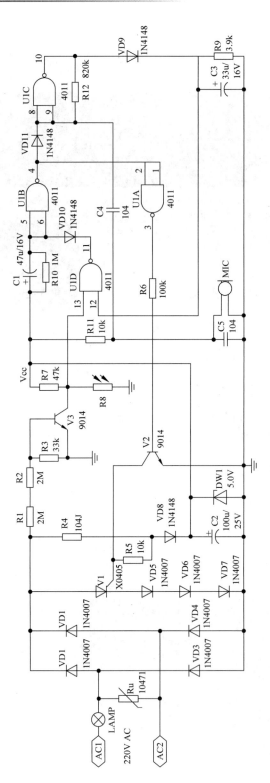

图 9-33 声光控开关电路图

（1）白天光线强，光敏电阻 R8 阻值小，V3 饱和；U1D 的 13 脚为低电平，U1D 输出高电平，VD10 截止；U1B 的 5、6 脚为高电平，4 脚输出低电平；U1A 的 3 脚输出高电平，V2饱和；可控硅 V1 的 G 极为低电平，V1 截止，灯不亮。

（2）在晚上无声音状态，光敏电阻 R8 阻值增大，V3 退出饱和；U1D 的 13 脚为高电平，输出由 12 脚的电平控制。无声音，MIC 内阻大，U1C 的 8、9 脚为高电平，10 脚输出低电平，VD9截止；C3 无充电电压，故 U1D 的 12 脚为低电平，维持 11 脚输出高电平，灯不亮。

（3）在晚上有声音状态，MIC 内阻减小，U1C 的 8、9 脚为低电平，10 脚输出高电平，VD9 导通；U1D 的 12、13 脚为高电平，11 脚输出低电平，VD10 导通；U1B 的 5、6 脚为低电平，4 脚输出高电平；U1A 的 1、2 脚为高电平，3 脚输出低电平，V2 截止；可控硅 V1 的 G极为高电平，V1 导通，灯亮。

（4）延时控制：声音过后，MIC 内阻增大，U1C 的 8、9 脚为高电平，10 脚输出低电平，VD9截止；C3 通过 R9 放电，放电时间长短决定灯亮的时间，放电至 U1D 的 12 脚为低电平时，灯灭。

9.6.3　设计 PCB 时考虑的因素

为了更加符合实际生产和使用的要求，设计 PCB 时需要考虑 PCB 尺寸、元件布局、连线线宽、布线使用等方面。

（1）PCB 的设计尺寸为 4.5mm×6mm。电路板对角线上有两个直径为 3mm 的圆形安装孔。板的上方有两个直径为 7mm 的电源接线柱。

（2）根据产品的基本情况，首先确定电源接线柱的位置、驻极体话筒的位置、螺丝孔的位置。

（3）整流电路和可控硅控制电路相对电流较大，集中放置在电源接线铜柱附近，其他元件围绕集成电路 CD4011 布局。

（4）元件距离板边沿至少 2mm。

（5）布局调整时应当尽量减少网络飞线的交叉。

（6）连线线宽：整流电路和可控硅控制电路，线宽为 1.2mm，地线线宽为 1.5～2mm；其他线路线宽为 0.8～1.0mm。

（7）电源接线铜柱的布线采用覆铜，防止大面积铜箔，以提高电流承受能力和稳定性。

（8）连线转弯采用 45°角或圆弧进行。

9.6.4　从原理图加载网络表到 PCB

1. 规划 PCB

（1）执行"文件"→"创建"→"PCB 文件"菜单命令，新建 PCB，执行"文件"→"保存"菜单命令将该 PCB 文件保存为"声光控开关.PCBDOC"。

（2）执行"设计"→"PCB 选择项"菜单命令，设置单位制为 Metric；设置可视栅格 1、2分别为 1mm 和 5mm；捕获栅格 X、Y 和元件网格 X、Y 均为 0.5mm。

（3）执行"设计"→"PCB 层次颜色"菜单命令,设置显示可视栅格 1(Visible Grid1)。

（4）执行"编辑"→"原点"→"设定"菜单命令,定义相对坐标原点。

（5）执行"工具"→"优先设定"菜单命令,在"优先设定"对话框中选中 Display 选项,在"表示"区域勾选"原点标记"复选框,显示坐标原点。

（6）单击工作区下方的标签,将当前工作层设置为 Mechanical1(机械层 1),根据图 9-34 所示的尺寸定义机械轮廓和螺丝孔的位置,以便布局时的定位。执行"放置"→"直线"菜单命令进行边框绘制,执行"放置"→"圆"菜单命令放置圆弧。

（7）单击工作区下方的标签,将当前工作层设置为 Keep out Layer(禁止布线层),重合机械轮廓的外框定义 PCB 的轮廓为 45mm×60mm。此后,放置元件和布线都在此边框内部进行。

2. 放置螺丝孔和电源接线铜柱

如图 9-35 所示,根据机械层定位孔的位置,放置两个 3mm 螺丝孔和两个接线铜柱(直径为 7mm,孔径为 5mm)。

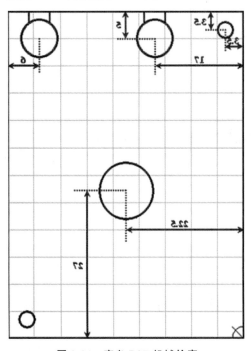

图 9-34　定义 PCB 机械轮廓

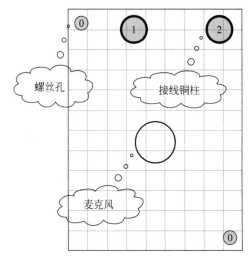

图 9-35　放置螺丝孔和接线铜柱

螺丝孔的焊盘编号均设置为 0,接线铜柱的焊盘编号分别设置为 1 和 2。

3. 从原理图加载网络表和元件到 PCB

（1）编译原理图文件,修改错误,忽略对布线无影响的警告。

（2）执行"设计"→"Update PCB Document 声光控开关.PCBDOC"菜单命令,加载元件封装和网络表,注意根据错误提示设置好元件库。

加载元件后的 PCB 如图 9-36 所示。

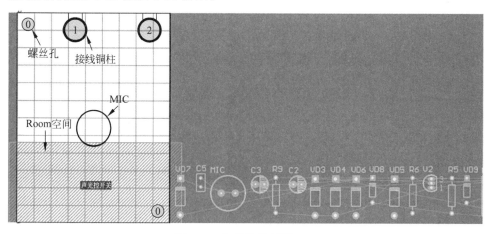

图 9-36　加载元件后的 PCB

9.6.5　手工布局

PCB 的手工布局需要注意以下两点。

（1）通过 Room 空间移动元件，如图 9-37 所示。

（2）手工布局调整，通过旋转元件进行，注意减少飞线的交叉。

完成手工布局的 PCB 图如图 9-38 所示。

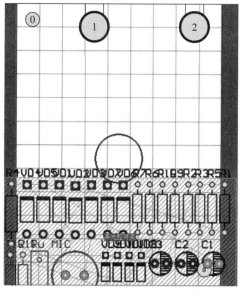

图 9-37　通过 Room 空间移动元件

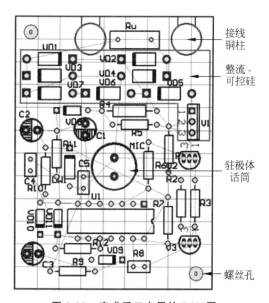

图 9-38　完成手工布局的 PCB 图

9.6.6　手工布线

在 PCB 设计中有两种布线方式,可以通过执行"放置"→"直线"菜单命令进行布线,也可以执行"放置"→"交互式布线"菜单命令进行布线。前者一般用于没有加载网络的线路连接,后者一般用于有加载网络的线路连接。

通过"设置"→"直线"菜单命令放置的连线由于不具备网络连接信息,所以系统的 DRC 自动检查会高亮显示提示该连线错误,消除此错误的方法是双击该连线,将其网络设置为当前相连焊盘的网络,如图 9-39 所示。

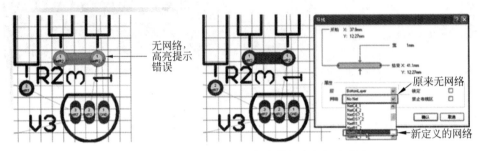

图 9-39　放置直线方式布线存在的问题与解决方案

本例中的元件带有网络,所以采用"交互式布线"方式进行线路连接,交互式布线的线宽是由线宽限制规则限制的。

交互式布线参数设置步骤如下。

执行"设置"→"规则"菜单命令,弹出"PCB 规则和约束编辑器"对话框,展开 Routing→Width 节点,可以设置线宽限制规则,如图 9-40 所示。其中,优选尺寸即为进入连线状态时系统默认的带宽,本例中最小宽度为 0.8mm,最大宽度为 2mm,优选尺寸为 1mm。

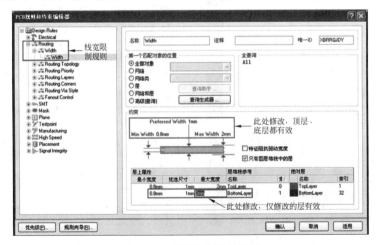

图 9-40　设置线宽限制规则

该规则中还可以设置规则适用的范围,本例中选择适用于全部对象。

在放置连线状态下按 Tab 键,弹出"交互式布线"对话框,在其中可以设置线宽和线所在的工作层,如图 9-41 所示。线宽的设置一般不能超过前面设置的范围(0.8~2mm),超过上限,系统自动默认为最大值(2mm);低于下限,系统自动默认为最小值(0.8mm)。

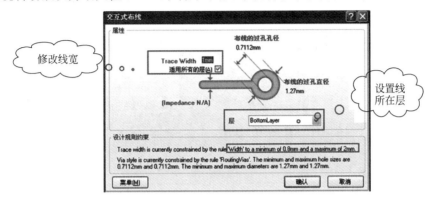

图 9-41　设置线宽

执行"放置"→"交互式布线"菜单命令,根据网络飞线进行连线,线路连通后,该线上的飞线将消失,连线宽度根据线所属网络进行选择。

在连线过程中,有时会出现连线无法从焊盘中央开始的问题,可以通过减小捕获栅格来解决。

若连线转弯,要求采用 45°或圆弧进行,则可以在连线过程中按空格键或 Shift+空格键进行切换。

在布线过程中可能出现元件之间的间隙不足,无法穿过所需的连线的问题,此时可以适当调整元件的位置以满足要求。

手工布线后的 PCB 图如图 9-42 所示。

9.6.7　覆铜的使用

在 PCB 设计中,有时需要用到大面积铜箔,如果是规则的矩形,可以通过执行"放置"→"矩

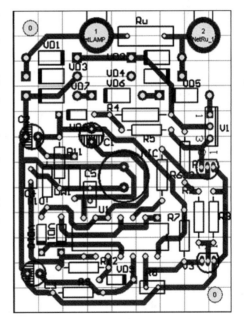

图 9-42　手工布线后的 PCB 图

形填充"菜单命令实现;如果是不规则的铜箔,则必须执行"放置"→"覆铜"菜单命令实现。

下面以放置 NetRu_1 网络上的覆铜为例介绍覆铜的使用方法。

执行"放置"→"覆铜"菜单命令或单击工具栏按钮,弹出如图 9-43 所示的"覆铜"对话框,在其中可以设置覆铜的参数。本例中放置实心覆铜,工作层为 Bottom Layer,覆铜连接的网络为 NetRu_1,连接方式为 Pour Over All Same Net Objects。

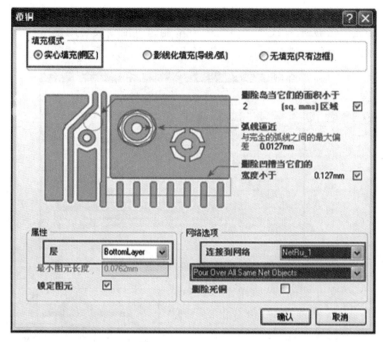

图 9-43 "覆铜"对话框

单击"确认"按钮进入放置覆铜状态,在适当的位置单击确定覆铜的第 1 个顶点位置,然后根据需要移动鼠标并单击绘制一个封闭的覆铜空间,在空白处右击退出绘制状态,覆铜放置完毕,如图 9-44 所示。

从图 9-44 中可以看出,覆铜与焊盘是十字的,本例希望覆铜是直接覆盖焊盘的,还需要进行覆铜规则设置。

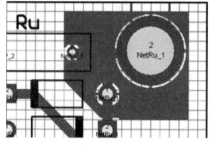

图 9-44 放置覆铜

执行"设计"→"规则"菜单命令,弹出"PCB 规则和约束编辑器"对话框,展开 Plane→Polygon Connect Style→PolygonConnect* 节点进入规则设置状态,如图 9-45 所示。

在"连接方式"下拉列表框中选择 Direct Connect 进行直接连接,单击"确认"按钮退出。双击该覆铜,弹出覆铜设置对话框,单击"确认"按钮退出,弹出一个对话框提示是否重新建立覆铜,单击 Yes 按钮确认重画,结果如图 9-46 所示。

PCB 布线完毕,调整好丝网层的文字,以保证 PCB 的可读性,一般要求丝网层文字的大小、方向要一致,不能放置在元件框内或压在焊盘上。

至此,PCB 设计结束,最终的 PCB 图如图 9-47 所示。

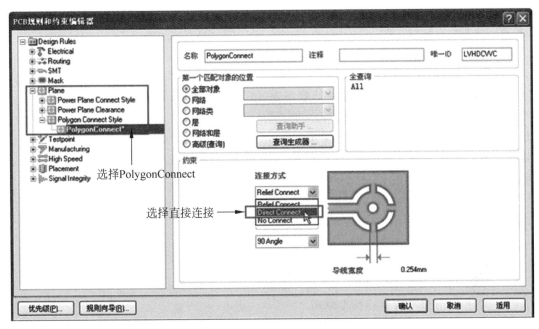

图 9-45　覆铜连接方式设置

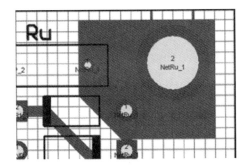

图 9-46　直接连接的覆铜

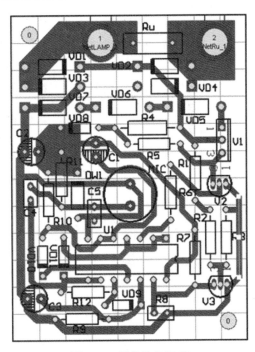

图 9-47　最终的 PCB 图

本章小结

本章对 PCB 的电磁兼容设计做了系统性介绍。"电磁兼容设计"作为一门抽象而又具体的课程,常常因为实例性与理论性过重而难以理解,因此本章将抽象的电磁兼容设计理论与具体的 PCB 实例融合。本章从 PCB 的分类入门,分析了其中存在的电磁干扰问题,并用电磁兼容设计理论方法加以解决;着重介绍了接地、串扰以及旁路耦合的相关内容。通过对本章的学习,希望读者能够对电磁兼容设计的初衷、方法以及常见问题有一定了解,大致掌握 PCB 实际操作流程。

习题 9

1. 简述 PCB 的布局原则。
2. 简述 PCB 的布线原则。
3. 简述 PCB 叠层设计的基本原则。
4. 在 PCB 设计中,经常会在电路、芯片或电源电路附件上加一些电容。根据其使用功能,一般可将这些电容分为哪几类? 分别说明其作用。
5. 电容和电感在板级电磁兼容中的应用有哪些?
6. 为获得较好的电磁兼容性能,应如何选择集成电路的封装形式,特别是其引脚的引出方式?
7. 减小线路板电磁辐射的主要措施是什么?

参 考 文 献

[1] MONTROSE M I. 电磁兼容和印刷电路板：理论、设计和布线[M]. 刘元安,李书芳,高攸纲,译. 北京：人民邮电出版社,2002.

[2] 毕德显. 电磁场理论[M]. 北京：电子工业出版社,1985.

[3] 焦其祥,王道东. 电磁场理论[M]. 北京：北京邮电学院出版社,1994.

[4] COLLIN R E. 导波场论[M]. 侯元庆,译. 上海：上海科学技术出版社,1966.

[5] KONG J A. 电磁波理论[M]. 吴季,等译. 北京：电子工业出版社,2003.

[6] STRATTON J A. 电磁理论[M]. 何国谕,译. 北京：北京航空学院出版社,1986.

[7] 谢处方,饶克谨. 电磁场与电磁波[M]. 3 版. 北京：高等教育出版社,1999.

[8] CHENG D. 电磁场与波[M]. 赵姚同,黎滨洪,译. 上海：上海交通大学出版社,1984.

[9] PLONSEY R,COLLIN R E. Principles and Applications of Electromagnetic Fields[M]. New York：McGraw-Hill,1961.

[10] CHENG D K. Field and Wave Electromagnetics[M]. Reading,MA：Addison-Wesley,2007.

[11] DEMAREST K R. Engineering Electromagnetics[M]. London：Pearson,1997.

[12] HARRINGTON R F. Time-Harmonic Electromagnetic Fields[M]. New York：McGraw-Hill,1961.

[13] JORDAN E C,BALMAIN K G. Electromagnetic Waves and Radiating Systems[M]. 2nd ed. Upper Saddle River,NJ：Prentice-Hall,1968.

[14] LORRAIN P,CORSON D R. Electromagnetic Fields and Waves[M]. 2nd ed. San Francisco：Freeman,1970.

[15] STRATTON J A. Electromagnetic Theory[M]. New York：McGraw-Hill,1941.

[16] 赵家升,杨显清,杨德强. 电磁兼容原理与技术[M]. 2 版. 北京：电子工业出版社,2012.

[17] 谭志良. 电磁兼容原理[M]. 北京：国防工业出版社,2013.

[18] 周开基,赵刚. 电磁兼容性原理[M]. 哈尔滨：哈尔滨工程大学出版社,2003.

[19] 刘培国,侯冬云. 电磁兼容基础[M]. 北京：电子工业出版社,2008.

[20] 吴群,傅佳辉,孟繁义. 电磁兼容原理与技术[M]. 哈尔滨：哈尔滨工业大学出版社,2010.

[21] WESTON D A. 电磁兼容原理与应用[M]. 王守三,杨自佑,译. 北京：机械工业出版社,2006.

[22] PAUL C R. Introduction to Electromagnetic Compatibility[M]. 2nd ed. Hoboken,NJ：Wiley-Interscience,2006.

附录 A

常用软件介绍

1. ANSYS HFSS

ANSYS HFSS 软件是高频电磁场仿真软件的行业标准。无与伦比的仿真精度、先进的求解器和高性能计算技术使其成为负责在高频和高速电子设备和平台执行准确、快速设计的工程师们的必备工具。ANSYS HFSS 提供基于有限元、积分方程、渐近和高级混合算法的最先进的求解技术,旨在计算各种各样的微波、RF(射频)和高速数字化等问题。

ANSYS HFSS 为部件提供三维全波精度的仿真技术,从而实现射频和高速设计。通过高级电磁场求解器与强大的谐波平衡和瞬态电路求解器之间的动态链接,打破了重复设计迭代和冗长物理原型制作的循环。借助 ANSYS HFSS,工程团队在包括天线、相控阵、无源射频/微波组件、高速互连、连接器、IC 封装和 PCB 等应用中持续地实现一流设计。

ANSYS HFSS 通过其具有突破性的、行业领先的自适应网格生成技术,提供设计签核准确性。强大的网格生成和求解器技术使其提供的结果值得信赖,因而能够放心地开展设计。其他工具只是给出答案,没有关于解的准确性的任何反馈,从而引起不确定性。当与 ANSYS HPC 技术(如域分解或分布式频域求解)结合使用时,ANSYS HFSS 能够以前所未有的速度和规模进行仿真,进而能够更全面地探索和优化设备的性能。使用 ANSYS HFSS,能使用户确定自己的设计是否达到了设计的产品指标。

2. CST-SD

德国 CST 公司研制了基于有限积分技术(该技术类似于 FDTD)的仿真软件 CST-SD,主要用于高阶谐振结构的设计。它通过散射参数(S 参数)将复杂系统分离成更小的单元进行分析,具体应用范围主要是微波器件,包括耦合器、滤波器、平面结构电路、各种微波天线和蓝牙技术等。图 A-1 所示为该软件对端口磁场矢量及传输线端口特性参数仿真结果。

3. EMC2000

EMC2000 软件采用的计算方法主要是 MoM、FDTD、FVO(有限体积法)、PO/GO、GTD、TD、PTD、ECM(等效电流法),在算法上与 Ship EDF 基本相同(增加了 FVO),两者的分析功能非常接近。EMC2000 可以对雷电、静电、电磁脉冲对目标的冲击效应进行仿真分析,可对复杂介质进行时域分析,对孔缝耦合进行计算,但没有 RCS 计算功能。

4. FEKO+Cable Mod

FEKO+Cable Mod 软件采用的数值算法主要是 MoM、PO、UTD、FEM(有限元法)以

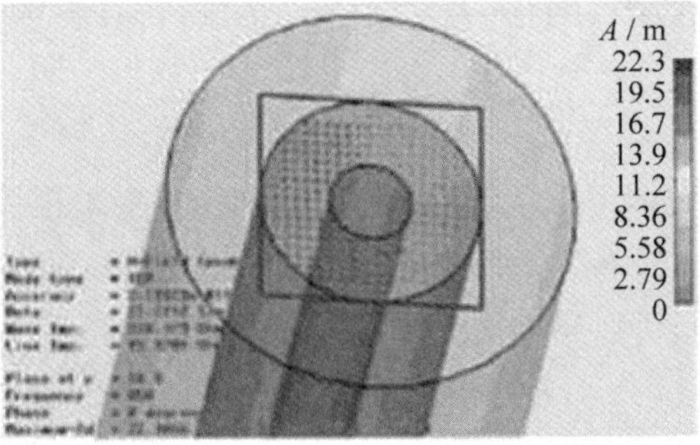

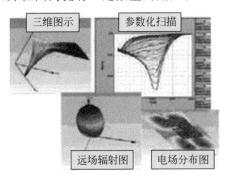

图 A-1　CST-SD 软件端口磁场矢量及传输线端口特性参数仿真结果

及一些混合算法,在新版软件中增加了多层快速多极子算法(MLFMA)。Cable Mod 功能和多种脉冲源(高斯、三角、双指数和斜波脉冲)的时域分析,可为飞机、舰船、卫星、导弹、车载系统的全波电磁分析提供解决手段,包括电磁目标的散射分析、机箱的屏蔽效能分析、天线的设计与分析、多天线布局分析、系统的 EMC/EMI 分析、介质实体的 SAR 计算、微波器件的分析与设计、电缆束的耦合分析。

5. Ansoft-HFSS

Ansoft-HFSS 软件由美国 Ansoft 公司研制,采用的主要算法是有限元法(FEM),主要应用于微波器件(如波导、耦合器、滤波器、隔离器、谐振腔)和微波天线设计(见图 A-2)中,可获得特征阻抗、传播常数、S 参数及电磁辐射场、天线方向图等参数和结果。该软件与 FEKO 最早进入中国市场,并在国内拥有一定数量的用户。

三维图示　参数化扫描

远场辐射图　电场分布图

图 A-2　微波天线设计

6. FIDELITY

FIDELITY 软件由 Zeland 公司研制,主要采用非均匀网格 FDTD 技术,可分析复杂填充介质中的场分布问题,其仿真结果主要包括 S 参数、VSWR(驻波比)、RLC 等效电路、坡印亭矢量、近场分布和辐射方向图,具体应用范围主要包括微波/毫米波集成电路(MMIC)、RFDCB、RF 天线、HTS 电路和滤波器、IC 内部连接、电路封装等。

7. IMST-Empire

IMST-Empire 软件主要采用 FDTD 法,是 RF 元件设计的标准仿真软件,它的应用范围包括平面结构、连接线、波导、RF 天线和多端口集成,仿真参数主要是 S 参数、辐射场方向图等。

8. Micro-Stripe

Micro-Stripe 软件由美国 FLOMERICS 公司研制,主要采用传输线矩阵法(TLM)。该软件可对飞机、舰船平台天线布置中的耦合度进行计算,可以对电子设备防雷击、电磁脉冲和静电放电威胁进行分析,可以辅助面天线、贴片天线、天线阵的电磁设计。

9. ADS

ADS 软件是美国安捷伦公司在 HP EESOF 系列的 EDA 软件的基础上发展完善起来的大型综合设计软件,主要采用 MoM 算法,可协助系统和电路工程师进行各种形式的射频设计,如离散射频/微波模块的集成、电路元件的仿真和模式识别。该软件还提供了一种新的滤波器的设计,其强大的仿真设计手段可在时域或频域内实现对数字或模拟、线性或线性电路的综合仿真分析与优化。

10. Sonnet

Sonnet 是一种基于麦克斯韦方程组的电磁仿真软件,是高频电路、微波、毫米波领域设计和电磁兼容/电磁干扰分析的三维仿真工具。Sonnet 软件主要应用于微带匹配网络、微带电路、微带滤波器、带状线电路、带状线滤波器、过孔(层的连接或接地)、耦合线分析、PCB 电路分析、PCB 干扰分析、桥式螺线电感器、平面高温超导电路分析、毫米波集成电路(MMIC)设计和分析、混合匹配的电路分析、HDI 和 LTCC 转换、单层或多层传输线的精确分析、多层/平面的电路分析、单层或多层的平面天线分析、平面天线阵分析、平面耦合孔分析。

11. IE3D

IE3D 是一个基于矩量法的电磁场仿真工具,可以解决多层介质环境下三维金属结构的电流分布问题,包括不连续性效应、耦合效应和辐射效应。仿真结果包括 S 参数、VWSR(驻波比)、RLC 等效电路、电流分布、近场分布、辐射方向图、方向性、效率和 RCS 等。IE3D 在微波/毫米波集成电路(MMIC)、RF 印制电路板、微带天线、线电线及其他形式的 RF 天线、HTS 电路及滤波器、IC 的内部连接及高速数字电路封装方面是一个非常有用的工具。

12. Microwave Office

Microwave Office 软件也是基于矩量法的电磁场仿真工具,通过两个模拟器实现对微波平面电路的模拟和仿真。VoltaireXL 模拟器处理集总元件构成的微波平面电路问题,EMSight 模拟器处理任何多层平面结构的三维电磁场问题。VoltaireXL 模拟器内设一个元件数据库,其中无源器件有电感、电阻、电容、谐振电路、微带线、带状线、同轴线等;非线性器件有双极晶体管、场效应晶体管、二极管等。在建立电路模型时,可以调出所用元件。EMSight 模拟器的特点是把修正谱域矩量法与直观的图形用户界面(GUI)技术结合起来,使计算速度加快许多。它可以分析射频集成电路(RFIC)、微波单片集成电路(MMIC)、微带贴片天线和高速印制电路等的电气特性。

13. ICE WAVE

ICE WAVE 软件是针对电子产品电磁兼容设计/电磁干扰分析的三维仿真工具,采用 FDTD 全波数值方法。应用范围包括 PCB 退耦、辐射、接地、过孔、不连续分析,以及微波元件、铁氧体、谐振腔、屏蔽盒的电磁分析。

14. WIPL-D

WIPL-D 软件是由 WIPL-D d. o. o. 公司基于 MoM 算法开发的三维全波电磁仿真设计软件。它采用了先进的最大正交化高阶基函数(HOBFs)、四边形网格技术等,减少了内存需求和计算时间。据介绍,该软件可用 201s 仿真一个 58λ 长平台的天线布局问题。该软件能解决的电磁问题包括各种电磁兼容天线设计、复杂平台天线布局问题、复杂平台 RCS 计算以及微波无源结构设计。

15. Singula

Singula 软件由加拿大 IES 公司开发,采用 MoM+PO 的混合算法,可用于天线与天线阵、波导与谐振腔、射频电路与微波元件、电磁散射与 RCS、吸收率(SAR)等方面的电磁分析,可以分析复杂平台短波和超短波天线布局问题。

16. FISC 软件

美国 Illinois 大学于 2001 年公布的电磁散射分析软件 FISC 适用于导弹(见图 A-3)、飞机(见图 A-4)、坦克等的电磁散射分析,采用的主要方法是多层快速多极子方法(MLFMA)。据报道,FISC 软件可以求解未知量达 1000 万的电磁散射问题。

图 A-3　导弹的电磁散射分析　　　　图 A-4　VFY2I8 飞机的表面剖分